수학 좀 한다면

최상위를 위한 특별 학습 서비스

상위권 학습 자료
상위권 단원평가＋경시 기출문제(디딤돌 홈페이지 www.didimdol.co.kr)

문제풀이 동영상
HIGH LEVEL 전 문항 및 LEVEL UP TEST 80%

최상위 초등수학 4-2

펴낸날 [개정판 1쇄] 2022년 11월 15일 [개정판 6쇄] 2024년 10월 18일
펴낸이 이기열
펴낸곳 (주)디딤돌 교육
주소 (03972) 서울특별시 마포구 월드컵북로 122 청원선와이즈타워
대표전화 02-3142-9000
구입문의 02-322-8451
내용문의 02-323-9166
팩시밀리 02-338-3231
홈페이지 www.didimdol.co.kr
등록번호 제10-718호
상표등록번호 제40-1576339호
최상위는 특허청으로부터 인정받은 (주)디딤돌 교육의 고유한 상표이므로
무단으로 사용할 수 없습니다.

최상위 수학 4·2 학습 스케줄표

부담되지 않는 학습량으로 공부 습관을 기를 수 있도록 설계하였습니다.
학기 중 교과서와 함께 공부하고 싶다면 12주 완성 과정을 이용하세요.

공부한 날짜를 쓰고 하루 분량 학습을 마친 후, 부모님께 확인 check☑를 받으세요.

1주
월 일	월 일	월 일	월 일	월 일
1. 분수의 덧셈과 뺄셈				
10~11쪽	12~13쪽	14~15쪽	16~17쪽	18~19쪽
☐	☐	☐	☐	☐

2주
월 일	월 일	월 일	월 일	월 일
1. 분수의 덧셈과 뺄셈				
20~21쪽	22~23쪽	24~25쪽	26~27쪽	28~30쪽
☐	☐	☐	☐	☐

3주
월 일	월 일	월 일	월 일	월 일
2. 삼각형				
34~35쪽	36~37쪽	38~39쪽	40~41쪽	42~43쪽
☐	☐	☐	☐	☐

4주
월 일	월 일	월 일	월 일	월 일
2. 삼각형				**3. 소수의 덧셈과 뺄셈**
44~45쪽	46~47쪽	48쪽	49~51쪽	56~57쪽
☐	☐	☐	☐	☐

5주
월 일	월 일	월 일	월 일	월 일
3. 소수의 덧셈과 뺄셈				
58~59쪽	60~61쪽	62~63쪽	64~65쪽	66~67쪽
☐	☐	☐	☐	☐

6주
월 일	월 일	월 일	월 일	월 일
3. 소수의 덧셈과 뺄셈				
68~69쪽	70~71쪽	72~73쪽	74~75쪽	76~77쪽
☐	☐	☐	☐	☐

7주
월 일	월 일	월 일	월 일	월 일
3. 소수의 덧셈과 뺄셈		**4. 사각형**		
78~80쪽	84~85쪽	86~87쪽	88~89쪽	90~91쪽
☐	☐	☐	☐	☐

8주
월 일	월 일	월 일	월 일	월 일
4. 사각형				
92~93쪽	94~95쪽	96~97쪽	98~99쪽	100~101쪽
☐	☐	☐	☐	☐

9주
월 일	월 일	월 일	월 일	월 일
4. 사각형			**5. 꺾은선그래프**	
102~103쪽	104쪽	105~107쪽	112~113쪽	114~115쪽
☐	☐	☐	☐	☐

10주
월 일	월 일	월 일	월 일	월 일
5. 꺾은선그래프				
116~117쪽	118~119쪽	120~121쪽	122~123쪽	124~125쪽
☐	☐	☐	☐	☐

11주
월 일	월 일	월 일	월 일	월 일
5. 꺾은선그래프		**6. 다각형**		
126~128쪽	132~133쪽	134~135쪽	136~137쪽	138~139쪽
☐	☐	☐	☐	☐

12주
월 일	월 일	월 일	월 일	월 일
6. 다각형				
140~141쪽	142~143쪽	144~145쪽	146~147쪽	148~150쪽
☐	☐	☐	☐	☐

최상위 수학 4·2 학습 스케줄표

8주 완성

짧은 기간에 집중력 있게 한 학기 과정을 학습할 수 있도록 설계하였습니다.
방학 때 미리 공부하고 싶다면 8주 완성 과정을 이용하세요.

공부한 날짜를 쓰고 하루 분량 학습을 마친 후, 부모님께 확인 check ☑를 받으세요.

1주 — 1. 분수의 덧셈과 뺄셈

월 일	월 일	월 일	월 일	월 일
10~13쪽 ☐	14~15쪽 ☐	16~19쪽 ☐	20~22쪽 ☐	23~25쪽 ☐

2주 — 1. 분수의 덧셈과 뺄셈 / 2. 삼각형

월 일	월 일	월 일	월 일	월 일
26~27쪽 ☐	28~30쪽 ☐	34~37쪽 ☐	38~41쪽 ☐	42~44쪽 ☐

3주 — 2. 삼각형 / 3. 소수의 덧셈과 뺄셈

월 일	월 일	월 일	월 일	월 일
45~48쪽 ☐	49~51쪽 ☐	56~59쪽 ☐	60~63쪽 ☐	64~66쪽 ☐

4주 — 3. 소수의 덧셈과 뺄셈

월 일	월 일	월 일	월 일	월 일
67~69쪽 ☐	70~71쪽 ☐	72~74쪽 ☐	75~77쪽 ☐	78~80쪽 ☐

5주 — 4. 사각형

월 일	월 일	월 일	월 일	월 일
84~87쪽 ☐	88~91쪽 ☐	92~94쪽 ☐	95~97쪽 ☐	98~99쪽 ☐

6주 — 4. 사각형 / 5. 꺾은선그래프

월 일	월 일	월 일	월 일	월 일
100~102쪽 ☐	103~104쪽 ☐	105~107쪽 ☐	112~115쪽 ☐	116~118쪽 ☐

7주 — 5. 꺾은선그래프 / 6. 다각형

월 일	월 일	월 일	월 일	월 일
119~121쪽 ☐	122~123쪽 ☐	124~125쪽 ☐	126~128쪽 ☐	132~134쪽 ☐

8주 — 6. 다각형

월 일	월 일	월 일	월 일	월 일
135~137쪽 ☐	138~140쪽 ☐	141~143쪽 ☐	144~147쪽 ☐	148~150쪽 ☐

공부를 잘 하는 학생들의 좋은 습관 8가지

 매일매일 규칙적인 학습 시간 계획을 세워요.

 과제에 대한 시간 관리를 잘 해요.

 책상 정리정돈을 잘 해요.

 열심히 공부한 다음 적당한 휴식을 가져요.

 등, 하교 때 자신이 한 공부를 다시 기억하며 상기해 봐요.

 모르는 부분에 대한 질문을 잘 해요.

 수학 문제를 푼 다음 틀린 문제는 반드시 오답 노트를 만들어요.

 자신만의 노트 필기법이 있어요.

상위권의 기준

최상위
수학

수학 좀 한다면

구성과 특징

MATH TOPIC

엄선된 대표 심화 유형들을 집중 학습함으로써 문제 해결력과 사고력을 향상시키는 단계입니다.

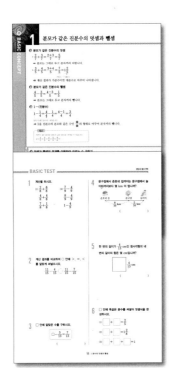

BASIC CONCEPT

개념 설명과 함께 구성되어 있습니다.
교과서 개념 이외의 실전 개념, 연결 개념, 주의 개념, 사고력 개념을 함께 정리하여 심화 학습의 기본기를 갖출 수 있게 하였습니다.

BASIC TEST

본격적인 심화 학습에 들어가기 전 단계로 개념을 적용해 보며 기본 실력을 확인합니다.

HIGH LEVEL

교외 경시 대회에서 출제되는 수준 높은 문제들을 풀어 봄으로써 상위 3% 최상위권에 도전하는 단계입니다.

윗 단계로 올라가는 데 어려움이 없도록 **BRIDGE** 문제들을 각 코너별로 배치하였습니다.

LEVEL UP TEST

대표 심화 유형 외의 다양한 심화 문제들을 풀어 봄으로써 해결 전략과 방법을 학습하고 상위권으로 한 걸음 나아가는 단계입니다.

차례

1 분수의 덧셈과 뺄셈 ·· **7**

심화유형 **1** □ 안에 들어갈 수 있는 수 구하기

2 수직선의 길이 구하기

3 이어 붙인 색 테이프의 길이 구하기

4 수 카드로 만든 두 분수의 합 또는 차 구하기

5 합과 차로 두 분수 구하기

6 시계가 가리키는 시각 구하기

7 분수의 덧셈과 뺄셈을 활용한 교과통합유형

2 삼각형 ·· **31**

심화유형 **1** 이등변삼각형의 성질을 이용하여 구하기

2 정삼각형의 성질을 이용하여 구하기

3 삼각형의 성질을 이용하여 구하기

4 원 위에 놓인 삼각형의 각도 구하기

5 삼각형을 이용하여 둘레의 길이 구하기

6 삼각형의 개수 구하기

7 삼각형을 활용한 교과통합유형

3 소수의 덧셈과 뺄셈 ··································· **53**

심화유형 **1** 수직선에서 □ 안에 알맞은 수 구하기

2 소수의 크기를 비교하여 모르는 수 구하기

3 소수 사이의 관계 이용하기

4 사이의 거리 구하기

5 □ 안에 들어갈 수 있는 수 구하기

6 조건을 만족하는 소수 구하기

7 덧셈식과 뺄셈식에서 □ 안에 알맞은 수 구하기

8 소수의 덧셈과 뺄셈을 활용한 교과통합유형

4 사각형 81

심화유형 1 수직을 이용하여 각도 구하기
2 사각형의 변과 둘레의 길이 구하기
3 평행선 사이의 거리 구하기
4 크고 작은 사각형의 개수 구하기
5 사각형의 성질을 이용한 각의 크기 구하기
6 같은 쪽 각과 반대쪽 각을 이용하여 각도 구하기
7 직사각형을 접었을 때 생기는 각도 구하기
8 사각형을 활용한 교과통합유형

5 꺾은선그래프 109

심화유형 1 꺾은선그래프 알아보기
2 꺾은선그래프에서 중간값 예상하기
3 알맞은 그래프로 나타내기
4 이중꺾은선그래프 해석하기
5 생활 속의 그래프 해석하기
6 꺾은선그래프를 활용한 교과통합유형

6 다각형 129

심화유형 1 정다각형에서 각의 크기 구하기
2 대각선의 개수 이용하기
3 대각선의 성질 이용하기
4 도형에서 각의 크기 구하기
5 여러 가지 모양 만들기
6 다각형을 활용한 교과통합유형

분수의 덧셈과 뺄셈

대표심화유형

1 ☐ 안에 들어갈 수 있는 수 구하기
2 수직선의 길이 구하기
3 이어 붙인 색 테이프의 길이 구하기
4 수 카드로 만든 두 분수의 합 또는 차 구하기
5 합과 차로 두 분수 구하기
6 시계가 가리키는 시각 구하기
7 분수의 덧셈과 뺄셈을 활용한 교과통합유형

분모가 같은 분수의 덧셈과 뺄셈

이집트 사람들이 사용한 분수

분수는 이집트 시대부터 사용하였습니다. 그러나 이집트 사람들이 사용한 분수는 오늘날 우리들이 사용하고 있는 분수와는 차이가 있었습니다.

그들은 $\frac{2}{3}$ 를 제외한 모든 분수를 단위분수와 단위분수의 합으로 나타내었습니다. 또한 고대 이집트 사람들은 그들이 사용하던 수 위에 ◯와 같은 표시를 해서 단위분수를 나타내었습니다.

$\frac{1}{3}$	$\frac{1}{4}$	$\frac{1}{5}$	$\frac{1}{6}$	$\frac{1}{7}$	$\frac{1}{8}$
$\frac{1}{9}$	$\frac{1}{10}$	$\frac{1}{2}$	$\frac{2}{3}$	$\frac{1}{20}$	$\frac{1}{100}$

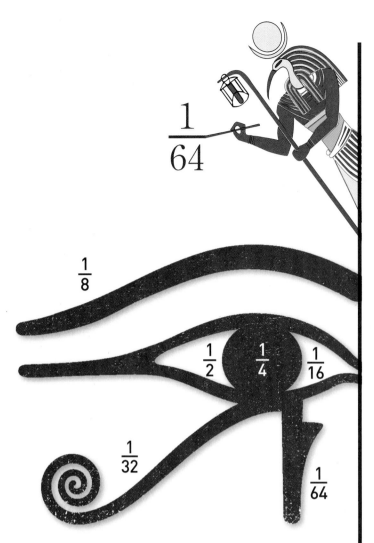

$$\frac{1}{64}$$

$$\frac{1}{8}$$

$$\frac{1}{2} \quad \frac{1}{4} \quad \frac{1}{16}$$

$$\frac{1}{32}$$

$$\frac{1}{64}$$

호루스의 눈과 분수 이야기

이집트인들은 호루스의 눈을 측량 제도에 활용하기도 하였는데 호루스의 눈 전체를 1로 생각하여 각 부분에 분수를 배치하여 이용했습니다. 호루스의 눈 각 부분에 쓰인 분수를 모두 더하면

$$\frac{1}{2} + \frac{1}{4} + \frac{1}{8} + \frac{1}{16} + \frac{1}{32} + \frac{1}{64} = \frac{63}{64}$$

으로 1이 되려면 $\frac{1}{64}$ 이 부족한데 이집트인들은 부족한 $\frac{1}{64}$ 을 지식과 달의 신인 토트가 채워 준다고 생각했습니다.

케이크는 모두 몇 조각?

분수는 전체를 똑같은 크기로 나눈 것 중에서 몇을 나타냅니다. 분모는 전체의 양을 똑같이 나눈 수를 나타내고, 분자는 전체를 똑같이 나눈 것 중에서 몇을 나타냅니다.

그렇다면 분모가 같은 분수의 덧셈은 어떻게 해야 할까요? 예를 들어서 알아봅시다.

케이크 한 개를 8조각으로 자른 후 한 조각을 먹었습니다. 그런데 같은 케이크 두 조각이 더 생겼다면 케이크는 모두 몇 조각이 되는지 분수의 덧셈식으로 알아봅니다.

$$\frac{7}{8} + \frac{2}{8} = \frac{9}{8} \Rightarrow 9 \,(조각)$$

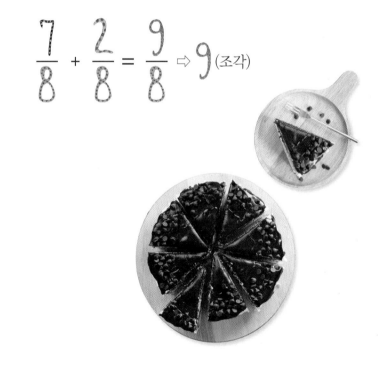

1 분모가 같은 진분수의 덧셈과 뺄셈

❶ 분모가 같은 진분수의 덧셈

$$\cdot \frac{2}{7}+\frac{3}{7}=\frac{2+3}{7}=\frac{5}{7}$$

➡ 분모는 그대로 두고 분자끼리 더합니다.

$$\cdot \frac{3}{5}+\frac{4}{5}=\frac{3+4}{5}=\frac{7}{5}=1\frac{2}{5}$$

가분수 → 대분수

➡ 계산 결과가 가분수이면 대분수로 바꾸어 나타냅니다.

❷ 분모가 같은 진분수의 뺄셈

$$\frac{4}{5}-\frac{3}{5}=\frac{4-3}{5}=\frac{1}{5}$$

➡ 분모는 그대로 두고 분자끼리 뺍니다.

❸ 1−(진분수)

$$1-\frac{1}{4}=\frac{4}{4}-\frac{1}{4}=\frac{4-1}{4}=\frac{3}{4}$$

분모가 4인 분수로 나타냅니다.

➡ 1을 진분수의 분모와 같은 수인 ■/■ 의 형태로 바꾸어 분자끼리 뺍니다.

> **참고**
>
> 자연수 1은 분자와 분모가 같은 분수로 나타낼 수 있습니다.
> $$1=\frac{2}{2}=\frac{3}{3}=\frac{4}{4}=\frac{5}{5}=\frac{6}{6}=\cdots\cdots$$

실전 개념

❶ 덧셈과 뺄셈의 관계를 이용하여 모르는 수 구하기

$$\cdot \square-\frac{2}{9}=\frac{5}{9} \Rightarrow \frac{5}{9}+\frac{2}{9}=\square, \square=\frac{7}{9}$$

$$\cdot \square+\frac{3}{11}=\frac{8}{11} \Rightarrow \frac{8}{11}-\frac{3}{11}=\square, \square=\frac{5}{11}$$

$$\square-\bullet=\blacktriangle \Rightarrow \blacktriangle+\bullet=\square$$
$$\square+\blacktriangle=\bullet \Rightarrow \bullet-\blacktriangle=\square$$

연결 개념

분수의 덧셈과 뺄셈

❶ 분모가 다른 진분수의 덧셈, 뺄셈

두 분수의 분모를 같게 하는 통분을 한 후 분자끼리 더하거나 뺍니다.

예 $$\frac{2}{9}+\frac{1}{3}=\frac{2}{9}+\frac{1\times 3}{3\times 3}=\frac{2}{9}+\frac{3}{9}=\frac{5}{9}$$

분모 3을 9로 만듭니다.

$$\frac{3}{4}-\frac{1}{6}=\frac{3\times 3}{4\times 3}-\frac{1\times 2}{6\times 2}=\frac{9}{12}-\frac{2}{12}=\frac{7}{12}$$

두 분모 4와 6을 12로 만듭니다.

> 통분을 할 때에는 분모와 분자에 0이 아닌 같은 수를 곱합니다.

1 계산을 하시오.

(1) $\dfrac{2}{8} + \dfrac{6}{8}$ (2) $\dfrac{7}{9} - \dfrac{4}{9}$

$\dfrac{4}{8} + \dfrac{4}{8}$ $\dfrac{8}{9} - \dfrac{4}{9}$

$\dfrac{7}{8} + \dfrac{1}{8}$ $1 - \dfrac{4}{9}$

2 계산 결과를 비교하여 ○ 안에 >, =, < 를 알맞게 써넣으시오.

$$\dfrac{11}{15} - \dfrac{4}{15} \;\bigcirc\; \dfrac{11}{15} - \dfrac{7}{15}$$

3 □ 안에 알맞은 수를 구하시오.

$$\boxed{} - \dfrac{5}{13} = \dfrac{7}{13}$$

(   )

4 문구점에서 준호네 집까지는 문구점에서 놀이터까지보다 몇 km 더 멉니까?

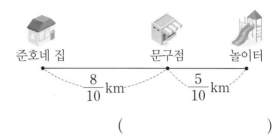

준호네 집   문구점   놀이터

$\dfrac{8}{10}$ km $\dfrac{5}{10}$ km

(   )

5 한 변의 길이가 $\dfrac{4}{13}$ cm인 정사각형의 네 변의 길이의 합은 몇 cm입니까?

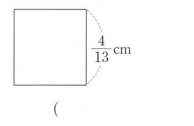

$\dfrac{4}{13}$ cm

(   )

6 □ 안에 똑같은 분수를 써넣어 덧셈식을 완성하시오.

(1) $\boxed{} + \boxed{} = \dfrac{2}{5}$

(2) $\boxed{} + \boxed{} = 1\dfrac{2}{8}$

(3) $\boxed{} + \boxed{} + \boxed{} = 1$

2 분모가 같은 대분수의 덧셈

❶ 분모가 같은 대분수의 덧셈

방법1 자연수 부분과 진분수 부분으로 나누어 계산하기

$$3\frac{1}{4}+1\frac{2}{4}=(3+1)+\left(\frac{1}{4}+\frac{2}{4}\right)=4+\frac{3}{4}=4\frac{3}{4}$$

$$1\frac{4}{9}+2\frac{7}{9}=(1+2)+\left(\frac{4}{9}+\frac{7}{9}\right)=3+\frac{11}{9}=3+1\frac{2}{9}=4\frac{2}{9}$$

① 자연수 부분끼리, 진분수 부분끼리 더합니다.

② 진분수 부분의 합이 가분수이면 대분수로 바꾸어 나타냅니다.

방법2 가분수로 바꾸어 계산하기

$$3\frac{1}{4}+1\frac{2}{4}=\frac{13}{4}+\frac{6}{4}=\frac{19}{4}=4\frac{3}{4}$$

$$1\frac{4}{9}+2\frac{7}{9}=\frac{13}{9}+\frac{25}{9}=\frac{38}{9}=4\frac{2}{9}$$

➡ 가분수로 바꾸어 분자끼리 더한 후 다시 대분수로 나타냅니다.

실전 개념

❶ 세 분수의 덧셈을 빠르게 계산하기

두 분수씩 차례로 계산해도 되지만 자연수 부분끼리, 진분수 부분끼리 한꺼번에 더하면 빠르게 계산할 수 있습니다.

예 $3\frac{4}{8}+2\frac{3}{8}+1\frac{2}{8}=(3+2+1)+\left(\frac{4}{8}+\frac{3}{8}+\frac{2}{8}\right)$

$$=6+\frac{9}{8}=6+1\frac{1}{8}=7\frac{1}{8}$$

❷ 자연수를 두 대분수의 합으로 나타내기

• 3을 분모가 4인 두 대분수의 합으로 나타내기

① 1을 분모가 4인 분수로 나타내기	② 합이 $2\frac{4}{4}$가 되는 두 대분수 구하기
$3=2+1=2+\frac{4}{4}=2\frac{4}{4}$	$1\frac{1}{4}+1\frac{3}{4}=2\frac{4}{4},\ 1\frac{2}{4}+1\frac{2}{4}=2\frac{4}{4}$

연결 개념

분수의 덧셈과 뺄셈

❶ 분모가 다른 대분수의 덧셈

두 분수의 분모를 같게 하는 통분을 한 후 자연수 부분끼리, 분수 부분끼리 더합니다.

예 $1\frac{2}{5}+2\frac{1}{4}=1\frac{2\times4}{5\times4}+2\frac{1\times5}{4\times5}=1\frac{8}{20}+2\frac{5}{20}$

$$=(1+2)+\left(\frac{8}{20}+\frac{5}{20}\right)=3\frac{13}{20}$$

═ BASIC TEST ═

1 계산을 하시오.

(1) $1\frac{1}{4}+3\frac{3}{4}$ (2) $1\frac{1}{3}+1\frac{1}{3}+1\frac{1}{3}$

$2\frac{2}{5}+2\frac{3}{5}$ $1\frac{1}{4}+1\frac{2}{4}+1\frac{3}{4}$

$\frac{2}{7}+4\frac{5}{7}$

2 $1\frac{6}{7}+2\frac{2}{7}$ 를 두 가지 방법으로 계산하시오.

방법 1

방법 2

3 합이 10이 되는 두 분수를 찾아 쓰시오.

$$7\frac{1}{8} \qquad 3\frac{2}{8} \qquad 2\frac{7}{8} \qquad 5\frac{6}{8}$$

(   )

4 다음 분수 중 2개를 선택하여 합이 가장 작게 되는 덧셈식을 만들고 계산하시오.

$$4\frac{5}{6} \qquad 3\frac{1}{6} \qquad 5\frac{3}{6} \qquad 1\frac{4}{6}$$

식

답

5 물이 상희의 물통에는 $1\frac{5}{8}$ L 들어 있고, 동우의 물통에는 $1\frac{4}{8}$ L 들어 있습니다. 두 사람의 물통에 들어 있는 물은 모두 몇 L인지 구하시오.

(   )

6 수 카드를 한 번씩 모두 사용하여 분모가 8인 가장 작은 대분수와 가장 큰 대분수를 만들고 두 분수의 합을 구하시오.

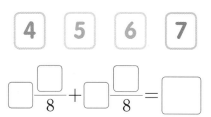

$$\boxed{4} \quad \boxed{5} \quad \boxed{6} \quad \boxed{7}$$

$$\boxed{}\frac{\boxed{}}{8}+\boxed{}\frac{\boxed{}}{8}=\boxed{}$$

분모가 같은 대분수의 뺄셈

❶ 분모가 같은 대분수의 뺄셈

방법1 자연수 부분과 진분수 부분으로 나누어 계산하기

$$4\frac{5}{6}-1\frac{1}{6}=(4-1)+\left(\frac{5}{6}-\frac{1}{6}\right)=3+\frac{4}{6}=3\frac{4}{6}$$

$$3\frac{1}{3}-1\frac{2}{3}=2\frac{4}{3}-1\frac{2}{3}=(2-1)+\left(\frac{4}{3}-\frac{2}{3}\right)=1+\frac{2}{3}=1\frac{2}{3}$$

① 자연수 부분끼리, 진분수 부분끼리 뺍니다.

② 진분수 부분끼리 뺄 수 없으면 빼어지는 분수에서 자연수의 1만큼을 가분수로 바꾸어 자연수 부분끼리, 분수 부분끼리 뺍니다.

방법2 가분수로 바꾸어 계산하기

$$4\frac{5}{6}-1\frac{1}{6}=\frac{29}{6}-\frac{7}{6}=\frac{22}{6}=3\frac{4}{6}$$

$$3\frac{1}{3}-1\frac{2}{3}=\frac{10}{3}-\frac{5}{3}=\frac{5}{3}=1\frac{2}{3}$$

➡ 가분수로 바꾸어 분자끼리 뺀 후 다시 대분수로 나타냅니다.

❷ (자연수)−(분수)

$$4-1\frac{3}{8}=3\frac{8}{8}-1\frac{3}{8}=(3-1)+\left(\frac{8}{8}-\frac{3}{8}\right)=2+\frac{5}{8}=2\frac{5}{8}$$

➡ 자연수에서 1만큼을 가분수로 바꾸어 자연수 부분끼리, 분수 부분끼리 뺍니다.

실전 개념

❶ 수 카드를 한 번씩 사용하여 차가 가장 크게 되는 (대분수)−(대분수) 만들기

$$\boxed{1}\ \boxed{3}\ \boxed{7} \ \Rightarrow\ \boxed{}\frac{\boxed{}}{7}-\boxed{}\frac{\boxed{}}{7}$$

분모가 7인 가장 큰 대분수와 가장 작은 대분수 만들기	차 구하기
• 가장 큰 대분수 ➡ $3\frac{1}{7}$ └─ 자연수 부분에 더 큰 수 놓기 • 가장 작은 대분수 ➡ $1\frac{3}{7}$ └─ 자연수 부분에 더 작은 수 놓기	$3\frac{1}{7}-1\frac{3}{7}=\frac{22}{7}-\frac{10}{7}=\frac{12}{7}=1\frac{5}{7}$

연결 개념

분수의 덧셈과 뺄셈

❶ 분모가 다른 대분수의 뺄셈

두 분수의 분모를 같게 하는 통분을 한 후 자연수 부분끼리, 분수 부분끼리 뺍니다.

예 $3\dfrac{2}{7}-1\dfrac{1}{2}=3\dfrac{2\times2}{7\times2}-1\dfrac{1\times7}{2\times7}=3\dfrac{4}{14}-1\dfrac{7}{14}$

$=2\dfrac{18}{14}-1\dfrac{7}{14}=(2-1)+\left(\dfrac{18}{14}-\dfrac{7}{14}\right)=1\dfrac{11}{14}$

1 우유 2 L를 사서 케이크를 만드는 데 $\frac{4}{5}$ L를 사용하였습니다. 오른쪽 컵에 남은 우유의 양만큼 색칠하여 보시오.

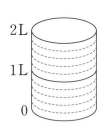

2 $6\frac{2}{9} - 3\frac{4}{9}$ 를 두 가지 방법으로 계산하시오.

방법 1

방법 2

3 수 카드를 한 번씩 사용하여 만들 수 있는 대분수 중에서 분모가 3인 가장 큰 대분수와 가장 작은 대분수의 차를 구하시오.

식

답

4 계산 결과가 0이 아닌 가장 작은 값이 되도록 □ 안에 알맞은 수를 써넣고, 그 계산 결과를 구하시오.

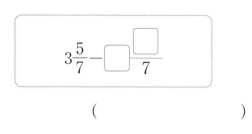

(   )

5 길이가 $\frac{6}{7}$ m, $2\frac{2}{7}$ m인 두 끈을 매듭으로 묶은 후 길이를 재어 보았더니 $2\frac{5}{7}$ m였습니다. 끈을 묶는 데 매듭으로 사용된 길이는 몇 m입니까?

(   )

6 물통에 물이 $7\frac{1}{5}$ L 들어 있습니다. 이 물을 하루에 $2\frac{2}{5}$ L씩 모두 사용한다면 며칠 동안 사용할 수 있습니까?

(   )

□ 안에 들어갈 수 있는 수 구하기

□ 안에 들어갈 수 있는 수를 모두 구하시오. (단, □는 8보다 작습니다.)

$$4\frac{\square}{8}+5\frac{7}{8}>10\frac{4}{8}$$

● 생각하기 □+●>▲에서 □>▲−●와 8보다 작은 □를 구해 봅니다.

● 해결하기 **1단계** 덧셈식을 계산하고 양쪽 대분수의 자연수 부분을 같게 나타내기

$4\frac{\square}{8}+5\frac{7}{8}>10\frac{4}{8}$에서 $9\frac{\square+7}{8}>10\frac{4}{8}$이므로 $9\frac{\square+7}{8}>9\frac{12}{8}$입니다.

2단계 □ 안에 들어갈 수 있는 수 구하기

$9\frac{\square+7}{8}>9\frac{12}{8}$에서 □+7>12, □>12−7, □>5이므로 □ 안에는 5보다 크고 8보다 작은 6, 7이 들어갈 수 있습니다.

답 6, 7

1-1 □ 안에 들어갈 수 있는 수를 모두 구하시오. (단, □는 0보다 큽니다.)

$$3\frac{8}{9}+5\frac{\square}{9}<9\frac{5}{9}$$

(   )

1-2 □ 안에 들어갈 수 있는 수는 모두 몇 개입니까? (단, □는 0보다 큽니다.)

$$\frac{17}{15}+1\frac{6}{15}>\frac{\square}{15}+2\frac{4}{15}$$

(   )

1-3 □ 안에 들어갈 수 있는 수 중에서 가장 큰 수를 구하시오. (단, □는 0보다 큽니다.)

$$5\frac{7}{12}+1\frac{8}{12}-\frac{41}{12}>\frac{\square}{12}$$

(   )

MATH TOPIC 2

심화유형 **2**

수직선의 길이 구하기

수직선을 보고 ⓒ에서 ⓒ까지의 길이는 몇 m인지 구하시오.

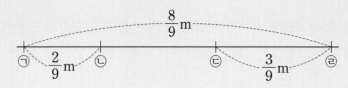

● 생각하기

● 해결하기

[1단계] ⓒ에서 ⓒ까지의 길이를 구하는 식 세우기

$$(ⓒ\simⓒ)=(ⓐ\simⓓ)-(ⓐ\simⓒ)-(ⓒ\simⓓ)=\frac{8}{9}-\frac{2}{9}-\frac{3}{9}$$

[2단계] ⓒ에서 ⓒ까지의 길이 구하기

$$\frac{8}{9}-\frac{2}{9}-\frac{3}{9}=\frac{6}{9}-\frac{3}{9}=\frac{3}{9}\,(\text{m})$$

답 $\frac{3}{9}$ m

2-1 수직선을 보고 ⓒ에서 ⓔ까지의 길이는 몇 cm인지 구하시오.

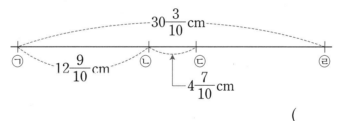

(   )

2-2 수직선을 보고 ⓒ에서 ⓒ까지의 길이는 몇 cm인지 구하시오.

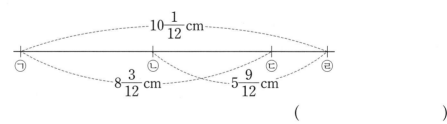

(   )

2-3 수직선에서 ⓐ에서 ⓜ까지의 길이가 $40\frac{11}{15}$ m일 때, ⓒ에서 ⓒ까지의 길이는 몇 m인지 구하시오.

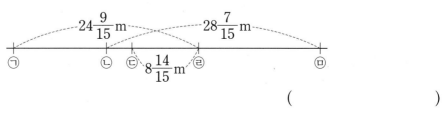

(   )

이어 붙인 색 테이프의 길이 구하기

길이가 14 cm인 색 테이프 3장을 $2\frac{3}{5}$ cm씩 겹쳐서 이어 붙였습니다. 이어 붙인 색 테이프의 전체 길이는 몇 cm입니까?

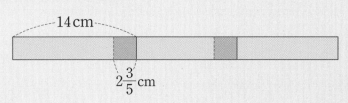

14 cm

$2\frac{3}{5}$ cm

● 생각하기 색 테이프가 ★장이면 겹쳐진 부분은 (★-1)곳입니다.

● 해결하기 **1단계** 색 테이프 3장의 길이의 합 구하기

색 테이프 3장의 길이의 합은 14×3=42 (cm)입니다.

2단계 겹쳐진 부분의 길이의 합 구하기

겹쳐진 부분이 2곳이므로 길이의 합은 $2\frac{3}{5}+2\frac{3}{5}=4\frac{6}{5}=5\frac{1}{5}$ (cm)입니다.

3단계 이어 붙인 색 테이프의 전체 길이 구하기

이어 붙인 색 테이프의 전체 길이는 $42-5\frac{1}{5}=41\frac{5}{5}-5\frac{1}{5}=36\frac{4}{5}$ (cm)입니다.
=(색 테이프 3장의 길이)-(겹쳐진 부분의 길이의 합)

답 $36\frac{4}{5}$ cm

3-1 길이가 17 cm인 색 테이프 3장을 $3\frac{4}{7}$ cm씩 겹쳐서 이어 붙였습니다. 이어 붙인 색 테이프의 전체 길이는 몇 cm입니까?

(   )

3-2 길이가 각각 $10\frac{5}{8}$ cm, $9\frac{7}{8}$ cm인 색 테이프 2장을 겹쳐서 이어 붙였더니 전체 길이가 $18\frac{6}{8}$ cm가 되었습니다. 겹쳐진 부분의 길이는 몇 cm입니까?

(   )

3-3 길이가 같은 색 테이프 3장을 $1\frac{7}{9}$ cm씩 겹쳐서 이어 붙였더니 이어 붙인 색 테이프의 전체 길이가 $18\frac{1}{9}$ cm가 되었습니다. 색 테이프 한 장의 길이는 몇 cm입니까?

(   )

심화유형 4 수 카드로 만든 두 분수의 합 또는 차 구하기

5장의 수 카드 중에서 3장을 뽑아 한 번씩만 사용하여 분모가 7인 대분수를 만들려고 합니다. 만들 수 있는 가장 큰 대분수와 가장 작은 대분수의 합을 구하시오.

1 3 7 5 8

● 생각하기 분모가 같은 대분수는 자연수 부분이 클수록, 자연수 부분이 같으면 분자가 클수록 큰 수입니다.

● 해결하기 **1단계** 가장 큰 대분수 만들기

$8 > 7 > 5 > 3 > 1$이므로 자연수 부분에 가장 큰 수인 8을 놓고 가장 큰 대분수를 만들면 $8\frac{5}{7}$입니다.

2단계 가장 작은 대분수 만들기

자연수 부분에 가장 작은 수인 1을 놓고 가장 작은 대분수를 만들면 $1\frac{3}{7}$입니다.

3단계 가장 큰 대분수와 가장 작은 대분수의 합 구하기

만들 수 있는 가장 큰 대분수와 가장 작은 대분수의 합은 $8\frac{5}{7} + 1\frac{3}{7} = 9\frac{8}{7} = 10\frac{1}{7}$입니다.

답 $10\frac{1}{7}$

4-1 5장의 수 카드 중에서 3장을 뽑아 한 번씩만 사용하여 분모가 8인 대분수를 만들려고 합니다. 만들 수 있는 가장 큰 대분수와 가장 작은 대분수의 차를 구하시오.

2 4 9 8 5

(   )

4-2 6장의 수 카드를 한 번씩 모두 사용하여 분모가 같은 두 대분수를 만들려고 합니다. 만들 수 있는 가장 큰 대분수와 가장 작은 대분수의 합을 구하시오.

9 6 3 2 7 9

(   )

4-3 6장의 수 카드를 한 번씩 모두 사용하여 합이 가장 작게 되는 두 대분수의 합을 구하시오. (단, 두 대분수의 분모는 같습니다.)

11 9 3 2 11 8

(   )

합과 차로 두 분수 구하기

분모가 8인 진분수가 2개 있습니다. 합이 $\dfrac{7}{8}$이고 차가 $\dfrac{1}{8}$인 두 진분수를 구하시오.

● 생각하기　분모가 8인 두 진분수를 $\dfrac{\blacksquare}{8}$, $\dfrac{\blacktriangle}{8}$ ($\blacksquare > \blacktriangle$)라 하고, 조건을 만족하는 분수를 구해 봅니다.

● 해결하기　**1단계** 두 진분수를 $\dfrac{\blacksquare}{8}$, $\dfrac{\blacktriangle}{8}$ ($\blacksquare > \blacktriangle$)라 하여 식 만들기

두 진분수 중 큰 진분수를 $\dfrac{\blacksquare}{8}$, 작은 진분수를 $\dfrac{\blacktriangle}{8}$라 하면 $\dfrac{\blacksquare}{8} + \dfrac{\blacktriangle}{8} = \dfrac{7}{8}$, $\dfrac{\blacksquare}{8} - \dfrac{\blacktriangle}{8} = \dfrac{1}{8}$
입니다.

2단계 두 진분수 구하기

$\dfrac{\blacksquare}{8} + \dfrac{\blacktriangle}{8} = \dfrac{7}{8}$, $\dfrac{\blacksquare}{8} - \dfrac{\blacktriangle}{8} = \dfrac{1}{8}$이므로 $\blacksquare + \blacktriangle = 7$, $\blacksquare - \blacktriangle = 1$입니다. 합이 7인 두 수
($\blacksquare$, $\blacktriangle$)는 (6, 1), (5, 2), (4, 3)이고, 이 중에서 차가 1인 두 수($\blacksquare$, $\blacktriangle$)는 (4, 3)이므로
$\blacksquare = 4$, $\blacktriangle = 3$입니다. 따라서 두 진분수는 $\dfrac{4}{8}$, $\dfrac{3}{8}$입니다.

답 $\dfrac{4}{8}$, $\dfrac{3}{8}$

5-1 분모가 11인 진분수가 2개 있습니다. 합이 $\dfrac{9}{11}$이고 차가 $\dfrac{1}{11}$인 두 진분수를 구하시오.

(　　　　　　　　)

5-2 분모가 9인 진분수가 2개 있습니다. 합이 $1\dfrac{4}{9}$이고 차가 $\dfrac{1}{9}$인 두 진분수를 구하시오.

(　　　　　　　　)

5-3 분모가 7인 대분수가 2개 있습니다. 합이 $3\dfrac{4}{7}$이고 차가 $1\dfrac{2}{7}$인 두 대분수를 구하시오.

(　　　　　　　　)

MATH TOPIC 6

심화유형

시계가 가리키는 시각 구하기

하루에 $1\frac{1}{60}$분씩 빨라지는 시계가 있습니다. 이 시계를 5월 3일 낮 12시 정각에 맞추어 놓았습니다. 같은 해 5월 6일 낮 12시에 이 시계가 가리키는 시각은 몇 시 몇 분 몇 초입니까?

● 생각하기　$\frac{●}{60}$분은 1분(＝60초)을 똑같이 60으로 나눈 것 중의 ●이므로 ●초입니다.

● 해결하기　**1단계** 이 시계가 5월 3일 낮 12시부터 5월 6일 낮 12시까지 3일 동안 빨라지는 시간 구하기

5월 3일 낮 12시부터 5월 6일 낮 12시까지 3일 동안 빨라지는 시간은

$1\frac{1}{60}+1\frac{1}{60}+1\frac{1}{60}=3\frac{3}{60}$(분)입니다. 1분은 60초이므로 $3\frac{3}{60}$분은 3분 3초입니다.

2단계 5월 6일 낮 12시에 이 시계가 가리키는 시각 구하기

5월 6일 낮 12시에 이 시계가 가리키는 시각은

낮 12시＋3분 3초＝오후 12시 3분 3초입니다.

답 오후 12시 3분 3초

6-1 하루에 $2\frac{1}{60}$분씩 빨라지는 시계가 있습니다. 이 시계를 10월 8일 낮 12시 정각에 맞추어 놓았습니다. 같은 해 10월 10일 낮 12시에 이 시계가 가리키는 시각은 몇 시 몇 분 몇 초입니까?

(　　　　　　)

6-2 하루에 $1\frac{20}{60}$분씩 늦어지는 시계가 있습니다. 이 시계를 9월 1일 낮 12시 정각에 맞추어 놓았습니다. 같은 해 9월 4일 낮 12시에 이 시계가 가리키는 시각은 몇 시 몇 분입니까?

(　　　　　　)

6-3 하루에 $4\frac{10}{60}$분씩 늦어지는 시계가 있습니다. 이 시계를 7월 20일 낮 12시 정각에 정확한 시각보다 10분 빠르게 맞추어 놓았습니다. 같은 해 7월 22일 낮 12시 정각에 이 시계가 가리키는 시각은 몇 시 몇 분 몇 초입니까?

(　　　　　　)

MATH TOPIC 7

심화유형

분수의 덧셈과 뺄셈을 활용한 교과통합유형

STEAM형
■●▲

수학＋사회

헌혈은 혈액이 필요한 사람에게 자신의 혈액을 나누어 주는 보람 있는 일입니다. 혈액은 몸무게의 약 $\frac{8}{100}$ 을 차지하고 그중 $\frac{1}{10}$ 은 여유분입니다. 이 여유분을 헌혈하는 것이므로 헌혈을 하면 혈액을 만드는 기능이 활성화되어 건강에 도움이 됩니다. 몸무게가 100 kg인 아버지께서 혈액 $310\frac{4}{5}$ g을 헌혈하였다면 남은 혈액 여유분은 약 몇 g입니까?

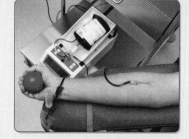

● 생각하기   먼저 혈액의 양을 구한 다음 혈액 여유분을 구해 봅니다.

● 해결하기   **1단계** 아버지의 혈액의 양 구하기

아버지의 혈액은 100 kg의 약 $\frac{8}{100}$ 이므로 약 ☐ kg입니다.

2단계 헌혈하기 전 아버지의 혈액 여유분 구하기

약 8 kg＝☐ g의 $\frac{1}{10}$ 이 여유분이므로 헌혈하기 전 아버지의 혈액 여유분은

약 ☐ g입니다.

3단계 헌혈한 후 아버지의 남은 혈액 여유분 구하기

아버지께서 헌혈한 후 남은 혈액 여유분은 약 ☐ $-310\frac{4}{5}=$ ☐ (g)입니다.

답 약 ☐ g

7-1

수학＋과학

지구가 물체를 끌어당기는 힘을 중력이라고 합니다. 공을 차면 공이 땅에 떨어지거나 사과가 나무에서 떨어지는 것도 중력 때문입니다. 중력은 지구 뿐만 아니라 달에도 있습니다. 달의 중력은 지구의 $\frac{1}{6}$ 입니다. 지구에서 경현이의 몸무게는 30 kg이고 달에서 상국이의 몸무게는 $4\frac{3}{8}$ kg입니다. 경현이와 상국이 중 달에서 누가 몇 kg 더 무겁습니까?

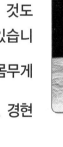

(   ), (   )

문제풀이 동영상

1 수를 큰 수부터 차례로 늘어놓은 것입니다. $\dfrac{11}{15}+\dfrac{13}{15}$의 값이 들어가야 할 곳을 찾아 기호를 쓰시오.

| ㉠ | $\dfrac{34}{15}$ | ㉡ | $1\dfrac{14}{15}$ | ㉢ | $\dfrac{22}{15}$ | ㉣ |

(   )

2 어떤 수에서 $4\dfrac{6}{7}$을 빼야 할 것을 잘못하여 자연수 부분과 분자를 바꾸어 뺐더니 $8\dfrac{4}{7}$가 되었습니다. 바르게 계산하면 얼마입니까?

(   )

3 영은, 혜은, 지혜 세 사람의 키를 재었습니다. 영은이와 혜은이의 키의 합은 $3\dfrac{1}{8}$ m, 영은이와 지혜의 키의 합은 $3\dfrac{4}{8}$ m, 혜은이와 지혜의 키의 합은 $3\dfrac{3}{8}$ m입니다. 세 사람의 키의 합을 구하시오.

(   )

서술형 **4** 길이가 9 cm인 색 테이프 3장을 $2\frac{2}{5}$ cm씩 겹쳐서 이어 붙였습니다. 이어 붙인 색 테이프의 전체 길이는 몇 cm인지 풀이 과정을 쓰고 답을 구하시오.

풀이 ....

....

....

답 ....

5 □ 안에 들어갈 수 있는 수는 모두 몇 개입니까? (단, □는 0보다 큽니다.)

$$\frac{13}{9}+1\frac{4}{9}>\frac{\square}{9}+1\frac{7}{9}$$

(   )

경시 기출 문제 **6** 오른쪽 그림은 정사각형의 각 변의 가운데를 연결하여 계속 그린 것입니다. 이 그림의 조각 13개 중 몇 개를 모아 가장 큰 정사각형의 $\frac{11}{32}$이 되려면 적어도 조각을 몇 개 모아야 됩니까?

(   )

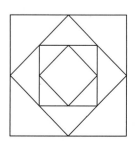

7 재인이는 동화책을 어제는 전체의 $\dfrac{3}{11}$ 을 읽었고, 오늘은 전체의 $\dfrac{5}{11}$ 를 읽었습니다. 어제와 오늘 읽은 동화책의 쪽수가 80쪽이라고 할 때 재인이가 읽고 있는 동화책의 전체 쪽수는 몇 쪽입니까?

(   )

서술형 8 식탁 위에 $8\dfrac{6}{15}$ kg의 밀가루가 있습니다. 빵 1개를 만드는 데 $2\dfrac{7}{15}$ kg의 밀가루를 사용한다면 식탁 위에 있는 밀가루로 만들 수 있는 빵은 최대 몇 개이고, 남은 밀가루의 양은 몇 kg인지 풀이 과정을 쓰고 답을 구하시오.

풀이

답   ,

9 **보기** 와 같이 계산할 때, ㉠과 ㉡의 합을 구하시오.

보기

$$가 ★ 나 = 가 - 나 + 5\dfrac{7}{8}$$

$$가 ◎ 나 = 가 + 나 - 2\dfrac{6}{8}$$

㉠ $9\dfrac{5}{8} ★ 6\dfrac{6}{8}$

㉡ $3\dfrac{3}{8} ◎ 5\dfrac{7}{8}$

(   )

수학+체육

STEAM형 10

육상 종목의 하나인 멀리뛰기는 도움닫기와 도약의 힘을 이용하여 멀리 뛴 기록을 겨루는 운동입니다. 경기 방법은 선수가 8명이거나 더 많은 경우 3회의 기회가, 8명보다 적은 경우 6회의 기회가 주어지며 그중 최고기록이 성적이 됩니다. 어느 육상 대회에서 가 선수는 $6\frac{3}{10}$ m를 뛰었고, 나 선수는 가 선수보다 $\frac{6}{10}$ m 더 짧게 뛰었습니다. 다 선수는 나 선수보다 $1\frac{4}{10}$ m 더 멀리 뛰었고, 라 선수는 다 선수보다 $1\frac{2}{10}$ m 더 짧게 뛰었습니다. 1등부터 4등까지 차례로 쓰시오.

(   )

서술형 11

하루에 $3\frac{1}{3}$분씩 늦어지는 시계가 있습니다. 이 시계를 어느 달 15일 오후 2시에 정확한 시각으로 맞추어 놓았습니다. 같은 달 19일 오후 2시에 이 시계가 가리키는 시각은 몇 시 몇 분 몇 초인지 풀이 과정을 쓰고 답을 구하시오.

풀이

답

12

철사로 오른쪽과 같은 삼각형 모양을 만들었습니다. 같은 길이의 철사로 만든 정사각형의 한 변의 길이는 몇 cm입니까? (단, 철사는 겹치지 않게 모두 사용합니다.)

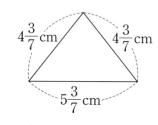

$4\frac{3}{7}$ cm $4\frac{3}{7}$ cm $5\frac{3}{7}$ cm

(   )

13 다음은 규칙에 따라 일정하게 뛰어서 센 것입니다. ㉠, ㉡, ㉢에 알맞은 분수의 합을 구하시오.

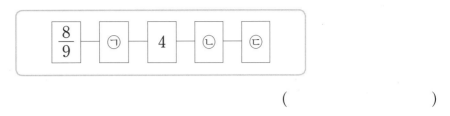

(   )

14 사과와 배를 담은 상자의 무게가 $26\frac{7}{12}$ kg입니다. 이 상자에서 사과만 모두 꺼낸 다음 상자의 무게를 재어 보면 $8\frac{9}{12}$ kg이고, 배만 모두 꺼낸 다음 상자의 무게를 재어 보면 $19\frac{8}{12}$ kg입니다. 빈 상자의 무게는 몇 kg입니까?

(   )

15 아버지께서 자동차에 남아 있는 휘발유의 양을 재어 보니 $8\frac{4}{8}$ L였습니다. 오늘 운전하시는 동안 남아 있는 휘발유의 $\frac{3}{4}$을 쓴 후 주유소에서 휘발유 $12\frac{7}{8}$ L를 더 넣었다면 자동차에 들어 있는 휘발유는 몇 L입니까?

(   )

문제풀이 동영상

1 분모가 3인 두 대분수의 합이 5가 되는 덧셈식을 모두 쓰시오. (단, A＋B와 B＋A는 한 가지로 생각합니다.)

(   )

2 □ 안에 알맞은 수를 구하시오.

$$(100-\frac{1}{3})+(\frac{1}{3}-\frac{1}{5})+(\frac{1}{5}-\frac{1}{7})+\cdots\cdots+(\frac{1}{\square-4}-\frac{1}{\square-2})+(\frac{1}{\square-2}-\frac{1}{\square})$$
$$=99\frac{98}{99}$$

(   )

서술형 **3** 6장의 수 카드를 한 번씩 모두 사용하여 차가 가장 작은 대분수의 뺄셈식을 만드는 풀이 과정을 쓰고 답을 구하시오. (단, 대분수의 분모는 같습니다.)

풀이 ....

....

....

답 ....

4 길이가 26 cm인 양초에 불을 붙인 지 7분 후에 남은 양초의 길이를 재어 보니 $13\frac{3}{4}$ cm였습니다. 처음 양초에 불을 붙인 지 13분이 지난 후에 불을 껐다면 남은 양초의 길이는 몇 cm입니까? (단, 양초가 타는 빠르기는 같습니다.)

(   )

5 가, 나, 다 세 사람이 어떤 일을 함께 하려고 합니다. 하루에 가는 일 전체의 $\frac{2}{34}$를, 나는 $\frac{3}{34}$을, 다는 $\frac{4}{34}$를 합니다. 가, 나, 다가 함께 2일 동안 일을 한 후, 가와 나가 함께 2일 동안 일을 하였습니다. 나머지는 가가 혼자서 할 때, 일을 시작한 지 며칠 만에 일을 끝낼 수 있습니까? (단, 쉬는 날 없이 일을 합니다.)

(   )

6 □ 안에는 모두 같은 수가 들어갈 때, □ 안에 알맞은 수를 구하시오.

$$\frac{1}{\square}+\frac{2}{\square}+\frac{3}{\square}+\frac{4}{\square}+\cdots+\frac{\square-3}{\square}+\frac{\square-2}{\square}+\frac{\square-1}{\square}=15$$

(   )

정답과 풀이 **18**쪽

7 분모가 19인 세 진분수 ㉮, ㉯, ㉰가 있습니다. 세 진분수의 합이 $1\frac{10}{19}$이고, 진분수 ㉮의 분자는 진분수 ㉯의 분자보다 3 작고, 진분수 ㉯의 분자는 진분수 ㉰의 분자보다 5 작습니다. 세 진분수를 각각 구하시오.

㉮ (   )

㉯ (   )

㉰ (   )

8 다음은 어떤 규칙에 따라 분수를 나열한 것입니다. 첫째 분수부터 열둘째 분수까지 모두 더한 값을 대분수 $㉠\frac{㉡}{㉢}$으로 나타낼 때, ㉠+㉡+㉢의 값을 구하시오.

$$\frac{1}{3} \qquad \frac{2}{3} \qquad 1\frac{1}{3} \qquad 2\frac{1}{3} \qquad 3\frac{2}{3}\cdots\cdots$$

(   )

삼각형

대표심화유형

1 이등변삼각형의 성질을 이용하여 구하기

2 정삼각형의 성질을 이용하여 구하기

3 삼각형의 성질을 이용하여 구하기

4 원 위에 놓인 삼각형의 각도 구하기

5 삼각형을 이용하여 둘레의 길이 구하기

6 삼각형의 개수 구하기

7 삼각형을 활용한 교과통합유형

삼각형이 되기 위한 조건

생활 속 삼각형

삼각형은 기본적인 평면도형이자 가장 안정된 도형으로 건축에서 많이 사용됩니다. 삼각형이 아닌 다른 모양의 구조물은 위에서 큰 힘이 가해지면 철골 자체가 부러지거나 연결 부위가 끊어질 수 있지만, 삼각형은 다른 도형과 달리 삼각형을 이루고 있는 세 변의 길이가 변하지 않는 한 외부 힘에 의해 변형이 일어나지 않는 견고한 성질을 가지고 있습니다. 이러한 삼각형의 성질이 건축에 응용되어 건물이나 교량을 건설할 때 삼각형 구조를 사용하기도 합니다.

삼각형 모양은 건축물뿐만 아니라 공중으로 날아가는 무기를 만들 때에도 이용되어 현대의 전투기들도 위에서 내려다보면 삼각형 모양을 이루고 있습니다. 또한 신석기 시대에 사용된 돌도끼나 돌화살촉의 모양도 삼각형입니다.

삼각형이 되기 위한 조건

세 변으로 이루어진 삼각형은 그리기 쉬운 도형이라 생각할 수 있지만 세 변이 주어져도 삼각형을 그릴 수 없는 경우가 있습니다. 예를 들어,

❶ 세 변의 길이가 1 cm, 2 cm, 5 cm인 경우

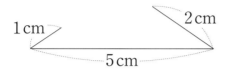

아무리 세 변을 이어서 삼각형을 그리려 해도 그릴 수 없습니다.

❷ 세 변의 길이가 2 cm, 3 cm, 5 cm인 경우

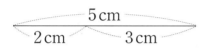

2 cm와 3 cm의 변이 서로 만나기는 했지만 각이 만들어지지 않습니다.

하지만, 세 변의 길이가 3 cm, 3 cm, 5 cm인 경우 삼각형이 만들어집니다.

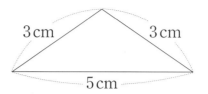

즉, 삼각형에서 **"가장 긴 변의 길이가 남은 두 변의 길이의 합보다 짧아야 한다"**는 조건을 만족해야지만 삼각형을 그릴 수 있습니다.

삼각형을 변의 길이와 각의 크기에 따라 분류하기

❶ 변의 길이에 따라 분류하기

이등변삼각형	정삼각형
두 변의 길이가 같은 삼각형	세 변의 길이가 같은 삼각형
	정삼각형은 크기는 달라도 모양은 모두 같습니다.

➡ 정삼각형은 세 변의 길이가 같으므로 두 변의 길이가 같은 이등변삼각형이 될 수 있습니다.

이등변삼각형은 정삼각형이 될 수 없습니다.

❷ 각의 크기에 따라 분류하기

예각삼각형	둔각삼각형	직각삼각형
세 각이 모두 예각인 삼각형	한 각이 둔각인 삼각형	한 각이 직각인 삼각형
예각 예각 예각	둔각 예각 예각	예각 직각 예각
	삼각형의 세 각의 크기의 합은 180°이므로 둔각삼각형은 한 각만 둔각이어야 합니다.	

❶ 예각삼각형과 둔각삼각형의 개수 구하기

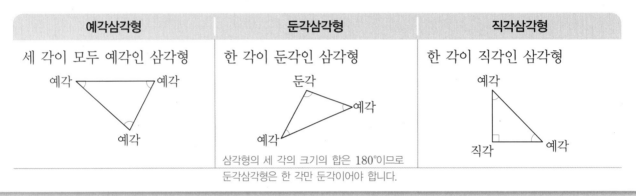

• 크고 작은 예각삼각형의 개수: (1칸짜리)+(3칸짜리)=4+1=5(개)
• 크고 작은 둔각삼각형의 개수: (1칸짜리)+(4칸짜리)=4+2=6(개)

 중등 연계

❶ 내각과 외각

• 내각: 한 도형에서 선분으로 둘러싸인 부분의 안쪽에 있는 각
• 외각: 각을 이루는 두 선분 중 하나의 선분을 연장했을 때,
  도형의 바깥쪽에 만들어지는 각

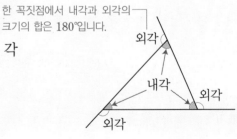

한 꼭짓점에서 내각과 외각의 크기의 합은 180°입니다.

외각 / 내각 / 외각 / 외각

(삼각형의 세 각의 크기의 합)=●+▲+★=180°

각의 크기가 같습니다. ➡ ㉠=●+▲

(일직선의 각)=★+㉠=180°

➡ 삼각형의 한 꼭짓점에서 만들어지는 외각의 크기는 다른 두 꼭짓점의 내각의 크기의 합과 같습니다.

1 직사각형 모양의 종이를 선을 따라 오려서 다음과 같이 여러 개의 삼각형을 만들었습니다. 물음에 답하시오.

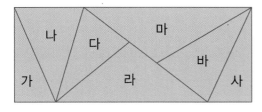

(1) 예각삼각형을 모두 찾아 기호를 쓰시오.
( )

(2) 직각삼각형을 모두 찾아 기호를 쓰시오.
( )

(3) 둔각삼각형을 모두 찾아 기호를 쓰시오.
( )

2 다음 사각형에 선분을 한 개만 그어서 둔각삼각형 2개를 만들어 보시오.

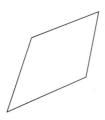

3 주어진 선분을 한 변으로 하는 예각삼각형과 둔각삼각형을 각각 그려 보시오.

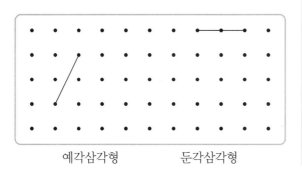

예각삼각형   둔각삼각형

4 소라는 길이가 38 cm인 철사를 겹치는 부분 없이 모두 사용하여 그림과 같은 이등변삼각형을 만들었습니다. □ 안에 알맞은 수를 써넣으시오.

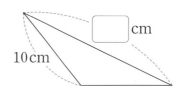

5 삼각형의 세 각 중에서 두 각의 크기가 다음과 같을 때, 이 삼각형은 어떤 삼각형입니까?

55°   25°

( )

6 그림에서 찾을 수 있는 크고 작은 둔각삼각형과 예각삼각형의 개수의 차는 몇 개인지 구하시오.

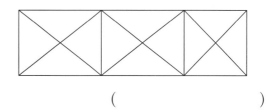

( )

2 이등변삼각형과 정삼각형의 성질

❶ 이등변삼각형의 성질

- 이등변삼각형은 두 변의 길이가 같습니다.

  (변 ㄱㄴ)＝(변 ㄱㄷ)

- 이등변삼각형은 두 각의 크기가 같습니다.

  (각 ㄱㄴㄷ)＝(각 ㄱㄷㄴ)

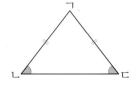

> 이등변삼각형은 두 변의 길이가 같고 두 각의 크기가 같습니다.

❷ 정삼각형의 성질

- 정삼각형은 세 변의 길이가 같습니다.

  (변 ㄱㄴ)＝(변 ㄴㄷ)＝(변 ㄷㄱ)

- 정삼각형은 세 각의 크기가 같습니다.

  (각 ㄱㄴㄷ)＝(각 ㄴㄷㄱ)＝(각 ㄷㄱㄴ)

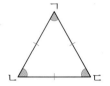

> 정삼각형은 세 변의 길이가 같고 세 각의 크기가 같습니다.

> **참고**
>
> 삼각형의 세 각의 크기의 합은 180°이므로 정삼각형의 한 각의 크기는 180°÷3＝60°입니다.

실전 개념

❶ 원 위에 놓인 삼각형 알아보기

- 삼각형 ㄱㄴㅇ과 삼각형 ㄱㅇㄷ 알아보기

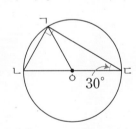

① 한 원에서 반지름의 길이는 모두 같으므로

(선분 ㄱㅇ)＝(선분 ㄴㅇ)＝(선분 ㄷㅇ)입니다.

➡ 삼각형 ㄱㄴㅇ과 삼각형 ㄱㅇㄷ은 이등변삼각형입니다.

└─ 두 변의 길이가 같습니다. ─┘

② (각 ㅇㄱㄷ)＝(각 ㅇㄷㄱ)＝30°, (각 ㄴㄱㅇ)＝90°－30°＝60°,

삼각형 ㄱㄴㅇ은 이등변삼각형이므로

(각 ㄱㄴㅇ)＝(각 ㄴㄱㅇ)＝60°,

(각 ㄱㅇㄴ)＝180°－60°－60°＝60°입니다.

➡ 삼각형 ㄱㄴㅇ은 정삼각형입니다.

└─ 세 각의 크기가 60°로 같습니다.

❷ 주어진 세 변의 길이로 삼각형 만들기

세 변의 길이	1 cm, 2 cm, 5 cm	2 cm, 3 cm, 5 cm	3 cm, 3 cm, 5 cm
삼각형 만들기	1cm 2cm 5cm (×)	5cm 3cm 2cm (×)	3cm 3cm 5cm (○)

➡ 가장 긴 변의 길이가 남은 두 변의 길이의 합보다 작으면 삼각형을 만들 수 있습니다.

1 ☐ 안에 알맞은 수를 써넣으시오.

(1)
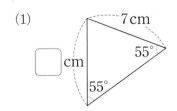

(2)
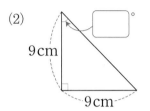

2 정삼각형 2개를 겹치지 않게 이어 붙인 것입니다. 각 ㄴㄱㄹ의 크기를 구하시오.

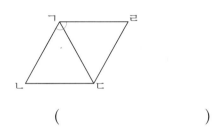

( )

3 삼각형 ㄱㄴㄷ은 이등변삼각형입니다. ㉠의 각도를 구하시오.

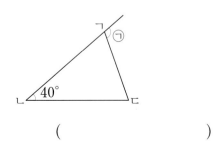

( )

4 길이가 1 m인 철사가 있습니다. 이 철사로 한 변의 길이가 8 cm인 정삼각형을 몇 개까지 만들 수 있습니까?

( )

5 삼각형을 보고 물음에 답하시오.

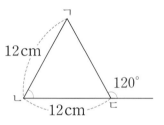

(1) 각 ㄱㄴㄷ의 크기는 몇 도입니까?
( )

(2) 변 ㄱㄷ의 길이는 몇 cm입니까?
( )

(3) 삼각형 ㄱㄴㄷ의 이름을 3가지 쓰시오.
( )

6 삼각형 ㄱㄹㄷ과 삼각형 ㄹㄴㄷ은 이등변삼각형입니다. 각 ㄹㄴㄷ의 크기가 40°일 때, 각 ㄹㄱㄷ의 크기를 구하시오.

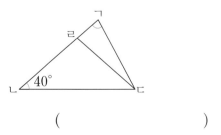

( )

이등변삼각형의 성질을 이용하여 구하기

오른쪽 그림에서 변 ㄱㄴ, 변 ㄴㄷ, 변 ㄷㄹ의 길이가 같을
때, 각 ㄴㄷㄹ의 크기를 구하시오.

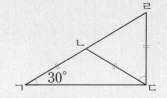

● 생각하기   이등변삼각형에서 한 각의 크기를 알면 남은 두 각의 크기를 구할 수 있습니다.

● 해결하기   **1단계** 각 ㄴㄷㄱ의 크기 구하기
삼각형 ㄴㄱㄷ은 (변 ㄱㄴ)=(변 ㄴㄷ)인 이등변삼각형이므로
(각 ㄴㄷㄱ)=(각 ㄴㄱㄷ)=30°입니다.

2단계 각 ㄱㄴㄷ, 각 ㄷㄴㄹ, 각 ㄴㄹㄷ의 크기 구하기
삼각형 ㄴㄱㄷ에서 (각 ㄱㄴㄷ)=180°−30°−30°=120°
(각 ㄷㄴㄹ)=(각 ㄴㄹㄷ)=180°−120°=60°입니다.

3단계 각 ㄴㄷㄹ의 크기 구하기
삼각형의 세 각의 크기의 합은 180°이므로
(각 ㄴㄷㄹ)=180°−60°−60°=60°입니다.

답 60°

1-1 오른쪽 그림에서 변 ㄱㄷ과 변 ㄷㄹ의 길이가 같을 때, 각
ㄴㄱㄹ의 크기를 구하시오.

(   )

1-2 오른쪽 이등변삼각형의 세 변의 길이의 합이 22 cm일 때, 변 ㄴㄷ의
길이를 구하시오.

(   )

1-3 오른쪽 그림에서 삼각형 ㄱㄴㄷ은 이등변삼각형이고, 삼각형 ㄹㄴㄷ은
직각삼각형입니다. 각 ㄱㄷㄹ의 크기를 구하시오.

(   )

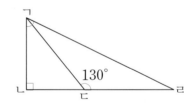

정삼각형의 성질을 이용하여 구하기

오른쪽 그림은 정삼각형 2개를 겹쳐 놓은 것입니다. 색칠한 부분의
둘레의 길이는 몇 cm인지 구하시오.

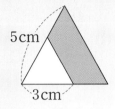

5cm
3cm

● 생각하기   정삼각형에서 한 변의 길이를 알면 남은 두 변의 길이를 구할 수 있습니다.
정삼각형의 둘레의 길이를 알면 한 변의 길이를 구할 수 있습니다.

● 해결하기   **1단계** 변 ㄱㄷ의 길이 구하기
정삼각형 ㄱㄴㄷ의 세 변의 길이는 모두 같으므로
(변 ㄱㄴ)=(변 ㄴㄷ)=(변 ㄱㄷ)=5 cm입니다.

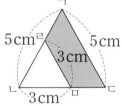

2단계 변 ㄱㄹ, 변 ㄷㅁ의 길이 구하기
정삼각형 ㄹㄴㅁ에서 (변 ㄹㄴ)=(변 ㄴㅁ)=(변 ㅁㄹ)=3 cm이므로
(변 ㄱㄹ)=(변 ㄷㅁ)=5−3=2(cm)입니다.

3단계 색칠한 부분의 둘레의 길이 구하기
따라서 색칠한 부분의 둘레의 길이는 3+2+5+2=12(cm)입니다.

답 12 cm

2-1 오른쪽 그림은 정삼각형 2개를 겹쳐 놓은 것입니다. 선분 ㄱㄹ의 길이
는 선분 ㄹㄴ의 길이의 2배일 때, 사각형 ㄱㄹㅁㄷ의 둘레의 길이는
몇 cm인지 구하시오.

(   )

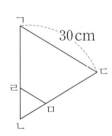

30 cm

2-2 오른쪽 그림과 같은 정사각형과 정삼각형이 있습니다. 두 도형의
둘레의 길이가 같다고 할 때, 정삼각형의 한 변의 길이는 몇 cm
입니까?

(   )

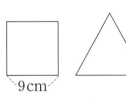

9 cm

2-3 오른쪽 그림과 같이 정삼각형 모양의 종이를 접었습니다. ㉠의 각
도를 구하시오.

(   )

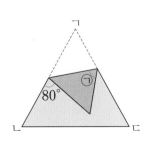

80°

MATH TOPIC 3

삼각형의 성질을 이용하여 구하기

오른쪽 그림과 같이 정삼각형 ㄱㄴㄷ의 변 ㄴㄷ과 이등변삼각형 ㄱㄷㄹ의 변 ㄷㄹ이 일직선이 되도록 이어 붙였습니다. 각 ㄱㄹㄷ의 크기를 구하시오.

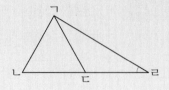

● 생각하기 일직선에 놓이는 각의 크기는 180°입니다.

● 해결하기 **1단계** 각 ㄱㄷㄹ의 크기 구하기
정삼각형 ㄱㄴㄷ의 세 각의 크기는 모두 60°이고, 선분 ㄴㄹ은 일직선이므로
(각 ㄱㄷㄹ)=180°−60°=120°입니다.

2단계 각 ㄱㄹㄷ의 크기 구하기
삼각형 ㄱㄷㄹ은 (변 ㄱㄷ)=(변 ㄷㄹ)인 이등변삼각형이므로
(각 ㄱㄹㄷ)=(180°−120°)÷2=30°입니다.

답 30°

3-1 오른쪽 그림에서 삼각형 ㄱㄴㄷ은 정삼각형이고, 삼각형 ㄱㄷㄹ에서 변 ㄱㄷ과 변 ㄱㄹ의 길이가 같습니다. 각 ㄱㄹㄷ의 크기가 45°일 때, 각 ㄴㄱㄹ의 크기를 구하시오.

(   )

3-2 오른쪽 그림에서 삼각형 ㄱㄴㄹ은 정삼각형이고, 삼각형 ㄴㄷㄹ에서 변 ㄴㄷ과 변 ㄴㄹ의 길이가 같습니다. 삼각형 ㄱㄴㄹ과 삼각형 ㄴㄷㄹ의 둘레의 길이의 합이 34 cm일 때, 변 ㄱㄴ의 길이를 구하시오.

(   )

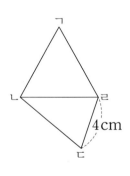

3-3 오른쪽 삼각형 ㄱㄴㄷ은 이등변삼각형입니다. 각 ㄴㅂㄷ의 크기를 구하시오.

(   )

MATH TOPIC 4

심화유형

원 위에 놓인 삼각형의 각도 구하기

오른쪽 그림에서 점 ㅇ이 원의 중심이고 선분 ㄴㄷ이 일직선일 때, ㉠의 각도를 구하시오.

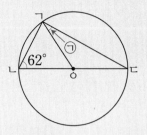

● 생각하기   한 원에서 원의 반지름의 길이는 모두 같습니다.

● 해결하기   **1단계** 각 ㄴㄱㅇ의 크기 구하기

삼각형 ㄱㄴㅇ은 변 ㅇㄱ과 변 ㅇㄴ의 길이가 같은 이등변삼각형이므로

(각 ㄴㄱㅇ)=(각 ㄱㄴㅇ)=62°입니다.
<u>원의 반지름</u>

2단계 각 ㄱㅇㄷ의 크기 구하기

삼각형 ㄱㄴㅇ에서 (각 ㄱㅇㄴ)=180°-62°-62°=56°이므로

(각 ㄱㅇㄷ)=180°-56°=124°입니다.

3단계 ㉠의 각도 구하기

삼각형 ㄱㄷㅇ은 (변 ㅇㄱ)=(변 ㅇㄷ)인 이등변삼각형이므로
<u>원의 반지름</u>

㉠=(180°-124°)÷2=28°입니다.

답 28°

4-1 오른쪽 그림에서 점 ㅇ이 원의 중심이고 선분 ㄱㄷ이 일직선일 때, ㉠의 각도를 구하시오.

(   )

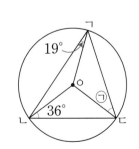

4-2 오른쪽 그림에서 점 ㅇ이 원의 중심일 때, ㉠의 각도를 구하시오.

(   )

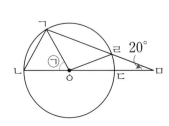

4-3 오른쪽 그림에서 선분 ㄹㅇ과 선분 ㄹㅁ의 길이가 같고 선분 ㄱㅁ과 선분 ㄴㅁ이 일직선일 때, ㉠의 각도를 구하시오. (단, 점 ㅇ은 원의 중심입니다.)

(   )

MATH TOPIC 5

심화유형

삼각형을 이용하여 둘레의 길이 구하기

오른쪽 도형은 한 개의 둘레의 길이가 12 cm인 정삼각형 18개를 겹치지 않게 이어 붙여 만든 것입니다. 전체 도형의 둘레의 길이는 몇 cm인지 구하시오.

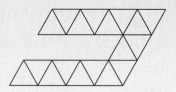

● 생각하기　(정삼각형의 둘레의 길이)＝(한 변의 길이)×3이므로
(한 변의 길이)＝(정삼각형의 둘레의 길이)÷3입니다.

● 해결하기　**1단계** 정삼각형의 한 변의 길이 구하기
(정삼각형의 한 변의 길이)＝12÷3＝4(cm)

2단계 도형의 둘레의 길이 구하기
도형의 둘레는 정삼각형의 한 변의 길이의 20배이므로
(도형의 둘레)＝4×20＝80(cm)입니다.

답 80 cm

5-1 오른쪽 도형은 한 개의 둘레의 길이가 42 cm인 정삼각형 6개를 겹치지 않게 이어 붙여 만든 것입니다. 이 도형의 둘레의 길이를 구하시오.

(　　　　　　　)

5-2 오른쪽 도형은 이등변삼각형 가, 정사각형 나, 정삼각형 다를 겹치지 않게 이어 붙여 만든 것입니다. 도형의 둘레의 길이는 80 cm이고, 정사각형 나의 둘레의 길이가 48 cm일 때, 이등변삼각형 가의 둘레의 길이를 구하시오.

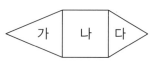

(　　　　　　　)

5-3 오른쪽 그림은 정삼각형의 각 변의 한가운데 점을 이어 가면서 정삼각형을 만든 것입니다. 가장 큰 정삼각형의 한 변이 24 cm일 때, 가장 작은 정삼각형의 둘레의 길이를 구하시오.

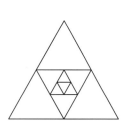

(　　　　　　　)

MATH TOPIC 6

심화유형

삼각형의 개수 구하기

오른쪽 도형은 크기가 같은 정삼각형을 겹치지 않게 이어 붙여 만든 것입니다. 이 도형에서 찾을 수 있는 크고 작은 정삼각형은 모두 몇 개입니까?

● 생각하기　가장 작은 정삼각형 1개, 4개, 9개로 만들어진 정삼각형들을 찾아봅니다.

● 해결하기　**1단계** 여러 가지 크기로 만들어진 정삼각형의 개수를 각각 세어 보기

　　・작은 정삼각형 1개(▽)로 만들어진 삼각형: 9개

　　・작은 정삼각형 4개(△)로 만들어진 삼각형: 3개

　　・작은 정삼각형 9개(△)로 만들어진 삼각형: 1개

　　2단계 찾을 수 있는 크고 작은 정삼각형의 개수 구하기

　　찾을 수 있는 크고 작은 정삼각형은 모두 9+3+1=13(개)입니다.

답 13개

6-1 오른쪽 도형은 한 변의 길이가 3 cm인 정삼각형 16개를 겹치지 않게 이어 붙여 만든 것입니다. 이 도형에서 찾을 수 있는 한 변의 길이가 6 cm인 정삼각형은 모두 몇 개입니까?

(　　　　　)

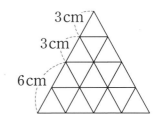

6-2 오른쪽 그림에서 찾을 수 있는 크고 작은 삼각형은 모두 몇 개입니까?

(　　　　　)

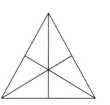

6-3 오른쪽 그림은 정사각형 ㄱㄴㄷㄹ의 각 변의 한가운데 점끼리 잇고, 서로 이웃하지 않는 꼭짓점끼리 각각 이은 것입니다. 이 그림에서 크고 작은 이등변삼각형은 모두 몇 개입니까?

(　　　　　)

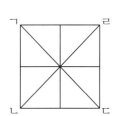

MATH TOPIC 7

심화유형

삼각형을 활용한 교과통합유형

STEAM형
■●▲

수학+미술

한지는 *닥나무로 만든 우리 전통 종이입니다. 다음은 한지로 만든 보석함과 보석함의 도안입니다. 보석함의 옆면은 한 개의 둘레의 길이가 19 cm인 이등변삼각형 8개로 이루어져 있습니다. 보석함의 도안에서 옆면의 둘레의 길이는 몇 cm입니까?

*닥나무: 옛날에는 천을 짜는데 사용되었고 고려시대 이후 종이를 만드는 데 사용했습니다.

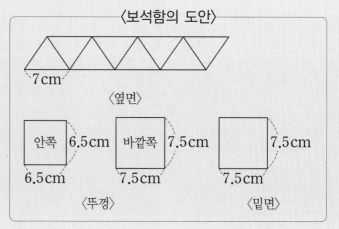

〈보석함의 도안〉

7 cm 〈옆면〉

안쪽 6.5 cm / 6.5 cm 〈뚜껑〉　바깥쪽 7.5 cm / 7.5 cm　7.5 cm / 7.5 cm 〈밑면〉

● 생각하기　이등변삼각형은 두 변의 길이가 같습니다.

● 해결하기　1단계 이등변삼각형의 남은 두 변의 길이 구하기

이등변삼각형의 한 변은 7 cm이고, 길이가 같은 두 변의 길이의 합은

$19-7=12$(cm)이므로 남은 두 변의 길이는 각각 $12 \div 2=\boxed{}$(cm)입니다.

2단계 보석함의 도안에서 옆면의 둘레의 길이 구하기

옆면의 둘레는 7 cm인 변이 8개, 6 cm인 변이 2개이므로

(옆면의 둘레의 길이)$=7 \times 8+6 \times 2=56+12=\boxed{}$(cm)입니다.

답 $\boxed{}$ cm

수학+놀이

7-1　*칠교놀이 판은 직각삼각형이면서 이등변삼각형인 삼각형 5조각과 정사각형 1조각, 마주 보는 각의 크기가 같은 사각형 1조각으로 이루어져 있습니다. 오른쪽은 칠교놀이 판의 조각을 모두 사용하여 만든 여우 모양입니다. ㉠과 ㉡의 각도의 합을 구하시오.

*칠교놀이: 정사각형을 7개로 나눈 조각을 가지고 동물, 식물, 글자 등 여러 가지 모양을 만드는 수학놀이

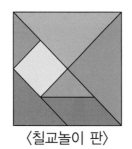

〈칠교놀이 판〉

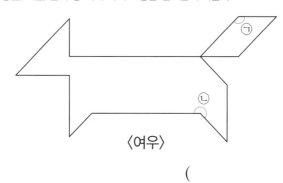

〈여우〉

(　　　　　)

1 다음은 어떤 예각삼각형의 두 각의 크기를 나타낸 것입니다. □가 될 수 있는 수 중에서 가장 작은 자연수를 구하시오.

$$62° \quad □°$$

(   )

2 오른쪽 그림은 정삼각형 ㄱㄴㄷ과 이등변삼각형 ㄱㄷㄹ을 겹치지 않게 이어 붙여 만든 것입니다. 각 ㄴㄱㄹ이 100°일 때, 각 ㄱㄹㄷ의 크기를 구하시오.

(   )

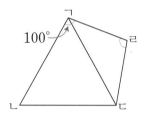

3 오른쪽 그림에서 찾을 수 있는 크고 작은 예각삼각형은 모두 몇 개인지 풀이 과정을 쓰고 답을 구하시오.

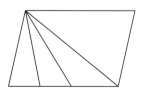

풀이 ....

....

....

답 ....

4 오른쪽 그림에서 삼각형 ㄱㄴㄷ과 삼각형 ㄹㄴㄷ은 이등변삼각형입니다. 삼각형 ㄱㄴㄷ의 둘레가 34 cm이고, 삼각형 ㄹㄴㄷ의 둘레가 20 cm라면 색칠한 도형의 둘레는 몇 cm입니까?

(   )

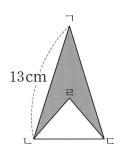

5 삼각형 ㄱㄴㄷ과 삼각형 ㄷㄹㅁ이 이등변삼각형일 때, 각 ㄱㄷㅁ의 크기는 몇 도입니까?
(단, 선분 ㄴㄹ은 일직선입니다.)

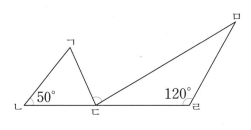

(   )

서술형 6 수정이는 길이가 32 cm인 철사를 모두 사용하여 한 변의 길이가 8 cm인 이등변삼각형을 만들었습니다. 수정이가 만든 이등변삼각형의 세 변의 길이는 각각 몇 cm인지 풀이 과정을 쓰고 답을 구하시오.

풀이 ....

....

....

답 ....

7 다음 도형은 이등변삼각형 ㄱㄴㄷ과 정사각형 ㄱㄷㄹㅁ을 겹치지 않게 이어 붙여 만든 것입니다. 이등변삼각형의 둘레가 26 cm일 때, 이 도형의 둘레의 길이는 몇 cm인지 구하시오.

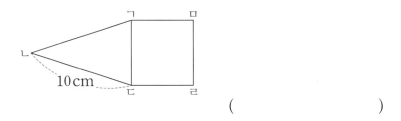

(   )

8 다음과 같은 모양으로 이등변삼각형 30개를 겹치지 않게 이어 붙여 도형을 만들려고 합니다. 만든 도형의 둘레의 길이는 몇 cm입니까?

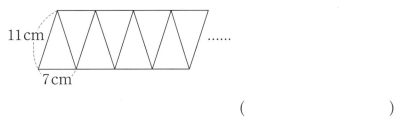

(   )

서술형 **9** 오른쪽 그림에서 삼각형 ㄱㄷㅅ은 정삼각형이고, 삼각형 ㅅㄷㅂ과 삼각형 ㄷㄹㅂ은 이등변삼각형입니다. 각 ㄱㄷㄴ의 크기는 몇 도인지 풀이 과정을 쓰고 답을 구하시오.

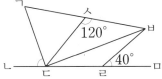

풀이 ....

....

....

답 ....

10 그림은 반지름의 길이가 같은 *반원 2개를 원의 중심에서 겹쳐지게 그린 것입니다. ㉠의 각도를 구하시오. (단, 선분 ㄱㄹ은 일직선입니다.)

*반원: 원을 반으로 나눈 것

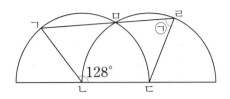

(   )

➤경시
➤기출 **11**
➤문제
다음 그림은 예각삼각형 2개를 겹쳐 놓은 것입니다. 이 그림에서 찾을 수 있는 예각을 모두 찾아 합을 구하시오.

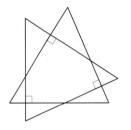

(   )

12 오른쪽 그림은 정삼각형 6개를 변끼리 겹치지 않게 이어 붙이고, 삼각형의 꼭짓점을 점(•)으로 나타낸 것입니다. 점 7개 중에서 세 점을 연결하여 만들 수 있는 이등변삼각형은 모두 몇 개인지 구하시오.

(   )

경시
기출
문제

문제풀이 동영상

1 길이가 7 cm, 15 cm인 빨간 막대와 길이가 7 cm, 9 cm인 파란 막대와 길이가 6 cm, 7 cm, 10 cm인 노란 막대가 있습니다. 색깔이 모두 다른 막대 3개로 만들 수 있는 삼각형 중 세 변의 길이가 모두 다른 삼각형이 ㉠개이고, 이등변삼각형이 ㉡개입니다. 이때, ㉠+㉡의 값은 얼마입니까?

( )

서술형 **2** 오른쪽 이등변삼각형 ㄱㄴㄷ의 긴 변의 길이는 짧은 변의 길이의 2배입니다. 삼각형 ㄱㄴㄷ의 둘레가 50 cm라면 변 ㄴㄷ의 길이는 몇 cm인지 풀이 과정을 쓰고 답을 구하시오.

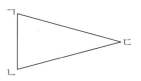

풀이 ....

....

....

....

답 ....

3 다음과 같은 규칙에 따라 정삼각형의 각 변의 한가운데를 연결하여 삼각형을 만들어 가고 있습니다. 첫째 모양에서 색칠한 삼각형의 둘레가 48 cm일 때, 셋째 모양에서 색칠한 삼각형들의 둘레의 길이의 합은 몇 cm입니까?

첫째

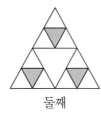
둘째

셋째

......

( )

4 오른쪽 그림에서 사각형 ㄱㄴㄷㄹ은 정사각형이고, 삼각형 ㄱㅇㄹ은 정삼각형입니다. 각 ㄴㅇㄷ의 크기를 구하시오.

(   )

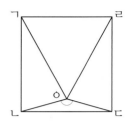

5 오른쪽 그림에서 사각형 ㄱㄴㄷㄹ은 정사각형이고, 삼각형 ㄱㄹㅁ은 변 ㄱㄹ과 변 ㄱㅁ의 길이가 같은 이등변삼각형입니다. 각 ㅁㄹㅂ의 크기가 65°일 때, 각 ㄹㅁㅂ의 크기를 구하시오.

(   )

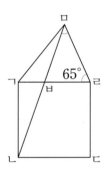

6 다음 그림과 같이 정삼각형 ㄱㄴㄷ을 점 ㄷ을 중심으로 하여 시계 방향으로 46° 회전시켜 정삼각형 ㄹㅁㄷ을 만들었습니다. 각 ㅁㅂㄹ의 크기를 구하시오.

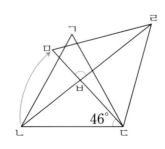

(   )

7 다음과 같이 원 위에 일정한 간격으로 10개의 점이 놓여 있습니다. 3개의 점을 연결하여 그릴 수 있는 이등변삼각형은 모두 몇 개입니까?

(   )

8 다음과 같이 일정한 간격으로 9개의 점이 놓여 있습니다. 이 점들을 꼭짓점으로 하여 만들 수 있는 이등변삼각형 중 직각삼각형은 모두 몇 개입니까?

    •   •   •

    •   •   •

    •   •   •

(   )

연필 없이 생각 톡

보기 에 주어진 도형을 이용하여 각 가로줄과 세로줄에 주어진 도형이 한 번씩만 들어가야 하고, 굵은 선으로 둘러싸인 공간 안에 각 도형이 중복되지 않게 한 번씩 들어가면 됩니다. 빈칸을 채워 보세요.

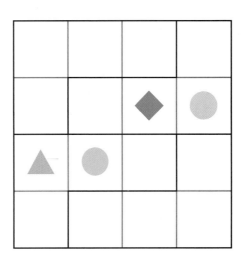

소수의 덧셈과 뺄셈

대표심화유형

1 수직선에서 ☐ 안에 알맞은 수 구하기

2 소수의 크기를 비교하여 모르는 수 구하기

3 소수 사이의 관계 이용하기

4 사이의 거리 구하기

5 ☐ 안에 들어갈 수 있는 수 구하기

6 조건을 만족하는 소수 구하기

7 덧셈식과 뺄셈식에서 ☐ 안에 알맞은 수 구하기

8 소수의 덧셈과 뺄셈을 활용한 교과통합유형

소수의
덧셈과 뺄셈

스포츠 경기 속의 소수

육상 경기에서는 선수들이 결승선에 도착하는 시각을 초단위로 기록합니다. 아래 표는 2017년 세계 육상 선수권 대회 남자 100 m 달리기에서 금, 은, 동메달을 차지한 선수들의 기록입니다.

메달	선수이름	국적	기록(초)
금	저스틴 게이틀린	미국	9.92
은	크리스천 콜먼	미국	9.94
동	우사인 볼트	자메이카	9.95

선수들의 기록은 소수 둘째 자리까지 매겨졌고, 이 기록에 따라 순위가 결정됩니다. 만약 선수들의 기록을 자연수로만 나타낸다면 순위를 정하기가 어려울 것입니다.

소수의 덧셈과 뺄셈

산에 오르는 거리나 물건의 무게 등을 나타낼 때에도 분수보다 소수를 사용합니다. 예를 들어, 산 정상까지의 거리가 8.25 km인데 지금 3.58 km를 올라왔다면 산 정상까지 얼마나 더 가야 하는지를 알아보려면 소수의 덧셈과 뺄셈이 필요합니다.

피겨스케이팅 선수 김연아는 2010년 밴쿠버 동계 올림픽에서 쇼트 프로그램 78.50점, 프리 스케이팅 150.06점, 총점 228.56점을 받아 피겨스케이팅 여자 싱글 부분에서 금메달을 목에 걸었습니다.

이처럼 스포츠에서는 분수보다 소수를 주로 사용합니다. 그 이유는 단위를 좀 더 세세하게 나누어 선수들의 기록을 보다 정확하게 잴 수 있을 뿐만 아니라 수의 크기를 비교할 때도 분수보다 소수가 더 편리하기 때문입니다.

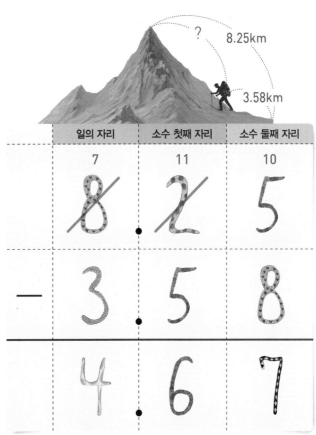

일의 자리	소수 첫째 자리	소수 둘째 자리
7	11	10
8̶	2̶	5
− 3	5	8
4	6	7

1 소수의 이해

❶ 소수 두 자리 수

• 0.01 알아보기

분수 $\dfrac{1}{100}$은 소수로 0.01이라 쓰고, 영 점 영일이라고 읽습니다. ➡ $\dfrac{1}{100}=0.01$

• 3.27 알아보기

$\dfrac{327}{100}=3.27$ ➡ 삼 점 이칠

일의 자리		소수 첫째 자리	소수 둘째 자리
3	.		
0	.	2	
0	.	0	7

➡ $3.27=3+0.2+0.07$

• 3.27을 이루는 수 알아보기

3.27은 0.01이 327개로 이루어져 있습니다.

3.27은 1이 3개, 0.01이 27개로 이루어져 있습니다.

3.27은 0.1이 32개, 0.01이 7개로 이루어져 있습니다.

❷ 소수 세 자리 수

• 0.001 알아보기

분수 $\dfrac{1}{1000}$은 소수로 0.001이라 쓰고, 영 점 영영일이라고 읽습니다. ➡ $\dfrac{1}{1000}=0.001$

• 4.639 알아보기

$\dfrac{4639}{1000}=4.639$ ➡ 사 점 육삼구

일의 자리		소수 첫째 자리	소수 둘째 자리	소수 셋째 자리
4	.			
0	.	6		
0	.	0	3	
0	.	0	0	9

➡ $4.639=4+0.6+0.03+0.009$

실전 개념

❶ ■.●▲에 가장 가까운 자연수 찾기

• ■.●▲에 가까운 자연수는 ■ 또는 (■+1)입니다.

　■.●▲에서 ●가 5보다 작으면 ■.●▲에 가장 가까운 자연수는 ■이고,

　　　　　●가 5보다 크거나 같으면 ■.●▲에 가장 가까운 자연수는 (■+1)입니다.

　예 5.28에 가장 가까운 자연수 찾기

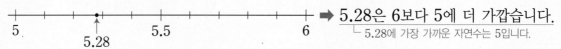

➡ 5.28은 6보다 5에 더 가깝습니다.

└ 5.28에 가장 가까운 자연수는 5입니다.

BASIC TEST

1 □ 안에 알맞은 소수를 써넣으시오.

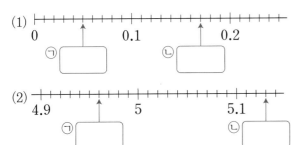

(1)

(2)

2 조건을 만족하는 소수를 쓰고 읽어 보시오.

- 이 수는 소수 세 자리 수입니다.
- 7보다 크고 8보다 작습니다.
- 소수 첫째 자리 수는 1입니다.
- 소수 둘째 자리 수는 6입니다.
- 소수 셋째 자리 수는 2입니다.

쓰기 (   )

읽기 (   )

3 소수 둘째 자리 수가 나머지 셋과 다른 소수를 찾아 쓰시오.

| 0.47 | 2.075 | 53.76 | 8.574 |

(   )

4 □ 안에 알맞은 소수를 써넣으시오.

(1) 0.01이 47개인 수는 [   ] 입니다.

(2) 0.001이 5098개인 수는 [   ] 입니다.

(3) 1이 14개, $\frac{1}{10}$이 8개, $\frac{1}{1000}$이 9개인 수는 [   ] 입니다.

5 숫자 9가 나타내는 수가 작은 수부터 차례로 기호를 쓰시오.

| ㉠ 9.408 | ㉡ 7.193 |
| ㉢ 5.249 | ㉣ 0.955 |

(   )

6 ㉠과 ㉡ 중에서 소수 첫째 자리 수가 더 큰 수를 찾아 기호를 쓰시오.

- ㉠ 5.734보다 0.01 큰 수
- ㉡ 1이 6개, 0.1이 2개, 0.01이 4개, 0.001이 5개인 수

(   )

2 소수의 크기 비교, 소수 사이의 관계

❶ 소수의 크기 비교

- 0.2와 0.20은 같은 수입니다. 소수는 필요한 경우 오른쪽 끝자리에 0을 붙여서 나타낼 수 있습니다.

$$0.2 = 0.20$$

- 소수의 크기 비교 방법 알아보기

  ① 자연수 부분이 다를 때에는 자연수 부분의 크기를 비교합니다. ⑩ $\underset{2<3}{2.923 < 3.011}$

  ② 자연수 부분이 같을 때에는 소수 첫째 자리 수부터 차례로 크기를 비교합니다.

  ⑩ $\underset{5>2}{0.527 > 0.28}$　　$\underset{2<6}{5.124 < 5.16}$　　$\underset{5<7}{0.395 < 0.397}$

❷ 소수 사이의 관계

- 1, 0.1, 0.01, 0.001 사이의 관계 알아보기

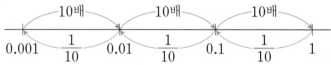

- 단위 사이의 관계를 소수로 알아보기　$1\,mm = \dfrac{1}{10}\,cm = 0.1\,cm$

  · $1\,cm = \dfrac{1}{100}\,m = 0.01\,m$ ₁₀₀ ㎝=₁ ㎙ $\quad$ · $1\,m = \dfrac{1}{1000}\,km = 0.001\,km$ 1000 m=1 km

  · $1\,g = \dfrac{1}{1000}\,kg = 0.001\,kg$ 1000 g=1 kg $\quad$ · $1\,mL = \dfrac{1}{1000}\,L = 0.001\,L$ 1000 mL=1 L

실전 개념

❶ 소수만큼 큰 수와 작은 수 구하기

4.237보다 0.05 큰 수 구하기	4.237보다 0.002 작은 수 구하기
소수 둘째 자리 수가 5 커진 4.287입니다.	소수 셋째 자리 수가 2 작아진 4.235입니다.

연결 개념

소수의 곱셈

❶ 소수점의 위치

- 소수를 10배, 100배, 1000배 하면 소수점이 오른쪽으로 각각 한 자리, 두 자리, 세 자리 옮겨집니다.

- 자연수를 $\dfrac{1}{10}$, $\dfrac{1}{100}$, $\dfrac{1}{1000}$ 하면 소수점이 왼쪽으로 각각 한 자리, 두 자리, 세 자리 옮겨집니다.

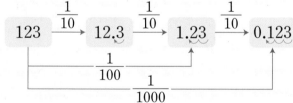

— BASIC TEST —

1 □ 안에 알맞은 수를 써넣으시오.

(1) 3의 $\frac{1}{10}$은 □이고, $\frac{1}{100}$은 □ 입니다.

(2) 12.7의 $\frac{1}{10}$은 □이고, $\frac{1}{100}$은 □ 입니다.

2 큰 수부터 차례로 기호를 쓰시오.

㉠ 0.67	㉡ 0.607	㉢ 6.07

( )

3 ㉠이 나타내는 수는 ㉡이 나타내는 수의 몇 배입니까?

$$25.0\underset{㉠}{3}\underset{㉡}{5}$$

( )

4 정훈이네 집에서 주변 건물까지의 거리를 나타낸 것입니다. 정훈이네 집에서 가까운 곳부터 순서대로 쓰시오.

학교	서점	은행
0.83 km	580 m	805 m

( )

5 다은이는 체험학습을 주제로 일기를 썼습니다. □ 안에 알맞은 소수를 써넣으시오.

> 오늘은 고구마 캐기 체험학습을 했다. 나는 고구마를 캐서 가로가 48 cm, 세로가 30 cm, 높이가 97 mm인 상자에 담았다. 고구마가 든 상자의 무게를 재어 보니 6200 g이었다. 고구마를 다 캔 후 엄마가 싸 주신 주스 250 mL를 마셨다.

↓

> 오늘은 고구마 캐기 체험학습을 했다. 나는 고구마를 캐서 가로가 □m, 세로가 □m, 높이가 □cm인 상자에 담았다. 고구마가 든 상자의 무게를 재어 보니 □kg이었다. 고구마를 다 캔 후 엄마가 싸 주신 주스 □L를 마셨다.

6 수 카드를 한 번씩 모두 사용하여 소수 세 자리 수를 만들려고 합니다. 소수 셋째 자리 수가 3인 가장 작은 소수 세 자리 수를 만드시오.

3	8	0	4

( )

3 소수의 덧셈

❶ 소수 한 자리 수의 덧셈

$$
\begin{array}{r}
0.4 \\
+\,0.9 \\
\hline
\end{array}
\;\Rightarrow\;
\begin{array}{l}
0.4\text{는 }0.1\text{이 }\;4\text{개} \\
+\,0.9\text{는 }0.1\text{이 }\;9\text{개} \\
\hline
0.1\text{이 }13\text{개}
\end{array}
\;\Rightarrow\;
\begin{array}{r}
0.4 \\
+\,0.9 \\
\hline
1.3
\end{array}
$$

일의 자리 ─ 1
소수 첫째 자리

$$
\begin{array}{r}
0.4 \\
+\,0.9 \\
\hline
1.3
\end{array}
$$

❷ 소수 두 자리 수의 덧셈

$$
\begin{array}{r}
0.75 \\
+\,2.67 \\
\hline
\end{array}
\;\Rightarrow\;
\begin{array}{l}
0.75\text{는 }0.01\text{이 }\;75\text{개} \\
+\,2.67\text{는 }0.01\text{이 }267\text{개} \\
\hline
0.01\text{이 }342\text{개}
\end{array}
\;\Rightarrow\;
\begin{array}{r}
0.75 \\
+\,2.67 \\
\hline
3.42
\end{array}
$$

일의 자리 ─ 1
소수 첫째 자리 ─ 1
소수 둘째 자리

$$
\begin{array}{r}
0.75 \\
+\,2.67 \\
\hline
3.42
\end{array}
$$

❸ 자릿수가 다른 소수의 덧셈 소수점끼리 맞추어 쓰고 같은 자리의 수끼리 더합니다.

$$
\begin{array}{r}
2.647 \\
+\,6.87 \\
\hline
\end{array}
\;\Rightarrow\;
\begin{array}{r}
\overset{1\;1}{2.647} \\
+\,6.870 \\
\hline
9.517
\end{array}
$$

자릿수가 적은 소수의 소수점 아래 끝자리 뒤에 0이 있는 것으로 생각하고 소수점을 맞추어 더합니다.

실전 개념

❶ 수 카드로 조건에 맞는 소수 두 자리 수의 덧셈식 만들기

· ⬜1, ⬜2, ⬜4, ⬜5, ⬜7, ⬜8 을 한 번씩 사용하여 덧셈식 만들기

합이 가장 큰 덧셈식	합이 가장 작은 덧셈식
① 가장 큰 수와 둘째로 큰 수는 일의 자리	① 가장 작은 수와 둘째로 작은 수는 일의 자리
② 셋째, 넷째로 큰 수는 소수 첫째 자리	② 셋째, 넷째로 작은 수는 소수 첫째 자리
③ 가장 작은 수, 둘째로 작은 수는 소수 둘째 자리에 놓습니다.	③ 가장 큰 수, 둘째로 큰 수는 소수 둘째 자리에 놓습니다.
➡ $8.52+7.41=15.93$	➡ $1.47+2.58=4.05$

↳ 덧셈식은 여러 가지가 나오지만 결과는 같습니다.
예 $7.52+8.41=15.93$

↳ 덧셈식은 여러 가지가 나오지만 결과는 같습니다.
예 $1.57+2.48=4.05$

연결 개념

소수의 곱셈

❶ (소수)×(자연수)

· $0.7×5$의 계산

자연수에서 같은 수를 여러 번 더한 값을 곱셈식으로 고쳐서 계산할 수 있듯이 소수의 덧셈도 곱셈식으로 나타낼 수 있습니다.

$$
\underbrace{7+7+7+7+7}_{5\text{번}}=7×5=35
\;\Rightarrow\;
\begin{array}{r}
7 \\
×\,5 \\
\hline
3\;5
\end{array}
$$

$$
\underbrace{0.7+0.7+0.7+0.7+0.7}_{5\text{번}}=0.7×5=3.5
\;\Rightarrow\;
\begin{array}{r}
0.7 \\
×\,\;\;5 \\
\hline
3.5
\end{array}
$$

$7×5$의 값에 곱해지는 수가 소수 한 자리 수이므로 곱은 소수 한 자리 수가 되도록 소수점을 찍습니다.

1 □ 안에는 같은 수가 들어갑니다. □ 안에 알맞은 수를 써넣으시오.

(1) ☐ + ☐ = 0.8

(2) ☐ + ☐ = 1.4

(3) ☐ + ☐ = 9

2 ㉠과 ㉡의 합을 소수로 나타내시오.

> ㉠ 0.01이 57개인 수
> ㉡ 일의 자리 수가 3이고, 소수 첫째 자리 수가 8인 수

( )

3 승호는 집에서 출발하여 백화점을 거쳐 은행까지 걸어 갔습니다. 승호가 걸은 거리는 몇 km입니까?

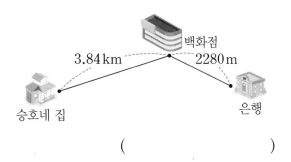

( )

4 계산 결과가 작은 것부터 차례로 기호를 쓰시오.

> ㉠ 0.8 + 0.7   ㉡ 0.31 + 0.98
> ㉢ 0.38 + 0.28   ㉣ 0.43 + 0.89

( )

5 어떤 수에 1.275를 더해야 할 것을 잘못하여 뺐더니 0.48이 되었습니다. 바르게 계산하면 얼마입니까?

( )

6 수 카드를 한 번씩 모두 사용하여 합이 가장 크게 되는 소수 두 자리 수의 덧셈식을 만들고 합을 구하시오.

| 3 | 1 | 4 | 5 | 7 | 9 |

☐ . ☐ ☐ + ☐ . ☐ ☐

( )

4 소수의 뺄셈

❶ 소수 한 자리 수의 뺄셈

$$\begin{array}{r} 0.8 \\ -\ 0.3 \\ \hline \end{array}$$ ➡ 0.8은 0.1이 8개
$$-\ 0.3은 0.1이 3개$$
0.1이 5개 ➡ $$\begin{array}{r} 0.8 \\ -\ 0.3 \\ \hline 0.5 \end{array}$$ $$\begin{array}{r} 0.8 \\ -\ 0.3 \\ \hline 0.5 \end{array}$$

└─ 소수 첫째 자리의 차

❷ 소수 두 자리 수의 뺄셈

$$\begin{array}{r} 5.32 \\ -\ 1.74 \\ \hline \end{array}$$ ➡ 5.32는 0.01이 532개
$$-\ 1.74는 0.01이 174개$$
0.01이 358개 ➡ $$\begin{array}{r} 5.32 \\ -\ 1.74 \\ \hline 3.58 \end{array}$$

$$\begin{array}{r} {}^{4}\ {}^{12}\ {}^{10} \\ \cancel{5}.\cancel{3}\ 2 \\ -\ 1.7\ 4 \\ \hline 3.5\ 8 \end{array}$$

── 소수 둘째 자리의 차
── 소수 첫째 자리의 차
── 일의 자리의 차

❸ 자릿수가 다른 소수의 뺄셈

$$\begin{array}{r} 4.29 \\ -\ 1.268 \\ \hline \end{array}$$ ➡ $$\begin{array}{r} {}^{810} \\ 4.29\cancel{0} \\ -\ 1.268 \\ \hline 3.022 \end{array}$$

자릿수가 적은 소수의 소수점 아래 끝자리 뒤에 0이 있는 것으로 생각하고 소수점을 맞추어 뺍니다.

❹ (자연수)−(소수)

$$\begin{array}{r} 8 \\ -\ 2.514 \\ \hline \end{array}$$ ➡ $$\begin{array}{r} 8.0\ 0\ 0 \\ -\ 2.5\ 1\ 4 \\ \hline \end{array}$$ ➡ $$\begin{array}{r} {}^{7}\ {}^{9}\ {}^{9}\ {}^{10} \\ \cancel{8}.0\ 0\ 0 \\ -\ 2.5\ 1\ 4 \\ \hline 5\ 4\ 8\ 6 \end{array}$$ ➡ $$\begin{array}{r} {}^{7}\ {}^{9}\ {}^{9}\ {}^{10} \\ \cancel{8}.0\ 0\ 0 \\ -\ 2.5\ 1\ 4 \\ \hline 5.4\ 8\ 6 \end{array}$$

자연수 뒤에 소수점을 찍고, 소수점 아래에 0이 있는 것으로 생각하여 계산합니다.

⚡ 실전 개념

❶ 소수의 혼합 계산

• $8.62 - 3.089 + 4.27 = 9.801$

$$\underset{5.531}{\underbrace{8.62 - 3.089}}$$

$$\underset{9.801}{\underbrace{}}$$

앞에서부터 차례로 두 수씩 계산합니다.

♣ 연결 개념

소수의 나눗셈

❶ (소수)÷(소수)

자연수에서 같은 수를 여러 번 뺀 값을 나눗셈식으로 고쳐서 계산할 수 있듯이 소수의 뺄셈도 나눗셈식으로 나타낼 수 있습니다.

• 27÷9의 계산

$$\underset{3번}{\underbrace{27 - 9 - 9 - 9}} = 0$$ ➡ $$9\overline{)27}$$ 에서 몫 3, $$\begin{array}{r} 3 \\ 9)\overline{2\ 7} \\ 2\ 7 \\ \hline 0 \end{array}$$

• 2.7÷0.9의 계산

$$\underset{3번}{\underbrace{2.7 - 0.9 - 0.9 - 0.9}} = 0$$ ➡ $$\begin{array}{r} 3 \\ 0.9)\overline{2.7} \\ 2\ 7 \\ \hline 0 \end{array}$$

1 계산을 하시오.

(1) $7.3-1.2$
　$7.3-1.3$
　$7.3-1.4$
　$7.3-1.5$

(2) $4.9-1.5$
　$4.9-2.5$
　$4.9-3.5$
　$4.9-4.5$

2 계산이 잘못된 곳을 찾아 바르게 계산하고 잘못된 이유를 쓰시오.

$$\begin{array}{r} 0.4\ 6 \\ -\quad 0.2 \\ \hline 0.4\ 4 \end{array}$$ ➡

이유 ....

....

....

3 '='의 양쪽이 같게 되도록 ☐ 안에 알맞은 수를 써넣으시오.

(1) $0.99+0.99=2-$ ☐

(2) $0.9+0.98=2-$ ☐

4 지윤이의 키는 $138\,\mathrm{cm}$이고, 준형이의 키는 $1.51\,\mathrm{m}$입니다. 지윤이와 준형이 중 누구의 키가 몇 m 더 큽니까?

(　　　　 , 　　　　)

5 계산 결과가 가장 큰 뺄셈식을 찾아 기호를 쓰시오.

㉠ $0.92-0.28$
㉡ $1.08-0.6$
㉢ $3.45-2.832$

(　　　　　　)

6 0에서 9까지의 수 중에서 ☐ 안에 들어갈 수 있는 수는 모두 몇 개입니까?

$$1.3-0.6 < 0.\square5$$

(　　　　　　)

7 길이가 $1.25\,\mathrm{m}$인 철사가 있습니다. 이 중에서 수정이가 $0.79\,\mathrm{m}$를 사용하고 지우가 $0.27\,\mathrm{m}$를 사용했습니다. 수정이와 지우가 사용하고 남은 철사의 길이는 몇 m입니까?

(　　　　　　)

수직선에서 □ 안에 알맞은 수 구하기

수직선에서 □ 안에 알맞은 수를 구하시오.

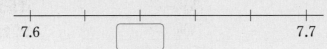

● 생각하기 5등분되어 있는 7.6과 7.7 사이를 10등분하여 생각합니다.

● 해결하기 **1단계** 7.6과 7.7 사이를 10등분하여 작은 눈금 한 칸의 크기 구하기

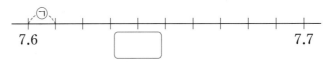

7.6과 7.7 사이의 크기는 0.1이고, ㉠은 0.1을 10등분한 것 중의 한 칸이므로 0.01입니다.

2단계 □ 안에 알맞은 수 구하기

□ 안에 알맞은 수는 7.6에서 0.01씩 4번 뛰어 센 수이므로 7.64입니다.

답 7.64

1-1 수직선에서 □ 안에 알맞은 수를 구하시오.

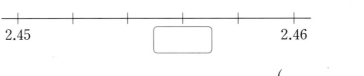

(   )

1-2 수직선에서 ㉠이 나타내는 수의 소수 첫째 자리 숫자와 소수 셋째 자리 숫자의 차는 얼마입니까?

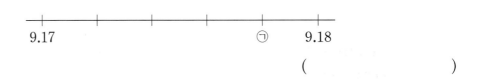

(   )

1-3 수직선에서 ㉠과 ㉡이 나타내는 수의 합은 얼마입니까?

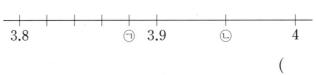

(   )

소수의 크기를 비교하여 모르는 수 구하기

심화유형 **2**

다음 수들은 소수 세 자리 수이고, ㉠<㉡<㉢입니다. ■, ▲, ●에 알맞은 수를 각각 구하시오.

㉠ 39.■87　　　㉡ 39.0▲3　　　㉢ 3●.212

● 생각하기　소수의 크기를 비교할 때는 자연수 부분, 소수 첫째 자리 수, 소수 둘째 자리 수, 소수 셋째 자리 수의 순서로 크기를 비교합니다.

● 해결하기　**1단계** ㉠<㉡을 만족하도록 ■, ▲에 알맞은 수 구하기

39.■87<39.0▲3에서 ■는 0보다 큰 수가 될 수 없으므로 ■=0이고,

39.087<39.0▲3에서 ▲는 8이나 8보다 작은 수가 될 수 없으므로 ▲=9입니다.

2단계 ㉡<㉢을 만족하도록 ●에 알맞은 수 구하기

39.093<3●.212에서 ●는 9보다 작은 수가 될 수 없으므로 ●=9입니다.

답 ■=0, ▲=9, ●=9

2-1 다음 수들은 소수 세 자리 수이고, 크기가 큰 것부터 차례로 쓴 것입니다. 0부터 9까지의 수 중 ■, ▲, ●에 알맞은 수를 차례로 구하시오.

■.041　　　8.0▲2　　　8.●85

(　　　,　　　,　　　)

2-2 0부터 9까지의 수 중 □ 안에 공통으로 들어갈 수 있는 수를 모두 구하시오.

㉠ 25.□95<25.782
㉡ 5.7□4>5.725

(　　　　　　)

2-3 □ 안에는 0부터 9까지의 수가 들어갈 수 있습니다. 크기가 작은 수부터 차례로 기호를 쓰시오.

㉠ 5□.286　　　㉡ 50.0□3　　　㉢ 59.45□

(　　　　　　)

MATH TOPIC 3

심화유형

소수 사이의 관계 이용하기

392.4의 $\frac{1}{100}$인 수의 소수 둘째 자리 숫자와 소수 셋째 자리 숫자의 곱을 구하시오.

● 생각하기　어떤 수의 $\frac{1}{100}$인 수는 소수점이 어떻게 옮겨지는지 알아봅니다.

● 해결하기　**1단계** 392.4의 $\frac{1}{100}$인 수 구하기

392.4의 $\frac{1}{100}$인 수는 392.4의 소수점이 왼쪽으로 두 자리 옮겨지므로 3.924입니다.

2단계 소수 둘째 자리 숫자와 소수 셋째 자리 숫자의 곱 구하기

3.924에서 소수 둘째 자리 숫자는 2, 소수 셋째 자리 숫자는 4이므로 두 수의 곱은
2×4=8입니다.

답 8

3-1 1이 5개, 0.1이 19개인 수의 10배인 수와 $\frac{1}{10}$인 수를 차례로 구하시오.

(　　　　　,　　　　　)

3-2 59.432에서 소수 첫째 자리 숫자 4가 나타내는 수는 소수 셋째 자리 숫자 2가 나타내는
수의 몇 배입니까?

(　　　　　)

3-3 어떤 수의 $\frac{1}{100}$인 수는 1이 10개, 0.001이 45개인 수와 같습니다. 어떤 수를 구하시오.

(　　　　　)

사이의 거리 구하기

ⓒ에서 ⓔ까지의 거리는 몇 km입니까?

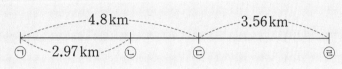

● 생각하기   먼저 소수의 덧셈을 이용하여 ㉠에서 ㉣까지의 거리를 구합니다.

● 해결하기   **1단계** ㉠에서 ㉣까지의 거리 구하기

(㉠에서 ㉣까지의 거리)=(㉠에서 ㉢까지의 거리)+(㉢에서 ㉣까지의 거리)
$$=4.8+3.56=8.36\,(km)$$

2단계 ㉡에서 ㉣까지의 거리 구하기

(㉡에서 ㉣까지의 거리)=(㉠에서 ㉣까지의 거리)−(㉠에서 ㉡까지의 거리)
$$=8.36-2.97=5.39\,(km)$$

답 5.39 km

4-1 ㉮에서 ㉯까지의 거리가 $7.69\,m$일 때, ☐ 안에 알맞은 수를 써넣으시오.

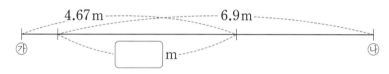

4-2 선영, 미혜, 정민, 성근 네 사람이 한 줄에 차례로 서 있습니다. 선영이와 미혜는 $0.85\,m$ 떨어져 있고, 미혜와 성근이는 $2.4\,m$ 떨어져 있고, 선영이와 정민이는 $1.39\,m$ 떨어져 있습니다. 정민이와 성근이는 몇 m 떨어져 있습니까?

(   )

4-3 현서네 집에서 서점까지의 거리는 몇 km입니까?

(   )

□ 안에 들어갈 수 있는 수 구하기

0에서 9까지의 수 중에서 □ 안에 들어갈 수 있는 수를 모두 구하시오.

$$6.0\square9 < 4.69 + 1.358$$

● 생각하기 먼저 $4.69+1.358$을 계산한 다음 각 자리의 수의 크기를 비교합니다.

● 해결하기 **1단계** $4.69+1.358$ 계산하기

$4.69+1.358=6.048$

2단계 □ 안에 들어갈 수 있는 수를 모두 구하기

$6.0\square9 < 6.048$에서 일의 자리 수와 소수 첫째 자리 수가 같고, 소수 셋째 자리 수가 $9 > 8$이므로 □ 안에는 4보다 작은 수인 0, 1, 2, 3이 들어갈 수 있습니다.

답 0, 1, 2, 3

5-1 0에서 9까지의 수 중에서 □ 안에 들어갈 수 있는 수는 모두 몇 개입니까?

$$4.\square08 > 9.32 - 4.596$$

(   )

5-2 0에서 9까지의 수 중에서 □ 안에 들어갈 수 있는 수를 한 번씩 모두 사용하여 가장 작은 소수 두 자리 수를 만드시오.

$$2.78 + 4.22 - 1.637 < 5.3\square9$$

(   )

5-3 0에서 9까지의 수 중에서 □ 안에 공통으로 들어갈 수 있는 수의 합을 구하시오.

㉠ $5.294 + 1.86 < 7.1\square6$
㉡ $7.51 - 3.649 + 4.82 > 8.\square79$

(   )

MATH TOPIC 6 심화유형

조건을 만족하는 소수 구하기

다음 조건을 모두 만족하는 소수 세 자리 수를 구하시오.

> ㉠ 5보다 크고 10보다 작습니다.
> ㉡ 소수 셋째 자리 수에 4를 곱하면 일의 자리 수와 같습니다.
> ㉢ 소수 첫째 자리 수와 어떤 수를 곱하면 항상 0이 됩니다.
> ㉣ 소수 둘째 자리 수는 일의 자리 수보다 1 큽니다.

● 생각하기 10보다 작은 소수 세 자리 수이므로 □.□□□로 놓고 각 자리에 알맞은 수를 구합니다.

● 해결하기 **1단계** 일의 자리 수와 소수 셋째 자리 수 구하기
㉠에서 일의 자리 수는 5, 6, 7, 8, 9가 될 수 있고 ㉡을 만족하는 수 4.□□1과
8.□□2 중 ㉠을 만족하는 수는 8.□□2입니다.

2단계 소수 첫째 자리 수 구하기
㉢에서 소수 첫째 자리 수는 0입니다. ➡ 8.0□2

3단계 소수 세 자리 수 구하기
㉣에서 소수 둘째 자리 수가 8+1=9이므로 소수 세 자리 수는 8.092입니다.

답 8.092

6-1 다음 조건을 모두 만족하는 소수 세 자리 수를 구하시오.

> • 1보다 크고 6보다 작습니다.
> • 일의 자리 수는 3으로 나누어떨어집니다.
> • 소수 첫째 자리 수와 어떤 수를 곱하면 항상 어떤 수가 됩니다.
> • 소수 둘째 자리 수는 소수 첫째 자리 수의 5배입니다.
> • 소수 셋째 자리 수는 소수 둘째 자리 수보다 2 작습니다.

(   )

6-2 다음 조건을 모두 만족하는 소수 세 자리 수 중 가장 큰 수와 가장 작은 수를 차례로 구하시오.

> • 73과 74 사이의 수입니다.
> • 소수 첫째 자리 수와 소수 둘째 자리 수의 합은 15입니다.
> • 소수 셋째 자리 수는 일의 자리의 수보다 5 큰 수입니다.

(,   )

덧셈식과 뺄셈식에서 □ 안에 알맞은 수 구하기

㉠, ㉡, ㉢, ㉣, ㉤에 알맞은 수를 구하시오.

$$
\begin{array}{r}
㉠.6\,㉡ \\
+\quad 3.㉢\,9\,3 \\
\hline
㉣\,2.4\,4\,㉤
\end{array}
$$

● 생각하기　소수점 아래 자릿수가 다른 소수의 덧셈을 할 때는 오른쪽 끝자리에 0이 있는 것으로 생각하여 계산합니다.

● 해결하기　**1단계** ㉤, ㉡에 알맞은 수 구하기

• 소수 셋째 자리 수: 0+3=㉤에서 ㉤=3입니다.

• 소수 둘째 자리 수: 받아올림이 있으므로 ㉡+9=14에서 ㉡=5입니다.

2단계 ㉢, ㉠, ㉣에 알맞은 수 구하기

• 소수 첫째 자리 수: 받아올림이 있으므로 1+6+㉢=14에서 ㉢=7입니다.

• 일의 자리 수: 받아올림이 있으므로 1+㉠+3=12에서 ㉠=8입니다.

• 십의 자리 수: 일의 자리에서 받아올림이 있으므로 ㉣=1입니다.

답 ㉠: 8, ㉡: 5, ㉢: 7, ㉣: 1, ㉤: 3

7-1　□ 안에 알맞은 수를 써넣으시오.

$$
\begin{array}{r}
\square\,6.2 \\
-\quad 1\,\square.6\,\square\,5 \\
\hline
4\,3.\square\,3\,\square
\end{array}
$$

7-2　수 카드를 한 번씩 모두 사용하여 뺄셈식을 완성하시오.

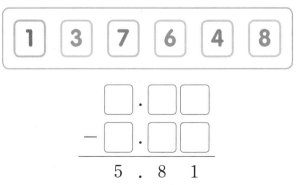

$$
\begin{array}{r}
\square.\square\square \\
-\quad \square.\square\square \\
\hline
5.8\,1
\end{array}
$$

소수의 덧셈과 뺄셈을 활용한 교과통합유형

수학+사회

수륙양용차는 육지와 물에서 모두 주행이 가능한 차입니다. 주로 군사용으로 사람과 장비를 수송했지만 요즘은 관광용으로도 많이 이용합니다. 준희네 가족은 수륙양용차를 타고 시내 도로를 2.74 km 달린 후 강물 위로 떠서 갔습니다. 시내 도로와 강물 위로 간 거리가 모두 5130 m일 때, 시내 도로와 강물 위 중 어느 곳에서 더 많이 탔습니까?

▲ 수륙양용차

● 생각하기   먼저 5130 m를 km 단위로 고친 다음 소수의 뺄셈을 이용하여 강물 위로 떠서 간 거리를 구합니다.

● 해결하기   **1단계** 강물 위로 떠서 간 거리 구하기

1 m = ☐ km이므로 5130 m = ☐ km입니다.

(강물 위로 떠서 간 거리)=(전체 거리)-(시내 도로를 달린 거리)

= ☐ -2.74= ☐ (km)

2단계 어느 곳에서 더 많이 탔는지 구하기

시내 도로를 2.74 km, 강물 위를 ☐ km 탔습니다.

따라서 2.74 ◯ ☐ 이므로 ☐ 에서 더 많이 탔습니다.

답 ☐

8-1

수학+체육

철인 3종 경기는 2000년 시드니올림픽에서 정식 종목으로 채택되었습니다. 경기는 수영 3.9 km, 사이클 182 km, 마라톤 42.195 km를 달리는 순서로 진행합니다. 철인 3종 경기에 참가한 어떤 선수가 수영과 사이클을 끝내고 마라톤 코스에서 6.38 km를 달렸습니다. 이 선수가 경기 시작부터 지금까지 온 거리와 남은 거리는 각각 몇 km입니까?

경기 시작부터 지금까지 온 거리 (   )

남은 거리 (   )

1 수 카드를 한 번씩 모두 사용하여 만들 수 있는 가장 큰 소수와 가장 작은 소수를 차례로 쓰시오. (단, 소수의 오른쪽 끝자리에는 0이 오지 않습니다.)

| 0 | 2 | 4 | 6 |

(,   )

2 지율이의 키는 151.7 cm이고 동생의 키는 1 m 9 cm입니다. 두 사람의 키의 합은 몇 m 입니까?

(   )

3 일정한 규칙으로 수를 뛰어 셀 때 ★에 알맞은 수를 구하시오.

| ★ | | | 4.82 | | 7.3 |

(   )

4 □ 안에 들어갈 수 있는 소수 한 자리 수는 모두 몇 개입니까?

$$0.3+0.8 < □ < 0.67+0.74$$

(   )

서술형 **5** 들이가 $7.5\,\mathrm{L}$인 물통에 물이 $4.83\,\mathrm{L}$ 들어 있었는데 그중에서 $1.95\,\mathrm{L}$의 물을 사용하였습니다. 이 물통에 물을 가득 채우려면 몇 L의 물을 더 부어야 하는지 풀이 과정을 쓰고 답을 구하시오.

풀이

답

6 영은이는 집에서 출발하여 슈퍼마켓을 거쳐 문구점에 가서 공책을 산 후 집으로 바로 돌아왔습니다. 영은이가 걸은 거리가 모두 $3.996\,\mathrm{km}$라면 영은이네 집과 문구점 사이의 거리는 몇 km입니까?

(   )

7 보라, 지현, 혜수 세 사람의 몸무게의 합은 109.28 kg입니다. 보라의 몸무게는 34.75 kg이고, 혜수의 몸무게는 보라보다 0.88 kg 더 무겁습니다. 지현이와 혜수의 몸무게의 차는 몇 kg입니까?

(   )

> 경시
> 기출 **8**
> 문제

합이 15.75이고, 차가 0.81인 두 소수 중에서 큰 수를 구하시오.

(   )

서술형 **9** 일의 자리 수가 7, 소수 셋째 자리 수가 5인 소수 세 자리 수 중 8보다 작은 수는 모두 몇 개인지 풀이 과정을 쓰고 답을 구하시오.

풀이 ....

....

답 ....

10 어떤 수에서 4.68을 빼야 할 것을 잘못하여 더했더니 10.732가 되었습니다. 바르게 계산 한 값과 잘못 계산한 값의 차는 얼마입니까?

(   )

11 규민이는 4학년이 되어 몸무게가 5.63 kg 늘었다가 다시 2800 g이 줄어들어 지금은 43.52 kg이 되었습니다. 4학년이 되기 전 규민이의 몸무게는 몇 kg이었습니까?

(   )

서술형 **12** 카드를 한 번씩 모두 사용하여 소수 세 자리 수를 만들려고 합니다. 0.1이 35개인 수보다 작 은 수를 모두 몇 개 만들 수 있는지 풀이 과정을 쓰고 답을 구하시오.

1   3   5   8   .

풀이

답

13 길이가 1.74 m인 색 테이프 3개를 일정하게 겹쳐서 이어 붙였더니 전체 길이가 4.58 m 가 되었습니다. 색 테이프를 몇 m씩 겹쳐서 이어 붙였습니까?

( )

> 경시
> 기출
> 문제
14 다음은 어떤 규칙에 따라 소수를 쓴 것입니다. 이 규칙에 따라 31째 소수를 ㉠.㉡㉢㉣이 라 할 때, 세 자리 수 ㉡㉢㉣을 구하시오.

| 1.124 | 1.247 | 1.37 | 1.493 | 1.616…… |

( )

15 가로가 5.32 m이고 세로는 가로보다 0.085 m 더 짧은 직사각형 모양의 화단이 있습니다. 이 화단 둘레에 끈으로 울타리를 겹치지 않게 쳤더니 끈이 0.49 m 남았습니다. 울타리를 치기 전 끈의 길이는 몇 m입니까?

( )

16 4.6과 4.7 사이에 일정한 간격으로 네 수 ㉠, ㉡, ㉢, ㉣을 놓았습니다. ㉠과 ㉣에 알맞은 수를 각각 구하시오. (단, ㉠<㉡<㉢<㉣입니다.)

㉠ (   ), ㉣ (   )

17 어떤 두 소수의 합과 차가 다음과 같을 때 서로 다른 수 ㉠, ㉡, ㉢, ㉣에 알맞은 수를 차례로 구하시오.

$$
\begin{array}{r}
㉠.5\ 7\ ㉡ \\
+\ 2.㉢\ 9\ ㉣ \\
\hline
8.3\ 7
\end{array}
\qquad
\begin{array}{r}
㉠.5\ 7\ ㉡ \\
-\ 2.㉢\ 9\ ㉣ \\
\hline
2.7\ 7\ 8
\end{array}
$$

(   )

18 똑같은 책 20권이 들어 있는 상자의 무게를 재었더니 18.764 kg이었습니다. 이 상자에서 책 7권을 빼고 다시 무게를 재어 보니 12.534 kg이었습니다. 빈 상자의 무게는 몇 kg입니까?

(   )

문제풀이 동영상

1 윤아와 친구들은 0부터 4까지의 수가 쓰인 5장의 수 카드로 소수 세 자리 수 만들기 놀이를 하고 있습니다. 빈칸에 나머지 수 카드를 넣어 가장 작은 소수 세 자리 수를 만들 수 있는 사람은 누구입니까? (단, 십의 자리와 소수 셋째 자리에는 0이 올 수 없습니다.)

(   )

① 윤아 ☐ [2] . ☐ ☐ ☐   ② 수영 ☐ ☐ . ☐ [4] ☐

③ 유리 ☐ [1] . ☐ ☐ ☐   ④ 태연 ☐ ☐ . [3] ☐ ☐

⑤ 서현 ☐ ☐ . ☐ [0] ☐

서술형 2 민준이는 길이가 8 m인 철사를 가지고 있습니다. 이 철사를 사용하여 정사각형 모양을 1개 만들고, 한 변의 길이가 0.84 m인 정삼각형 모양을 1개 더 만들었습니다. 남은 철사의 길이가 1.68 m일 때, 민준이가 만든 정사각형 모양의 한 변의 길이는 몇 m인지 풀이 과정을 쓰고 답을 구하시오.

풀이

답

3 다음 식을 계산한 값은 얼마입니까?

$$0.111+0.222+0.333+0.444+0.555+0.666+0.777+0.888+0.999$$

(   )

4 참외, 멜론, 수박의 무게를 재었더니 참외와 멜론의 무게의 합은 1.6 kg, 멜론과 수박의 무게의 합은 3.87 kg, 수박과 참외의 무게의 합은 3.21 kg이었습니다. 수박의 무게는 참외의 무게보다 몇 kg 더 무겁습니까?

(   )

5 경희는 오른쪽과 같이 길이가 2.06 m인 끈을 모두 사용하여 친구에게 줄 선물 상자를 묶었습니다. 매듭을 한 개 묶는 데 사용한 끈의 길이가 15.3 cm일 때, ㉠의 길이는 몇 cm입니까?

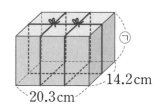

(   )

6 일정한 빠르기로 ㉮ 자동차는 20분 동안 17.522 km를 달리고, ㉯ 자동차는 15분 동안 13.45 km를 달립니다. 그림과 같이 둘레가 120 km인 원 모양 호수의 둘레를 두 자동차가 같은 곳에서 출발하여 서로 반대 방향으로 1시간 동안 달렸을 때, 두 자동차 사이의 거리 중 더 짧은 거리는 몇 km입니까?

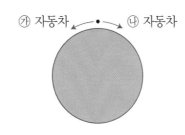

(   )

▶경시
▶기출 **7**
▶문제 다음 소수의 뺄셈식에서 ㉠, ㉡, ㉢, ㉣은 0이 아닌 서로 다른 한 자리 수입니다. 다음 계산 결과를 만족시키는 뺄셈식은 모두 몇 개입니까?

$$
\begin{array}{r}
㉠.㉡ \\
- \ 0.㉢ \ ㉣ \\
\hline
6.1 \ 7
\end{array}
$$

(   )

8 주어진 6장의 수 카드를 모두 사용하여 다음 뺄셈식을 완성하시오.

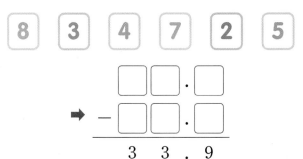

$$
\boxed{8} \ \boxed{3} \ \boxed{4} \ \boxed{7} \ \boxed{2} \ \boxed{5}
$$

$$
\Rightarrow
\begin{array}{r}
\square\,\square\,.\,\square \\
- \ \square\,\square\,.\,\square \\
\hline
3 \ \ 3 \ . \ 9
\end{array}
$$

사각형

대표심화유형

1 수직을 이용하여 각도 구하기

2 사각형의 변과 둘레의 길이 구하기

3 평행선 사이의 거리 구하기

4 크고 작은 사각형의 개수 구하기

5 사각형의 성질을 이용한 각의 크기 구하기

6 같은 쪽 각과 반대쪽 각을 이용하여 각도 구하기

7 직사각형을 접었을 때 생기는 각도 구하기

8 사각형을 활용한 교과통합유형

평행한 선과 사각형의 이름

평행선으로 보이나요?

실제와는 다르게 느끼는 착각 중 시각에서 일어나는 것을 착시라고 합니다. 착시는 선이나 모양이 달리 보이거나 원근감이 생기거나 주위에 있는 선의 굵기 및 간격에 의해서도 달라집니다. 아래 그림을 보고 착시가 일어나는지 살펴봅시다.

회색으로 그어진 가로 선이 어긋나게 보이지만 자로 대어 보면 모두 평행합니다.

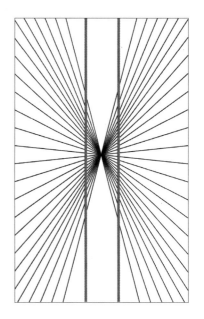

평행하고 있는 두 선은 밖으로 볼록하게 휘어져 보입니다. 하지만 자를 대어 보면 각각의 선분은 직선입니다.

생활 속 수직과 평행 찾기

수직과 평행에 관련된 것들은 주변에서 쉽게 찾아볼 수 있습니다. 위에서 아래로 떨어지는 자이로드롭 놀이기구는 수직을 이용한 것이고, 기찻길의 두 선로는 평행하게 만들어졌습니다.

사각형의 이름

사각형의 이름에는 사각형의 특징이 담겨 있습니다. 사다리꼴은 모양이 사다리 모양이어서 사다리꼴이라 하고, 평행사변형은 마주 보는 두 변이 서로 평행하다고 해서 지어진 이름입니다. 마름모란 이름은 어떻게 생겨났을까요?

마름모의 어원은 마름이라는 식물 이름에서 유래했습니다. 위의 사진과 같이 마름의 잎은 네 변의 길이가 같은 마름모와 모양이 비슷합니다. 마름모는 일제강점기 때부터 해방 직후까지 능형(菱形)이라는 명칭으로 불렀습니다. 여기서 능(菱)이 바로 마름을 뜻합니다. 이 능형이라는 명칭을 해방 후 우리 한글학자들이 순 우리말로 바꾼 것이 마름모입니다. 식물의 이름인 마름에 세모, 네모, 모서리의 이름에서 사용되는 '모'를 합쳐서 만든 말입니다.

1 수선

① 수선

- 수직: 두 직선이 만나서 이루는 각이 직각일 때, 두 직선은 서로 수직이라고 합니다.
- 수선: 두 직선이 서로 수직으로 만나면 한 직선을 다른 직선에 대한 수선이라고 합니다.

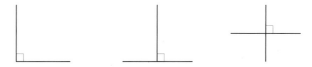

② 수선 긋기

- 삼각자를 사용하여 주어진 직선에 대한 수선 긋기

삼각자에서 직각을 낀 변 중 한 변을 주어진 직선에 맞추고 직각을 낀 다른 한 변을 따라 선을 긋습니다.

- 각도기를 사용하여 주어진 직선에 대한 수직인 직선 긋기

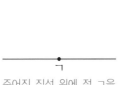  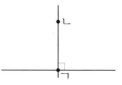

주어진 직선 위에 점 ㄱ을 찍습니다.

각도기의 중심을 점 ㄱ에 맞추고 각도기의 밑금은 주어진 직선과 일치하도록 맞춥니다. 각도기에서 90°가 되는 눈금 위에 점을 찍습니다.

점 ㄱ과 점 ㄴ을 직선으로 잇습니다.

실전 개념

① 수직인 직선의 개수

- 한 직선에 대한 수선은 셀 수 없이 많이 그을 수 있습니다.
- 한 점을 지나고 한 직선에 수직인 직선은 1개만 그을 수 있습니다.

② 마주 보는 각을 이용하여 각의 크기 구하기

- 직선 ㄱㄴ과 직선 ㄷㄹ이 서로 수직일 때, 각 ㄷㅇㅁ의 크기 구하기

(각 ㅁㅇㄴ)+(각 ㅂㅇㄴ)=(각 ㄱㅇㅂ)+(각 ㅂㅇㄴ)=180°이므로

(각 ㅁㅇㄴ)=(각 ㄱㅇㅂ)=60°입니다.

이때, (각 ㄷㅇㄴ)=90°이므로

(각 ㄷㅇㅁ)=90°−(각 ㅁㅇㄴ)=90°−60°=30°입니다.

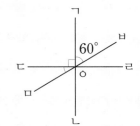

연결 개념

중등 연계

① 맞꼭지각

두 직선이 한 점에서 만날 때 생기는 4개의 각 중에서 서로 마주 보는 각을 맞꼭지각이라고 합니다.

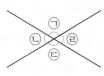

㉠+㉢=180°, ㉢+㉣=180° ➡ ㉠=㉢ (맞꼭지각)

㉠+㉡=180°, ㉠+㉣=180° ➡ ㉡=㉣ (맞꼭지각)

➡ 맞꼭지각의 크기는 서로 같습니다.

BASIC TEST

1 그림을 보고 물음에 답하시오.

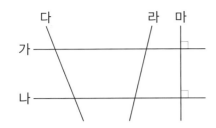

(1) 직선 나에 수직인 직선은 어느 것입니까?

( )

(2) 직선 마에 대한 수선을 모두 찾아 쓰시오.

( )

2 서로 수직인 변이 <u>없는</u> 도형을 모두 찾아 기호를 쓰시오.

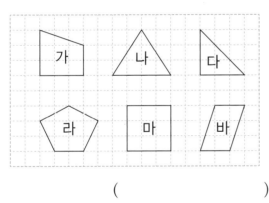

( )

3 삼각자나 각도기를 사용하여 점 ㄱ을 지나고 직선 가에 대한 수선을 그어 보시오.

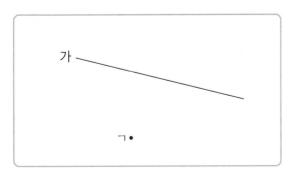

4 은지와 선후 중에서 <u>잘못</u> 말한 사람은 누구입니까?

> 은지: 한 직선에 대한 수선은 1개만 그을 수 있습니다.
> 선후: 서로 수직인 두 직선이 만나서 이루는 각의 크기는 90°입니다.

( )

5 서로 수직인 직선은 모두 몇 쌍입니까?

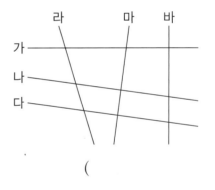

( )

6 직선 ㄱㄴ과 직선 ㄷㄹ은 서로 수직입니다. 각 ㅁㅇㄷ의 크기가 73°일 때, 각 ㄴㅇㅂ의 크기는 몇 도입니까?

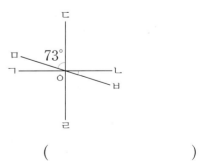

( )

2 평행선

① 평행선 알아보기

- 평행: 한 직선에 수직인 두 직선을 그었을 때, 그 두 직선은 서로 만나지 않습니다. 이와 같이 서로 만나지 않는 두 직선을 평행하다고 합니다.
- 평행선: 평행한 두 직선을 평행선이라고 합니다.

② 평행선 긋기

- 주어진 직선과 평행한 직선 긋기

삼각자 2개를 놓은 후 한 삼각자를 움직여 평행선을 긋습니다.

- 점 ㄱ을 지나고 주어진 직선과 평행한 직선 긋기

 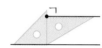

삼각자의 직각을 낀 한 변을 직선에 맞추고 다른 한 변이 점 ㄱ을 지나도록 놓습니다.

다른 삼각자를 사용하여 점 ㄱ을 지나고 주어진 직선과 평행한 직선을 긋습니다.

③ 평행선 사이의 거리

- 평행선 사이의 거리: 평행선의 한 직선에서 다른 직선에 수직인 선분을 긋습니다. 이때 이 선분의 길이를 평행선 사이의 거리라고 합니다.

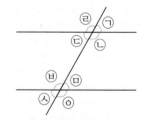

평행선 사이의 거리

- 평행선 사이에 그은 선분 중에서 길이가 가장 짧은 선분은 수선입니다.
  ➡ 수선의 길이＝평행선 사이의 거리

연결 개념

중등 연계

① 동위각과 엇각

- 동위각: 평행한 두 직선이 한 직선과 만날 때 생기는 같은 쪽의 각으로 동위각의 크기는 서로 같습니다.
  ➡ ㉠＝㉥, ㉣＝㉪, ㉡＝㉧, ㉢＝㉦

- 엇각: 평행한 두 직선이 한 직선과 만날 때 생기는 반대쪽의 각으로 엇각의 크기는 서로 같습니다.
  ➡ ㉡＝㉧, ㉢＝㉥0000

실전 개념

① 평행한 직선의 개수

- 한 직선과 평행한 직선은 셀 수 없이 많이 그을 수 있습니다.
- 한 점을 지나고 한 직선과 평행한 직선은 1개만 그을 수 있습니다.

② 동위각을 이용하여 각의 크기 구하기

- 직선 가와 직선 나가 서로 평행할 때, ㉠의 각도 구하기
  평행한 두 직선이 한 직선과 만날 때 생기는 같은 쪽의 각의 크기는 같(동위각)
  으로 ㉡＝$70°$이고, ㉠＝㉡＋$66°$＝$70°$＋$66°$＝$136°$입니다.

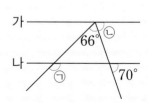

BASIC TEST

1 서로 평행한 직선을 모두 찾아 쓰시오.

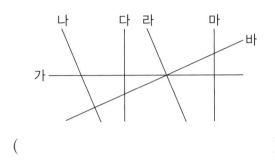

(   )

2 도형에서 평행한 변은 모두 몇 쌍입니까?

(1)   (2)

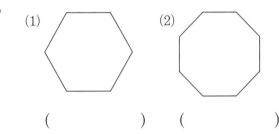

(   ) (   )

3 주어진 두 선분을 사용하여 평행선이 2쌍인 사각형을 그려 보시오.

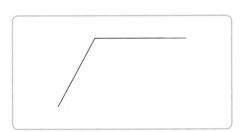

4 다음 그림과 같이 6개의 면이 직사각형으로 이루어진 상자 모양에서 서로 평행한 선분은 모두 몇 쌍입니까?

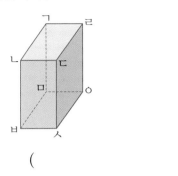

(   )

5 다음 도형에서 변 ㄱㅂ과 변 ㄴㄷ 사이의 평행선 사이의 거리는 몇 cm입니까?

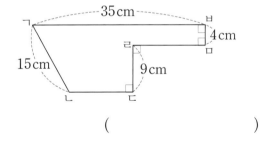

(   )

6 직선 가와 직선 나는 서로 평행합니다. ㉠의 각도를 구하시오.

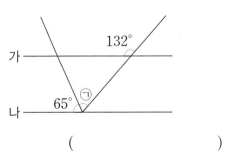

(   )

3 여러 가지 사각형(1)

① 사다리꼴 알아보기

• 사다리꼴: 평행한 변이 한 쌍이라도 있는 사각형

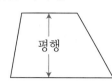

평행

사다리꼴은 평행한 변이 적어도 한 쌍이므로
평행한 변이 두 쌍 있어도 됩니다.

② 평행사변형 알아보기

• 평행사변형: 마주 보는 두 쌍의 변이 서로
평행한 사각형

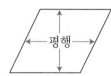

평행

평행사변형은 두 쌍의 변이 서로 평행하
므로 사다리꼴이라고 할 수 있습니다.

• 평행사변형의 성질
  ① 마주 보는 두 변의 길이가 같습니다.
  ② 마주 보는 두 각의 크기가 같습니다.
  ③ 이웃한 두 각의 크기의 합이 180°입니다.

③ 마름모 알아보기

• 마름모: 네 변의 길이가 모두 같은 사각형

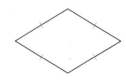

마름모는 두 쌍의 변이 서로 평행
하므로 사다리꼴, 평행사변형이라
고 할 수 있습니다.

• 마름모의 성질
  ① 마주 보는 두 쌍의 변이 서로 평행합니다.
  ② 마주 보는 두 각의 크기가 같습니다.
  ③ 이웃한 두 각의 크기의 합이 180°입니다.
  ④ 마주 보는 꼭짓점끼리 이은 선분이 서로
  수직으로 만나고 이등분합니다.

실전 개념

① 평행사변형과 마름모에서 이웃하는 두 각의 크기의 합 구하기

• 평행사변형

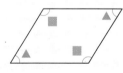

$$■+▲+■+▲=360°$$
$$(■+▲)×2=360°$$
$$➡ ■+▲=180°$$

• 마름모

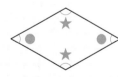

$$★+●+★+●=360°$$
$$(★+●)×2=360°$$
$$➡ ★+●=180°$$

➡ 평행사변형과 마름모에서 마주 보는 두 각의 크기가 같으므로 이웃하는 두 각의 크기의 합은
180°입니다.

연결 개념

중등 연계

① 등변사다리꼴

등변사다리꼴: 한 쌍의 변이 평행하고, 밑변의 양 끝각의 크기가 같은 사각형입니다.
이때, 평행하지 않은 한 쌍의 변의 길이는 같습니다.

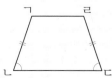

등변사다리꼴 ㄱㄴㄷㄹ에서 변 ㄱㄹ과 변 ㄴㄷ은 서로 평행하고,
(각 ㄱㄴㄷ)=(각 ㄹㄷㄴ)이므로 (변 ㄱㄴ)=(변 ㄹㄷ)입니다.

BASIC TEST

1 다음과 같은 사각형 모양의 종이를 선을 따라 자르려고 합니다. 잘랐을 때 생기는 조각 중 사다리꼴을 모두 찾아 기호를 쓰시오.

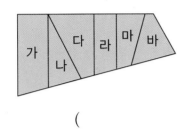

( )

2 사각형 ㄱㄴㄷㄹ은 평행사변형입니다. □ 안에 알맞은 수를 써넣으시오.

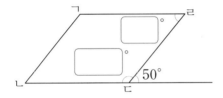

3 도형판에서 한 꼭짓점만 옮겨서 마름모를 만들어 보시오.

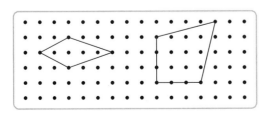

4 마름모는 사다리꼴입니까? 그렇게 생각한 이유를 써 보시오.

( )

이유 _____

_____

_____

5 길이가 50 cm인 철사로 그림과 같은 마름모 모양을 각각 한 개씩 만들었습니다. 마름모 모양을 만들고 남은 철사의 길이는 몇 cm입니까?

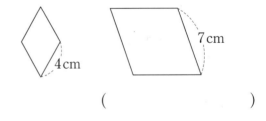

( )

6 사각형 ㄱㄴㄷㄹ은 마름모입니다. ㉠의 각도는 몇 도입니까?

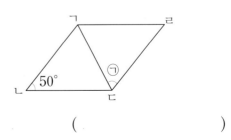

( )

4 여러 가지 사각형(2)

❶ 직사각형의 성질

① 마주 보는 변의 길이가 각각 같습니다.

② 네 각이 모두 직각입니다.

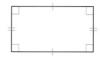

직사각형은 두 쌍의 변이 서로 평행하므로 사다리꼴, 평행사변형이라고 할 수 있습니다.

❷ 정사각형의 성질

① 네 변의 길이가 모두 같습니다.

② 네 각이 모두 직각입니다.

정사각형은 두 쌍의 변이 서로 평행하고 네 변의 길이가 같으므로 사다리꼴, 평행사변형, 마름모, 직사각형이라고 할 수 있습니다.

> **참고**
>
> 정사각형은 네 각이 모두 직각이고, 네 변의 길이가 모두 같으므로 마주 보는 변의 길이도 모두 같습니다. 따라서 정사각형의 성질을 가지는 사각형은 모두 직사각형의 성질도 가집니다.

실전 개념

❶ 사각형의 포함 관계

• 사각형은 변의 길이, 각의 크기 등에 따라 사다리꼴, 평행사변형, 마름모, 직사각형, 정사각형으로 분류될 수 있습니다.

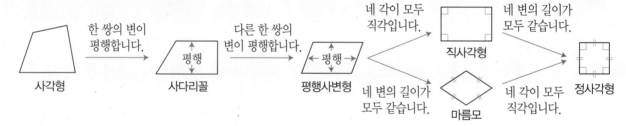

• 사각형의 포함 관계

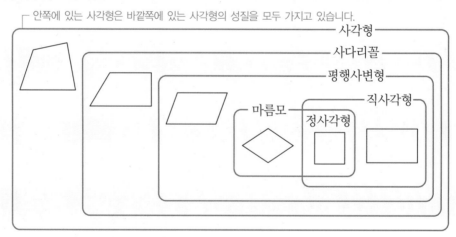

① 평행사변형은 사다리꼴이라고 할 수 있습니다.

② 마름모는 사다리꼴, 평행사변형이라고 할 수 있습니다.

③ 직사각형은 사다리꼴, 평행사변형이라고 할 수 있습니다.

④ 정사각형은 사다리꼴, 평행사변형, 마름모, 직사각형이라고 할 수 있습니다.

BASIC TEST

1 사각형에 대한 설명 중 <u>잘못된</u> 것을 찾아 기호를 쓰시오.

> ㉠ 평행사변형은 사다리꼴입니다.
> ㉡ 마름모는 사다리꼴입니다.
> ㉢ 직사각형은 정사각형입니다.
> ㉣ 정사각형은 마름모입니다.
> ㉤ 직사각형은 평행사변형입니다.

( )

2 직사각형 ㄱㄴㄷㄹ에서 각 ㄴㄹㅁ의 크기는 몇 도입니까?

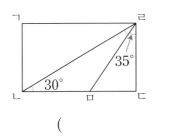

( )

3 평행사변형을 점선을 따라 자르면 직사각형 1개와 삼각형 2개가 생깁니다. 직사각형의 네 변의 길이의 합은 몇 cm입니까?

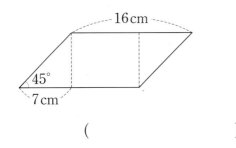

( )

4 보기 에서 세 학생이 좋아하는 사각형을 각각 모두 찾아 기호를 쓰시오.

> 연주: 나는 네 각의 크기가 모두 같은 사각형을 좋아해!
> 지혁: 나는 두 쌍의 마주 보는 변이 서로 평행한 사각형이 좋은데.
> 희라: 난 네 변의 길이가 모두 같은 사각형이 좋아.

> **보기**
> ㉠ 사다리꼴 ㉡ 평행사변형
> ㉢ 직사각형 ㉣ 정사각형
> ㉤ 마름모

연주 ( )
지혁 ( )
희라 ( )

5 사각형의 포함 관계를 그림으로 나타낸 것입니다. ㉠, ㉡에 알맞은 사각형의 이름을 각각 쓰시오.

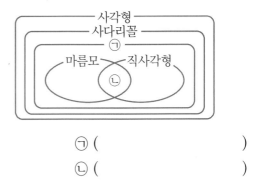

㉠ ( )
㉡ ( )

MATH TOPIC 1

심화유형

수직을 이용하여 각도 구하기

오른쪽 그림에서 직선 가와 직선 나는 서로 수직입니다.
㉠과 ㉡의 각도의 차는 몇 도입니까?

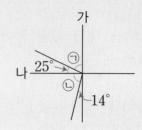

● 생각하기 직선 가와 직선 나가 만나서 이루는 각은 직각입니다.

● 해결하기 **1단계** ㉠과 ㉡의 각도 구하기

직선 가와 직선 나가 서로 수직이므로 두 직선이 만나서 이루는 각은 90°입니다.

$25° + ㉠ = 90°$에서 $㉠ = 90° - 25° = 65°$입니다.

$㉡ + 14° = 90°$에서 $㉡ = 90° - 14° = 76°$입니다.

2단계 ㉠과 ㉡의 각도의 차 구하기

$㉠ = 65°$, $㉡ = 76°$이므로 $㉡ - ㉠ = 76° - 65° = 11°$입니다.

답 11°

1-1 오른쪽 그림에서 직선 가와 직선 나는 서로 수직입니다. ㉠과 ㉡의 각도의 합은 몇 도입니까?

( )

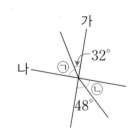

1-2 오른쪽 그림에서 직선 가와 직선 나는 서로 수직입니다. ㉠과 ㉡의 각도의 차가 20°일 때, ㉠의 각도를 구하시오. (단, ㉠<㉡입니다.)

( )

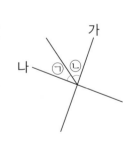

1-3 오른쪽 그림에서 직선 가와 직선 나는 서로 수직입니다. ㉡의 각도는 ㉢의 각도의 4배이고, ㉢의 각도는 ㉣의 각도의 5배일 때, ㉠의 각도를 구하시오.

( )

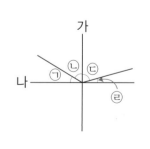

MATH TOPIC 2

심화유형

사각형의 변과 둘레의 길이 구하기

오른쪽 도형은 사다리꼴 ㄱㄴㄷㄹ 안에 선분 ㄹㄷ과 평행한 선분 ㄱㅁ을 그은 것입니다. 선분 ㄴㅁ의 길이는 몇 cm입니까?

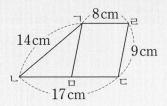

● 생각하기　사각형 ㄱㅁㄷㄹ은 마주 보는 두 쌍의 변이 평행한 사각형입니다.

● 해결하기　**1단계** 선분 ㅁㄷ의 길이 구하기

사각형 ㄱㅁㄷㄹ이 평행사변형이고 평행사변형은 마주 보는 변의 길이가 같으므로

(변 ㅁㄷ)＝(변 ㄱㄹ)＝8 cm입니다.

2단계 선분 ㄴㅁ의 길이 구하기

(선분 ㄴㅁ)＝(선분 ㄴㄷ)－(선분 ㅁㄷ)＝17－8＝9 (cm)입니다.

답 9 cm

2-1 오른쪽 도형은 사다리꼴 ㄱㄴㄷㄹ 안에 선분 ㄹㄷ과 평행한 선분 ㄱㅁ을 그은 것입니다. 삼각형 ㄱㄴㅁ의 세 변의 길이의 합은 몇 cm입니까?

(　　　　　　)

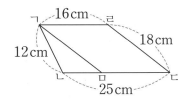

2-2 오른쪽 도형은 모양과 크기가 같은 평행사변형 2개를 겹치지 않게 이어 붙여 놓은 것입니다. 이 도형의 둘레의 길이는 몇 cm입니까?

(　　　　　　)

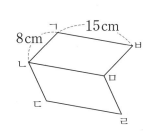

2-3 오른쪽 도형은 이등변삼각형 ㅁㄴㄱ과 마름모 ㄱㄴㄷㄹ을 겹치지 않게 이어 붙여 놓은 것입니다. 도형 ㅁㄴㄷㄹ의 네 변의 길이의 합은 몇 cm입니까?

(　　　　　　)

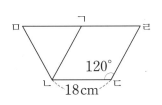

MATH TOPIC 3

심화유형

평행선 사이의 거리 구하기

오른쪽 그림에서 세 직선 가, 나, 다가 서로 평행할 때, 두 직선 가, 다 사이의 평행선 사이의 거리는 몇 cm입니까?

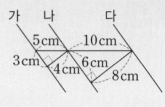

● **생각하기** 평행선 사이의 거리는 평행선 사이의 수선의 길이입니다.

● **해결하기** **1단계** 직선 가와 직선 나, 직선 나와 직선 다의 평행선 사이의 거리 구하기

직선 가와 직선 나의 수선의 길이가 4 cm이므로 평행선 사이의 거리는 4 cm입니다.
직선 나와 직선 다의 수선의 길이가 8 cm이므로 평행선 사이의 거리는 8 cm입니다.

2단계 직선 가와 직선 다의 평행선 사이의 거리 구하기

(직선 가와 직선 다의 평행선 사이의 거리)
＝(직선 가와 직선 나의 평행선 사이의 거리)＋(직선 나와 직선 다의 평행선 사이의 거리)
＝4＋8＝12 (cm)

답 12 cm

3-1 오른쪽 그림에서 세 직선 가, 나, 다가 서로 평행할 때, 직선 가와 직선 다 사이의 평행선 사이의 거리는 몇 cm입니까?

( )

3-2 오른쪽 그림에서 세 직선 가, 나, 다가 서로 평행할 때, 직선 가와 직선 다 사이의 평행선 사이의 거리는 몇 cm 입니까?

( )

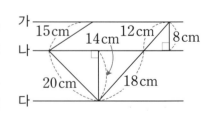

3-3 오른쪽 그림에서 변 ㄱㄴ과 변 ㄹㄷ은 서로 평행합니다. 변 ㄱㄴ과 변 ㄹㄷ 사이의 평행선 사이의 거리는 몇 cm입니까?

( )

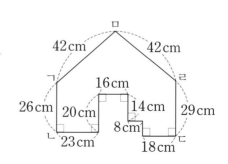

MATH TOPIC 4

심화유형

크고 작은 사각형의 개수 구하기

오른쪽 도형에서 찾을 수 있는 크고 작은 평행사변형은 모두 몇 개입니까?

● 생각하기 작은 사각형 1개, 2개, 3개, 4개로 된 평행사변형을 각각 찾아봅니다.

● 해결하기 **1단계** 작은 사각형 1개, 2개, 3개, 4개로 된 평행사변형의 개수 구하기

작은 사각형 1개로 된 평행사변형은 2개, 작은 사각형 2개로 된 평행사변형은 2개,

작은 사각형 3개로 된 평행사변형은 1개, 작은 사각형 4개로 된 평행사변형은 1개입니다.

2단계 찾을 수 있는 크고 작은 평행사변형의 개수 구하기

찾을 수 있는 크고 작은 평행사변형은 모두 2+2+1+1=6(개)입니다.

답 6개

4-1 오른쪽 도형에서 찾을 수 있는 크고 작은 사다리꼴은 모두 몇 개입니까?

( )

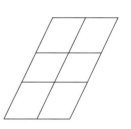

4-2 오른쪽 도형에서 찾을 수 있는 크고 작은 마름모는 모두 몇 개입니까?

( )

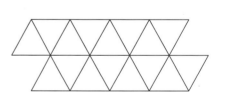

4-3 오른쪽 도형에서 찾을 수 있는 크고 작은 평행사변형과 마름모의 개수의 차는 몇 개입니까?

( )

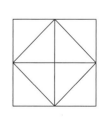

사각형의 성질을 이용한 각의 크기 구하기

오른쪽 도형은 평행사변형과 이등변삼각형을 겹치지 않게
이어 붙인 것입니다. 변 ㄴㄷ과 변 ㄷㄹ이 한 직선 위에
놓여 있을 때, 각 ㄱㅁㄹ의 크기는 몇 도입니까?

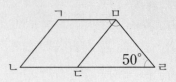

● 생각하기 　평행사변형에서 이웃하는 두 각의 크기의 합은 180°입니다.

● 해결하기 　**1단계** 각 ㄷㅁㄹ의 크기 구하기

삼각형 ㅁㄷㄹ은 이등변삼각형이므로 (각 ㅁㄷㄹ)=(각 ㅁㄹㄷ)=50°,
(각 ㄷㅁㄹ)=180°-50°-50°=80°입니다.

2단계 각 ㄱㅁㄹ의 크기 구하기

일직선에 놓이는 각의 크기는 180°이므로 (각 ㄴㄷㅁ)=180°-50°=130°입니다.
사각형 ㄱㄴㄷㅁ은 평행사변형이므로
(각 ㄱㅁㄷ)+(각 ㄴㄷㅁ)=180°, (각 ㄱㅁㄷ)=180°-130°=50°,
(각 ㄱㅁㄹ)=(각 ㄱㅁㄷ)+(각 ㄷㅁㄹ)=50°+80°=130°입니다.

답 130°

5-1 오른쪽 도형은 평행사변형과 사다리꼴을 겹치지 않게 이어 붙
인 것입니다. 변 ㄱㄴ과 변 ㄴㄷ이 한 직선 위에 놓여 있을 때,
각 ㄴㅁㅂ의 크기는 몇 도입니까?

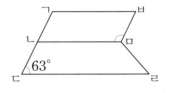

(　　　　　)

5-2 오른쪽 도형은 마름모와 정사각형을 겹치지 않게 이어 붙인 다음 선
분 ㄴㅂ을 그은 것입니다. 각 ㄱㄴㅂ의 크기는 몇 도입니까?

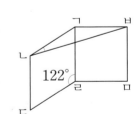

(　　　　　)

5-3 오른쪽 그림과 같이 직사각형 ㄱㄴㄷㄹ의 각 변의 가운데 점을
이어 마름모 ㅁㅂㅅㅇ을 그렸습니다. ㉠과 ㉡의 각도의 합을 구
하시오.

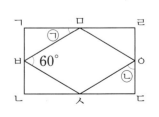

(　　　　　)

MATH TOPIC

심화유형 **6**

같은 쪽 각과 반대쪽 각을 이용하여 각도 구하기

오른쪽 그림에서 직선 가와 직선 나는 서로 평행합니다. ㉠의
각도를 구하시오.

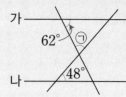

● 생각하기   평행한 두 직선이 한 직선과 만날 때 생기는 반대쪽의 각의 크기는 서로 같습니다.

● 해결하기   **1단계** ㉡의 각도 구하기

㉡은 $48°$의 반대쪽의 각이므로 ㉡$=48°$입니다.

3단계 ㉠의 각도 구하기

삼각형의 세 각의 크기의 합은 $180°$이므로
㉠$=180°-62°-48°=70°$입니다.

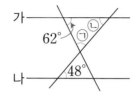

답 $70°$

6-1 오른쪽 그림에서 직선 가와 직선 나는 서로 평행합니다. ㉠의 각도
를 구하시오.

(   )

6-2 오른쪽 그림에서 직선 가와 직선 나는 서로 평행합니다. ㉠과 ㉡의
각도의 합을 구하시오.

(   )

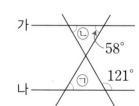

6-3 오른쪽 그림에서 직선 가와 직선 나, 직선 다와 직선 라는 각각
서로 평행합니다. ㉠의 각도를 구하시오.

(   )

MATH TOPIC 7 직사각형을 접었을 때 생기는 각도 구하기

심화유형

오른쪽 그림은 직사각형 모양의 종이를 선분 ㅁㄷ으로 접은 것입니다. ㉠의 각도를 구하시오.

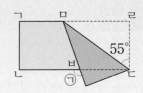

● 생각하기 평행한 두 직선이 한 직선과 만날 때 생기는 같은 쪽의 각의 크기는 같습니다.

● 해결하기 **1단계** 각 ㄹㅁㄷ과 각 ㄱㅁㅂ의 크기 구하기

삼각형의 세 각의 크기의 합은 180°이므로
삼각형 ㅁㄹㄷ에서 (각 ㄹㅁㄷ)=180°-90°-55°=35°입니다.
접은 각의 크기는 같으므로 (각 ㅂㅁㄷ)=(각 ㄹㅁㄷ)=35°입니다.
(각 ㄱㅁㅂ)+35°+35°=180°이므로
(각 ㄱㅁㅂ)=180°-35°-35°=110°입니다.

2단계 ㉠의 각도 구하기

평행한 두 직선이 한 직선과 만날 때 생기는 같은 쪽의 각의 크기는 같으므로
㉠=(각 ㄱㅁㅂ)=110°입니다.

답 110°

7-1 오른쪽 그림은 직사각형 모양의 종이를 선분 ㄱㄷ으로 접은 것입니다. ㉠의 각도를 구하시오.

(   )

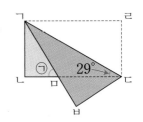

7-2 오른쪽 그림은 직사각형 모양의 종이를 선분 ㄹㅁ으로 접은 것입니다. ㉠의 각도를 구하시오.

(   )

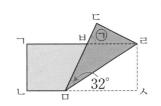

7-3 오른쪽 그림은 직사각형 모양의 종이를 선분 ㄹㅁ으로 접은 것입니다. ㉠과 ㉡의 각도의 차를 구하시오.

(   )

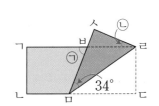

MATH TOPIC 8

심화유형

사각형을 활용한 교과통합유형

STEAM형
■ ● ▲

수학+과학

빛은 곧게 나아가다가 거울에 닿으면 앞으로 나아가지 못하고 다시 되돌아 나옵니다.
이것을 빛의 반사라고 합니다. 빛이 거울로 들어가는 각인 입사각과 거울에서 반사되는
각인 반사각의 크기는 같습니다. 그림과 같이 평행한 두 거울에 서로 다른 빛이 거울에
들어갔다가 반사될 때, ㉠의 각도를 구하시오.

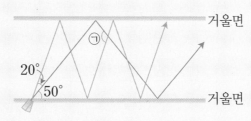

● **생각하기**   빛의 입사각과 반사각의 크기가 같음을 이용합니다.

● **해결하기**   **1단계** 평행선을 이용하여 각의 크기 구하기

평행한 두 직선이 한 직선과 만날 때 생기는 반대쪽의
각의 크기는 같으므로

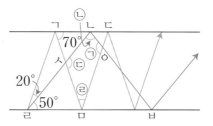

(각 ㄱㄴㄹ)=□°, (각 ㄱㅁㄹ)=□°입니다.
=(각 ㄴㄹㅁ)   =(각 ㄴㄱㅁ)

2단계 입사각과 반사각의 크기가 같음을 이용하여 각의 크기 구하기

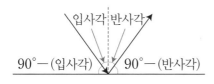

입사각 반사각

90°−(입사각) 90°−(반사각)

왼쪽 그림에서 입사각과 반사각의 크기가 같으므로
90°−(입사각)과 90°−(반사각)의 크기도 같습니다.

(각 ㄷㄴㅂ)=(각 ㄱㄴㄹ)=□°,

(각 ㄷㅁㅂ)=(각 ㄱㅁㄹ)=□°

3단계 ㉡, ㉢, ㉣의 각도 구하기

삼각형 ㅅㄹㅁ에서 (각 ㄹㅅㅁ)=180°−50°−□°=□°입니다.

일직선에 놓이는 각의 크기는 180°이므로

㉢=180°−□°=□°, ㉡=180°−□°−□°=□°,

㉣=180°−□°−□°=□°입니다.

4단계 ㉠의 각도 구하기

사각형 ㄴㅅㅁㅇ에서 사각형의 네 각의 크기의 합은 360°이므로

㉠=360°−80°−□°−□°=□°입니다.

답 □°

1 오른쪽 그림에서 서로 평행한 직선은 모두 몇 쌍입니까?

( )

STEAM형 2

수학+국어

한글은 1446년에 '훈민정음'이란 이름으로 반포된 한국의 고유문자입니다. 반포될 당시에는 28자모였지만 현재는 24자모만 씁니다. 다음 자모 중에서 서로 수직인 선분과 서로 평행한 선분이 가장 많은 것은 각각 어느 것인지 차례로 쓰시오.

ㄷ ㅂ ㅌ ㅏ

(,)

서술형 3 오른쪽 그림에서 선분 ㅁㅂ이 직선 ㄱㄴ에 대한 수선일 때, ㉠과 ㉡의 각도의 차는 몇 도인지 풀이 과정을 쓰고 답을 구하시오.

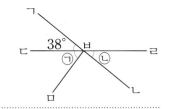

풀이 ....

....

....

답 ....

4 오른쪽 그림에서 네 직선 가, 나, 다, 라는 서로 평행합니다. 직선 나와 직선 다 사이의 평행선 사이의 거리는 몇 cm입니까?

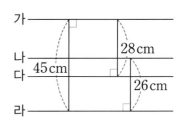

(   )

5 오른쪽과 같은 평행사변형의 네 변의 길이의 합은 몇 cm인지 구하시오.

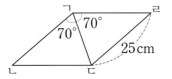

(   )

6 오른쪽 도형은 네 변의 길이의 합이 60 cm인 평행사변형 ㄴㄷㄹㅁ과 마름모 ㄱㄴㅁㅂ을 겹치지 않게 이어 붙인 것입니다. 이 도형의 둘레의 길이는 몇 cm입니까?

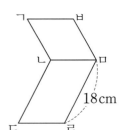

(   )

7 직사각형 모양의 종이를 다음과 같이 두 번 접어서 점선을 따라 잘랐습니다. 자른 종이를 펼쳤을 때 만들어지는 도형의 이름으로 알맞은 것을 모두 찾아 기호를 쓰시오.

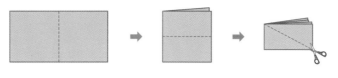

> ㉠ 직사각형　　　　㉡ 정사각형　　　　㉢ 정삼각형
> ㉣ 마름모　　　　　㉤ 사다리꼴　　　　㉥ 평행사변형

(　　　　　　　　　　　　)

8 오른쪽 그림에서 직선 가와 직선 나는 서로 평행합니다. ㉠의 각도를 구하시오.

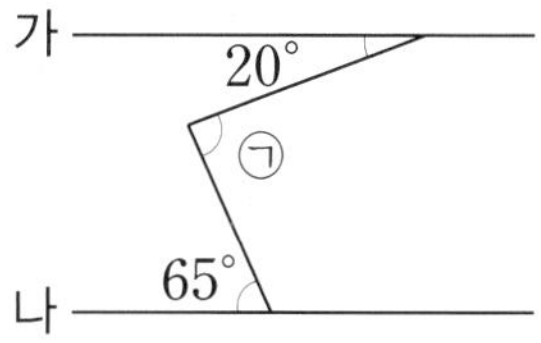

(　　　　　　)

가 ────── 20°

㉠

나 ── 65°

9 오른쪽 도형은 평행사변형 ㄱㄴㄷㄹ 안에 각 ㄱㄹㅁ과 각 ㅁㄹㄷ의 크기가 같도록 선분 ㄹㅁ을 그은 것입니다. 각 ㄴㅁㄹ의 크기는 몇 도입니까?

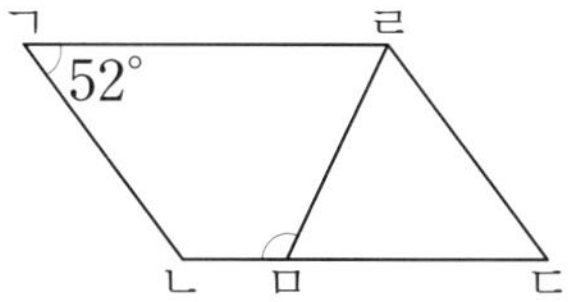

(　　　　　　)

ㄱ　　52°　　　ㄹ

ㄴ　　ㅁ　　　ㄷ

서술형 **10** 오른쪽 그림에서 직선 가와 변 ㄴㄷ, 직선 나와 변 ㄱㄷ은 각각 서로 평행합니다. ㉠의 각도는 몇 도인지 풀이 과정을 쓰고 답을 구하시오.

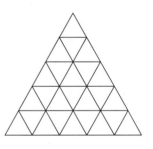

풀이 ....

....

....

답 ....

▶경시
기출▶
▶문제 **11** 오른쪽 그림은 크기가 같은 정삼각형 25개를 변끼리 겹치지 않게 이어 붙인 것입니다. 이 도형에 선을 따라 그릴 수 있는 사각형 중 한 쌍의 변만 평행한 서로 다른 사각형은 모두 몇 개입니까? (단, 돌리거나 뒤집었을 때 모양이 같아지는 사각형은 하나로 봅니다.)

( )

12 오른쪽 도형에서 (각 ㅁㄱㄴ)=90°, (각 ㄷㄹㅁ)=120°, (각 ㄴㅁㄷ)=75°일 때, ㉠과 ㉡의 각도의 합을 구하시오.

( )

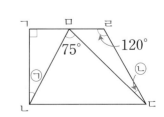

경시 기출 문제 13 오른쪽 그림에서 선을 따라 그릴 수 있는 사다리꼴은 모두 몇 개인지 구하시오.

(   )

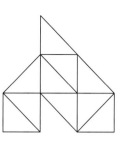

14 오른쪽 도형은 마름모를 모양과 크기가 같은 3개의 평행사변형으로 나눈 것입니다. 평행사변형 한 개의 네 변의 길이의 합이 $32\,cm$일 때, 마름모의 네 변의 길이의 합은 몇 cm입니까?

(   )

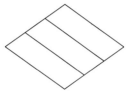

15 오른쪽 그림에서 직선 가와 직선 나는 서로 평행합니다. ㉠의 각도를 구하시오.

(   )

1 오른쪽 도형에서 사각형 ㄱㄴㄷㄹ은 정사각형이고, 변 ㄷㅂ의 길이는 정사각형의 한 변의 길이와 같습니다. 각 ㄱㄴㅂ의 크기가 155°일 때, ㉮의 각도를 구하시오.

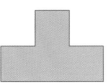

(   )

2 오른쪽 모양 조각은 한 변이 2 cm인 정사각형 4개를 겹치지 않게 이어 붙여 만든 것입니다. 이 모양 조각을 여러 개 사용하여 둘째로 작은 정사각형을 만들려고 합니다. 둘째로 작은 정사각형의 한 변의 길이와 필요한 모양 조각의 개수를 차례로 구하시오.

(,   )

서술형 **3** 오른쪽 그림에서 직선 ㄱㄴ과 직선 ㄷㄹ은 서로 평행합니다.
각 ㅁㅈㄴ은 몇 도인지 풀이 과정을 쓰고 답을 구하시오.

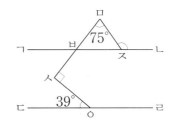

풀이 ....

....

....

답 ....

STEAM형 4

피사의 사탑은 이탈리아 피사 대성당의 종탑으로 기울어진 탑으로 유명합니다. 현재 탑의 기울어진 각도는 중심축으로부터 $5.5°$에서 멈춘 상태입니다. 오른쪽과 같이 탑과 평행한 직선 가를 긋고, 지면 위의 선분 ㄴㄷ을 한 변으로 하는 삼각형 ㄱㄴㄷ을 그렸습니다. 변 ㄱㄴ과 변 ㄱㄷ이 서로 수직일 때, ㉠과 ㉡의 각도의 차는 몇 도입니까?

(   )

5

사각형 ㄱㄴㄷㄹ은 마름모입니다. 이 마름모를 각 ㄱㄹㅂ과 각 ㅂㄹㅇ의 크기가 같게 접었을 때, 각 ㄴㅅㅇ의 크기는 몇 도입니까?

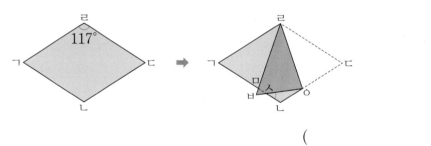

(   )

6

오른쪽 사각형 ㄱㄴㄷㄹ은 평행사변형입니다. 변 ㅁㄷ과 변 ㄷㄹ의 길이가 같고, 각 ㅂㅁㄷ의 크기가 각 ㄱㅁㅂ의 크기의 3배일 때, 각 ㅁㅂㄴ의 크기를 구하시오.

(   )

7 오른쪽 그림에서 직선 가와 직선 나, 직선 다와 직선 라는 각각 서로 평행합니다. ㉠의 각도는 몇 도입니까?

( )

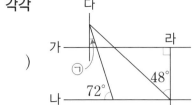

경시
기출
문제 **8** 오른쪽 그림은 도형판에 내부에 점이 없는 삼각형을 그린 것입니다. 이 도형판에 내부에 점이 없고, 평행사변형이 아닌 사다리꼴을 모두 몇 개 그릴 수 있습니까? (단, 그린 도형을 돌리거나 뒤집었을 때 모양이 같으면 하나로 봅니다.)

( )

연필 없이 생각 톡

같은 색깔의 공은 규칙에 따라서 계속 움직여요.
마지막 표에 규칙에 맞게 공을 그려 보세요.

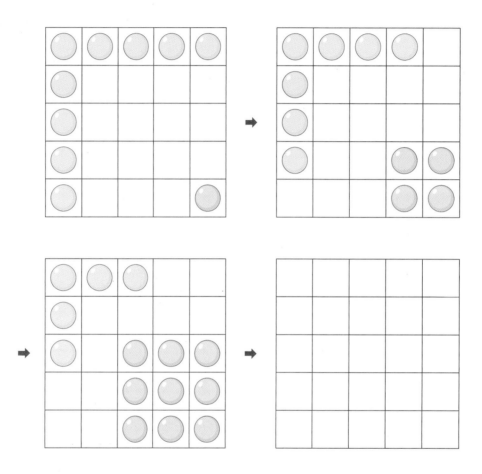

꺾은선그래프

대표심화유형

1 꺾은선그래프 알아보기

2 꺾은선그래프에서 중간값 예상하기

3 알맞은 그래프로 나타내기

4 이중꺾은선그래프 해석하기

5 생활 속의 그래프 해석하기

6 꺾은선그래프를 활용한 교과통합유형

통계와
여러 가지
그래프

통계와 우리 생활

통계란 어떤 현상을 종합적으로 한눈에 알아보기 쉽게 일정한 체계에 따라 수로 나타내는 것을 뜻하는 말로 국가 정책을 수립하고, 기업의 경영을 계획함은 물론 개인이 의사 결정을 하는 데에도 큰 도움이 되고 있습니다.

예를 들어, 국가에서는 대한민국 전체 인구수, 각 시도별 인구수 및 출산율과 사망률 등 인구 자료에 대한 모든 것을 통계화하고 이에 기초하여 세금 제도를 정하고 예산을 세우며 각종 정책을 마련하게 됩니다.

또한 기업에서는 어떤 제품을 생산하거나 판매하려고 할 때 각 연령대별 선호도를 조사하여 통계 자료를 만들고 이를 바탕으로 제품 판매에 대한 전략을 세우게 됩니다.

가정에서도 가계부를 활용하여 집안의 예산을 결정합니다.

그래프의 속임수

그래프는 많은 수들을 복잡하게 생각하지 않고 단지 보는 것만으로도 수들 속에 포함된 사실을 파악할 수 있다는 장점이 있습니다. 하지만 그래프를 잘못 보면 왜곡된 결론을 얻을 수도 있습니다.

예를 들어 두 그래프를 비교해 봅시다.

두 그래프는 학원 선생님이 학부모와 함께 상담을 하기 위해 그동안 매월 학생이 받은 수학 성적을 그래프로 만든 것입니다.

먼저 [그림 1]은 지난 5개월 동안 수학 성적이 매달 어떻게 변화했는가를 나타내고 있습니다. 그래프의 제일 아래쪽에 0점이 표시되어 있고, 10점 단위로 점수를 표시하여 성적 변화를 쉽게 이해할 수 있습니다. 성적은 상승했지만 크게 상승한 것은 아니라는 것을 알 수 있습니다.

그러나 학원 선생님의 입장에서는 부모에게 성적 상승을 더욱 인상적으로 보여서 계속 학원에 다니도록 설득하려면 이 그래프는 만족스럽지 못합니다.

수학 성적 그래프

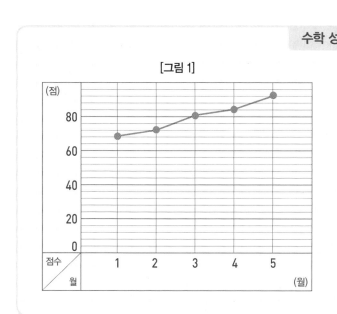

[그림 1]

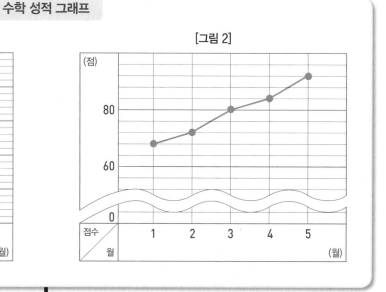

[그림 2]

그래서 [그림 2]처럼 세로축의 눈금을 넓게 보이도록 바꾸었더니 성적 상승이 두드러지게 나타납니다.

이처럼 그래프의 속임수에 넘어가지 않기 위해서는 그래프가 어떤 의도로 작성됐는지, 속임수가 숨어있지는 않은지 신중히 판단해야 합니다.

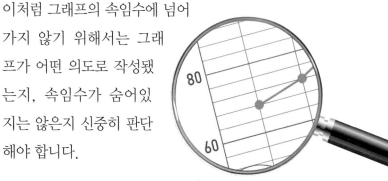

1 꺾은선그래프

❶ 꺾은선그래프 알아보기

• 꺾은선그래프: 수량을 점으로 표시하고, 그 점들을 선분으로 이어 그린 그래프

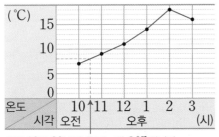

교실의 온도

오전 10시 30분의 온도는 약 8 ℃입니다.

참고

꺾은선그래프의 특징
• 자료의 변화를 한눈에 알 수 있습니다.
• 선의 기울기로 자료의 값이 얼마만큼 변하였는지 알 수 있습니다.
• 조사하지 않은 중간의 값을 예상할 수 있습니다.

❷ 꺾은선그래프를 보고 내용 알아보기

• 자료의 변화 정도와 앞으로의 모습을 예상할 수 있습니다.

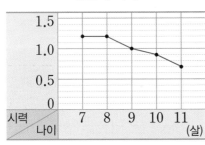

승호의 시력

① 가로에는 나이를, 세로에는 시력을 나타냈습니다.
② 세로 눈금 한 칸은 0.1을 나타냅니다.
③ 승호의 시력은 계속 나빠지고 있습니다.
④ 승호의 시력은 12살이 되면 더 나빠질 것으로 예상할 수 있습니다.

• 물결선을 사용한 꺾은선그래프: 꺾은선그래프를 그릴 때 자료 값이 없는 부분은 물결선을 사용하여 자료 값에 따른 변화를 시각적으로 잘 나타낼 수 있습니다.

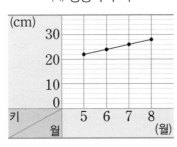

(가) 봉숭아의 키

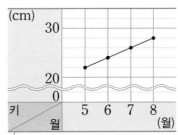

(나) 봉숭아의 키

└ (나) 그래프는 세로 눈금 칸이 넓어서 자료 값들을 더 잘 알 수 있습니다.

❶ 꺾은선그래프에서 자료 값의 변화 알아보기

꺾은선그래프에서 선의 기울어진 모양과 기울어진 정도를 살펴보면 자료 값의 변화를 쉽게 알 수 있고 조사하지 않은 자료 값을 예상할 수 있습니다.

오른쪽이 올라감.   오른쪽이 내려감.   변화 없음.
➡ 값이 늘어남.   ➡ 값이 줄어듦.

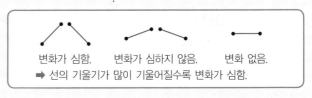

변화가 심함.   변화가 심하지 않음.   변화 없음.
➡ 선의 기울기가 많이 기울어질수록 변화가 심함.

[1~3] 어느 날 낮의 기온을 조사하여 나타낸 꺾은선그래프입니다. 물음에 답하시오.

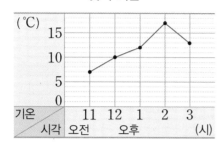

1 기온이 가장 높은 때와 가장 낮은 때의 시각을 차례로 각각 구하시오.

(,   )

2 오후 2시 30분의 기온은 약 몇 ℃입니까?

(   )

3 기온의 변화가 가장 큰 때는 몇 시와 몇 시 사이입니까?

(   )

4 행복 마을의 연도별 초등학생 수를 조사하여 나타낸 꺾은선그래프입니다. 2020년의 초등학생 수는 어떻게 변할 것이라고 예상합니까?

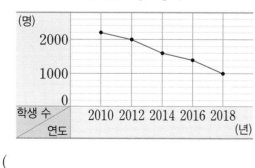

(   )

[5~8] 정효의 몸무게를 매월 15일에 조사하여 (가), (나) 두 꺾은선그래프로 나타낸 것입니다. 물음에 답하시오.

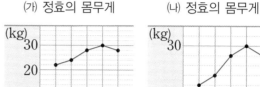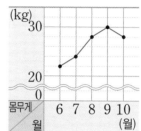

5 (가)와 (나) 그래프 중 몸무게를 더 잘 알 수 있는 것은 어느 그래프입니까?

(   )

6 두 그래프의 세로 눈금 한 칸의 크기는 각각 몇 kg입니까?

(가) (   )
(나) (   )

7 몸무게가 줄어든 때는 몇 월과 몇 월 사이이고, 몇 kg이 줄었습니까?

(,   )

8 6월 30일 정효의 몸무게는 약 몇 kg이라고 예상할 수 있습니까?

(   )

2 꺾은선그래프로 나타내기

① 꺾은선그래프로 나타내기

최고 기온

날짜(일)	4	11	18	25
기온(℃)	15	3	6	12

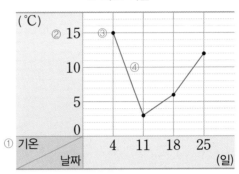

- 꺾은선그래프로 나타내는 방법
  ① 가로와 세로 중 어느 쪽에 조사한 수를 나타낼 것인지 정합니다.
  ② 눈금 한 칸의 크기를 정하고, 조사한 수 중에서 가장 큰 수를 나타낼 수 있도록 눈금의 수를 정합니다.
  ③ 가로 눈금과 세로 눈금이 만나는 자리에 점을 찍습니다.
  ④ 점들을 선분으로 잇습니다.
  ⑤ 꺾은선그래프에 알맞은 제목을 붙입니다.

- 물결선을 사용한 꺾은선그래프로 나타내는 방법
  자료 값이 없는 부분은 물결선으로 그리고 물결선 위로 시작할 수를 정합니다. 물결선 부분은 세로 눈금의 수가 생략된다는 뜻입니다.

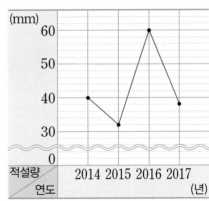

> **참고**
>
> 꺾은선그래프를 그릴 때 생략할 수 있는 부분을 물결선으로 그려 세로 눈금의 칸을 넓게 하면 자료 값들을 더 잘 알 수 있습니다.

사고력 개념

① 여러 가지 그래프 비교하기

막대그래프	• 각 부분의 상대적인 크기를 비교하기 쉽습니다. • 수량의 크기를 정확하게 나타낼 수 있습니다.
그림그래프	• 자료의 수를 그림으로 비교하기 좋습니다. • 그림의 크기와 개수로 한눈에 쉽게 비교할 수 있습니다.
꺾은선그래프	• 시간에 따른 연속적인 변화를 알아보기 쉽습니다. • 조사하지 않은 중간의 값을 예상할 수 있습니다. • 앞으로를 예상하는 데 사용할 수 있습니다.

BASIC TEST

[1~4] 희수의 휴대전화 사용 시간을 조사하여 나타낸 표를 보고 꺾은선그래프로 나타내려고 합니다. 물음에 답하시오.

휴대전화 사용 시간

요일	월	화	수	목	금
시간(분)	4	6	8	9	14

1 가로와 세로 눈금에는 각각 무엇을 나타내는 것이 좋겠습니까?

가로 (   )

세로 (   )

2 세로 눈금 한 칸의 크기는 얼마로 하는 것이 좋겠습니까?

(   )

3 꺾은선그래프로 나타내시오.

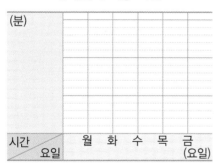

휴대전화 사용 시간

4 휴대전화 사용 시간이 전날에 비해 가장 많이 늘어난 때는 언제입니까?

(   )

5 미나가 기르는 콩나물의 키를 조사하여 나타낸 표입니다. 이 표를 보고 꺾은선그래프 ㈎와 ㈏를 나타내시오.

콩나물의 키

요일	월	화	수	목	금
키(cm)	12.2	12.8	13.2	13.8	14.6

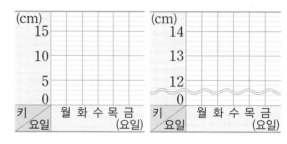

㈎ 콩나물의 키　㈏ 콩나물의 키

[6~7] 어느 지역의 연도별 강수량을 나타낸 표입니다. 물음에 답하시오.

강수량

연도(년)	2013	2014	2015	2016	2017
강수량(mm)	60	96	150	132	72

6 물결선을 어디와 어디 사이에 넣으면 좋겠습니까?

(   )

7 표를 보고 물결선을 사용한 꺾은선그래프로 나타내시오.

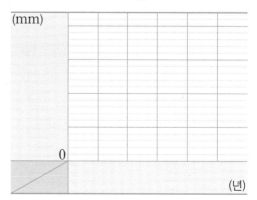

강수량

MATH TOPIC 1
심화유형

꺾은선그래프 알아보기

오른쪽은 어느 분식점에서 1시간 동안 팔린 김밥의 수를 매시 정각에 조사하여 나타낸 꺾은선그래프입니다. 이 분식점에서 오후 3시까지 팔린 김밥은 모두 몇 줄입니까?

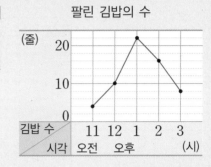

팔린 김밥의 수

● 생각하기   먼저 세로 눈금 한 칸의 크기를 알아봅니다.

● 해결하기   **1단계** 세로 눈금 한 칸의 크기 구하기

세로 눈금 5칸이 10줄을 나타내므로 세로 눈금 한 칸은 $10 \div 5 = 2$(줄)을 나타냅니다.

2단계 오후 3시까지 팔린 김밥 수 구하기

팔린 김밥 수는 오전 11시에 4줄, 낮 12시에 10줄, 오후 1시에 22줄, 오후 2시에 16줄, 오후 3시에 8줄이므로 오후 3시까지 팔린 김밥은 모두 $4 + 10 + 22 + 16 + 8 = 60$(줄)입니다.

답 60줄

1-1 오른쪽은 어느 박물관에 1시간 동안 입장한 사람의 수를 매시 정각에 조사하여 나타낸 꺾은선그래프입니다. 이 박물관에 오후 2시까지 입장한 사람은 모두 몇 명입니까?

(   )

입장한 사람의 수

1-2 오른쪽은 지수네 과수원에서 5주 동안 생산한 포도의 양을 매주 조사하여 나타낸 꺾은선그래프입니다. 지수네 과수원에서 5주 동안 생산한 포도가 모두 2160 kg일 때, ㉠+㉡의 값은 얼마입니까?

(   )

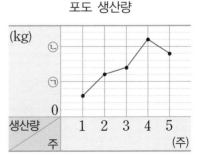

포도 생산량

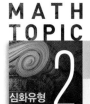

꺾은선그래프에서 중간값 예상하기

오른쪽은 수빈이가 매년 1월 1일에 동생의 몸무게를 조사하여 나타낸 꺾은선그래프입니다. 동생이 4살인 해의 7월 1일의 몸무게는 약 몇 kg입니까?

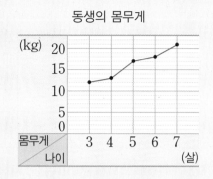

동생의 몸무게

○ 생각하기 4살인 해의 7월 1일의 몸무게는 같은 해의 1월 1일의 몸무게와 5살인 해의 1월 1일의 몸무게의 중간의 값입니다.

○ 해결하기 **1단계** 4살인 해의 1월 1일의 몸무게와 5살인 해의 1월 1일의 몸무게 구하기

동생이 4살인 해의 1월 1일의 몸무게는 13 kg이고, 5살인 해의 1월 1일의 몸무게는 17 kg입니다.

2단계 4살인 해의 7월 1일의 몸무게 구하기

동생이 4살인 해의 7월 1일의 몸무게는 13 kg과 17 kg의 중간의 값인 약 15 kg입니다.

답 약 15 kg

2-1 오른쪽은 강당의 온도를 조사하여 나타낸 꺾은선그래프입니다. 오전 11시 30분의 온도는 약 몇 ℃입니까?

(   )

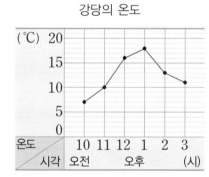

강당의 온도

2-2 오른쪽은 어느 도시의 기온을 조사하여 나타낸 꺾은선그래프입니다. 낮 12시의 기온은 약 몇 ℃입니까?

(   )

도시의 기온

알맞은 그래프로 나타내기

다음은 병에 담은 물의 온도를 조사하여 나타낸 표입니다. 6시의 물의 온도는 3시에서 4시 사이의 물의 온도 변화만큼 5시의 물의 온도에서 내려갔습니다. 물의 온도 변화를 막대그래프와 꺾은선그래프 중 알맞은 그래프로 나타내시오.

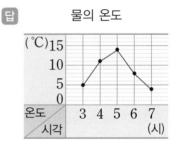
물의 온도

물의 온도

시각(시)	3	4	5	6	7
온도($°C$)	5	11	14		4

● 생각하기   시간에 따른 물의 온도 변화를 나타내기에 알맞은 그래프가 무엇인지 생각해 봅니다.

● 해결하기   1단계 6시의 물의 온도 구하기

3시에서 4시 사이의 물의 온도는 $11-5=6(°C)$ 올라갔으므로 6시의 물의 온도는 5시의 물의 온도인 $14°C$에서 $6°C$ 내려간 $14-6=8(°C)$입니다.

2단계 알맞은 그래프로 나타내기

물의 온도를 비교하는 것이 아니라 물의 온도 변화를 알아보기 위한 것이므로 꺾은선그래프로 나타내는 것이 좋습니다.

답   물의 온도

3-1

(가)는 병헌이네 모둠 학생들의 몸무게를 조사하여 나타낸 표이고, (나)는 병헌이의 몸무게를 4년 동안 조사하여 나타낸 표입니다. 빈칸에 그래프의 제목을 쓰고 (가)와 (나)를 각각 막대그래프와 꺾은선그래프 중 알맞은 그래프로 나타내시오.

(가) 병헌이네 모둠 학생들의 몸무게

이름	병헌	수철	진아	연경
몸무게(kg)	34	28	30	26

(나) 병헌이의 몸무게

학년	1	2	3	4
몸무게(kg)	22	26	32	34

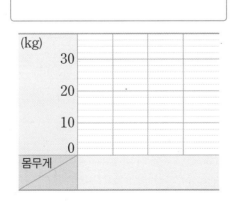

이중꺾은선그래프 해석하기

오른쪽은 어느 지역의 월별 신생아 수를 조사하여 나타 낸 꺾은선그래프입니다. 물음에 답하시오.

(1) 남아와 여아의 신생아 수의 차이가 가장 적은 때는 언제입니까?

(2) 남아의 신생아 수가 바로 전달보다 가장 많이 줄어들었을 때 여아의 신생아 수는 몇 명 줄었습니까?

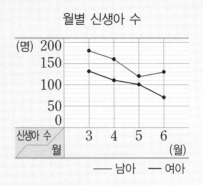

월별 신생아 수

— 남아   — 여아

● 생각하기   두 점 사이의 간격이 작을수록 값의 차이가 작고, 선의 기울기가 클수록 변화가 심합니다.

● 해결하기   1단계 남아와 여아의 신생아 수의 차이가 가장 적은 때 구하기

두 점 사이의 간격이 가장 작은 때는 5월이므로 남아와 여아의 신생아 수의 차이가 가장 적은 때는 5월입니다.

2단계 여아의 신생아 수가 몇 명 줄었는지 구하기

남아의 신생아 수가 전달보다 가장 많이 줄어든 때는 4월과 5월 사이이고, 이때 여아의 신생아 수는 110명에서 100명으로 110−100=10(명) 줄었습니다.

답 (1) 5월   (2) 10명

4-1   오른쪽은 선예와 지현이의 요일별 윗몸일으키기 기록을 조사하여 나타낸 꺾은선그래프입니다. 물음에 답하시오.

(1) 두 사람의 윗몸일으키기 기록의 차가 가장 클 때는 언제이고, 그 차이는 몇 회입니까?

(,   )

(2) 지현이의 기록이 선예의 기록보다 더 높은 때는 무슨 요일입니까?

(   )

요일별 윗몸일으키기 기록

—선예   —지현

4-2   오른쪽은 경훈이와 종호의 학년별 몸무게를 조사하여 나타낸 꺾은선그래프입니다. 경훈이의 몸무게의 변화가 전 학년에 비해 가장 컸을 때, 종호의 몸무게는 몇 kg 늘었습니까?

(   )

학년별 몸무게

— 경훈   — 종호

MATH TOPIC 5 심화유형 5

생활 속의 그래프 해석하기

오른쪽은 어느 도서관의 보유한 책의 수와 책을 빌린 인원수를 월별로 조사하여 나타낸 그래프입니다. 물음에 답하시오.

(1) 4월에 보유한 책은 몇 권입니까?

(2) 전달에 비해 책을 빌린 인원수가 가장 많이 늘어난 달은 몇 월입니까?

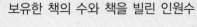
보유한 책의 수와 책을 빌린 인원수

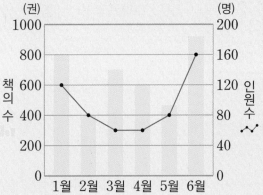

● 생각하기   왼쪽과 오른쪽의 세로 눈금이 나타내는 수를 각각 알아봅니다.

● 해결하기   1단계 4월에 보유한 책의 수 구하기

보유한 책의 수는 막대그래프로 나타내었고, 왼쪽 세로 눈금이 책의 수를 나타내므로 4월에 해당하는 막대를 찾아보면 4월에 보유한 책의 수는 600권입니다.

2단계 전달에 비해 책을 빌린 인원수가 가장 많이 늘어난 달은 몇 월인지 구하기

책을 빌린 인원수는 꺾은선그래프로 나타내었고, 오른쪽 눈금이 빌린 인원수를 나타내므로 선의 기울기가 가장 많이 올라가는 때를 찾아보면 6월입니다.

답 (1) 600권 (2) 6월

5-1

㈎는 자녀 출산 연령을 조사하여 나타낸 그래프이고, ㈏는 연도별 신생아 수와 학급당 초등학생 수를 조사하여 나타낸 그래프입니다. 물음에 답하시오.

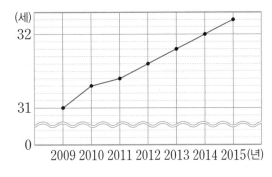
㈎ 자녀 출산 연령

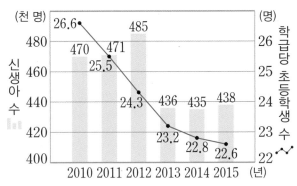
㈏ 신생아 수와 학급당 초등학생 수

(1) 자녀의 출산 연령이 처음으로 32세에 도달한 해의 신생아는 몇 명입니까?

(   )

(2) 신생아 수가 전년도에 비해 가장 많이 줄어든 해의 학급당 초등학생 수는 전년도보다 몇 명 줄었습니까?

(   )

MATH TOPIC 6

심화유형 꺾은선그래프를 활용한 교과통합유형

STEAM형 ■●▲

수학+과학

오른쪽은 연도별 가을철 *일조시간을 나타낸 꺾은선그래프입니다. 5년 동안의 일조시간은 총 2840시간이고, 2015년의 일조시간은 2016년보다 100시간 더 많습니다. 2016년의 일조시간은 몇 시간입니까?

*일조시간: 태양광선이 구름이나 안개로 가려지지 않고 땅 위를 실제로 비춘 시간

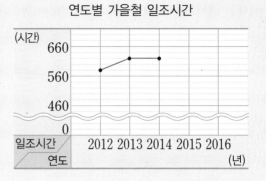

연도별 가을철 일조시간

● **생각하기** 5년 동안의 총 일조시간을 이용하여 2015년과 2016년의 일조시간의 합을 구합니다.

● **해결하기** **1단계** 2015년과 2016년의 일조시간의 합 구하기

일조시간은 2012년에 [   ]시간, 2013년에 [   ]시간, 2014년에 [   ]시간

이므로 2015년과 2016년의 일조시간의 합은

2840 − [   ] − [   ] − [   ] = [   ](시간)입니다.

2단계 2016년의 일조시간 구하기

2016년의 일조시간을 ■라고 하면 2015년의 일조시간은 ■＋100이므로

(■＋100)＋■ = [   ], ■＋■ = [   ], ■ = [   ](시간)입니다.

답 [   ]시간

6-1

수학+사회

자동차는 원동기를 장착하여 그 동력으로 바퀴를 굴려 땅 위에서 승객이나 화물을 운반하는 교통수단입니다. 오른쪽은 연도별 자동차 등록 대수를 나타낸 꺾은선그래프입니다. 2016년의 자동차 등록 대수는 2008년에 비해 400만 대 더 많아졌습니다. 물음에 답하시오.

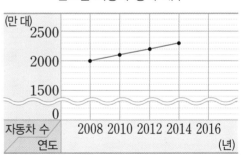

연도별 자동차 등록 대수

(1) 꺾은선그래프를 완성하시오.

(2) 2020년의 자동차 등록 대수를 예상하고 그 이유를 설명하시오.

1 오른쪽은 운동장의 기온을 조사하여 나타낸 표와 꺾은선그래프입니다. 표와 꺾은선그래프를 각각 완성하고, 오후 5시의 운동장의 기온은 어떻게 변할지 예상하여 보시오.

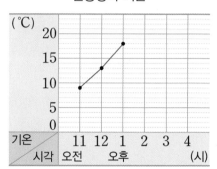

운동장의 기온

운동장의 기온

시각(시)	오전 11	낮 12	오후 1	오후 2	오후 3	오후 4
기온(℃)				21	16	12

( )

서술형 2 오른쪽은 정호의 몸무게를 조사하여 나타낸 꺾은선그래프의 일부분입니다. 세로 눈금 한 칸의 크기를 0.5 kg으로 하여 꺾은선그래프를 다시 그리면 3월과 4월의 몸무게를 나타낸 세로 눈금 수의 차는 몇 칸이 되는지 풀이 과정을 쓰고 답을 구하시오.

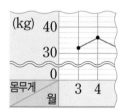

풀이 _____

_____

_____

답 _____

3 오른쪽은 교실 안과 밖의 온도를 2시간마다 재어 나타낸 꺾은선그래프입니다. 교실의 안과 밖의 온도 차가 가장 큰 때는 언제이고, 그때의 온도 차는 몇 ℃인지 구하시오.

(,)

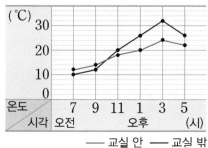

교실 안과 밖의 온도

—— 교실 안 —— 교실 밖

4 오른쪽은 진혜와 민수의 몸무게를 매년 1월 1일에 재어 나타낸 꺾은선그래프입니다. 2016년 7월 1일의 두 사람의 몸무게의 차는 약 몇 kg입니까?

( )

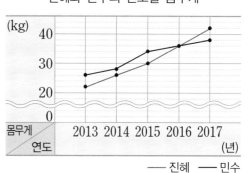

진혜와 민수의 연도별 몸무게

—— 진혜 —— 민수

5 세아는 200 L 들이의 수조에 가득 차 있는 물을 호수로 연결하여 사용했습니다. 오른쪽은 수조에 남은 물의 양을 1분 간격으로 조사하여 나타낸 꺾은선그래프입니다. 물을 가장 많이 사용한 때는 몇 분과 몇 분 사이이고, 몇 L를 사용했습니까?

(,)

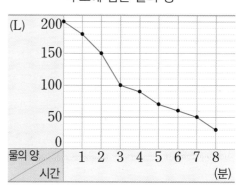

수조에 남은 물의 양

6 세 지역의 강수량의 변화를 조사하여 나타낸 꺾은선그래프입니다. 강수량이 가장 많았던 해와 가장 적었던 해의 강수량의 차가 가장 큰 지역은 어디이고, 그 차는 몇 mm입니까?

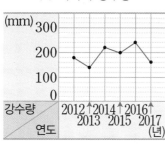

(가) 지역의 강수량

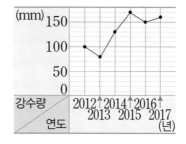

(나) 지역의 강수량

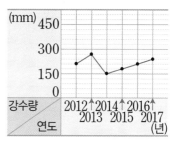

(다) 지역의 강수량

(,)

수학+과학

STEAM형 7 하지는 일년 중 태양이 가장 높게 뜨고 낮의 길이가 가장 긴 날이고, 동지는 일년 중 태양이 가장 낮게 뜨고 밤의 길이가 가장 긴 날입니다. 다음은 하지가 있는 6월의 어느 한 주와 동지가 있는 12월의 어느 한 주의 낮의 길이를 나타낸 꺾은선그래프입니다. 6월 어느 한 주의 낮의 길이와 12월 어느 한 주의 낮의 길이의 차가 가장 긴 시간은 몇 시간 몇 분입니까?

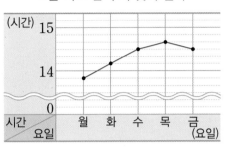
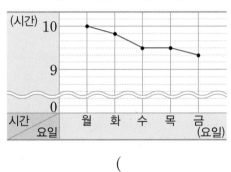

6월 어느 한 주의 낮의 길이   12월 어느 한 주의 낮의 길이

(   )

8 오른쪽은 어느 과자 공장의 월별 판매량을 조사하여 나타낸 꺾은선그래프입니다. 3월부터 7월까지 판매량의 합계는 9600상자이고, 과자 한 상자는 15000원에 판다고 합니다. 4월과 5월에 과자를 판매한 값의 차를 구하시오.

(   )

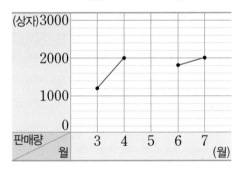

과자 공장의 월별 판매량

9 현우가 *러닝머신에서 걸은 거리를 2분마다 조사하여 나타낸 꺾은선그래프입니다. 현우가 일정한 규칙으로 러닝머신에서 걸었다면 16분 동안 걸은 거리는 몇 m가 되겠습니까?

(   )

*러닝머신: 실내에서 걷기와 달리기를 위한 운동 기구

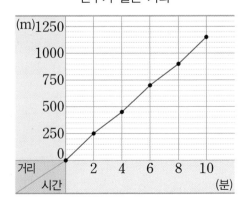

현우가 걸은 거리

서술형 10

오른쪽은 어느 회사에서 5일 동안 판매한 세탁기의 수를 *누적하여 나타낸 꺾은선그래프입니다. 세탁기를 가장 많이 판매한 요일에 판매한 세탁기는 몇 대인지 풀이 과정을 쓰고 답을 구하시오. *누적: 겹쳐서 늘어남.

풀이 ....

....

....

답 ....

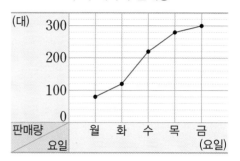

누적 세탁기 판매량

수학+과학

STEAM형 11

태평양의 표면 수온이 평년보다 상승하여 홍수, 가뭄, 폭설 등의 기상 이변을 엘리뇨 현상이라고 합니다. 이 엘리뇨 현상으로 어느 도시에 폭설이 내리고 있습니다. 1시간 동안 내린 눈의 양을 나타낸 표를 보고, 누적되어 쌓인 눈의 양을 꺾은선그래프로 나타내려고 합니다. 오전 7시부터 낮 12시까지 내린 눈의 양이 19 cm이고, ㉠이 ㉡의 2배일 때, 꺾은선그래프로 나타내시오.

1시간 동안 내린 눈의 양

시간	오전 7~8시	오전 8~9시	오전 9~10시	오전 10~11시	오전 11~낮 12시
눈의 양(cm)	㉠	5	㉡	4	1

누적되어 쌓인 눈의 양

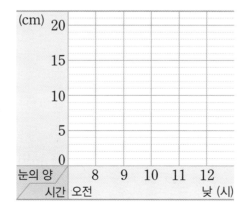

문제풀이 동영상

1 오른쪽은 은별이와 상준이의 월별 영어 성적을 나타낸 꺾은선그래프입니다. 3월부터 9월까지 두 사람의 영어 성적의 합이 1172점일 때, 7월의 영어 성적은 누가 몇 점 더 높습니까?

(,   )

월별 영어 성적

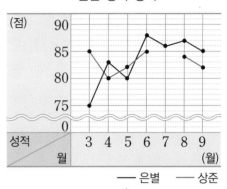

2 ㉮, ㉯ 두 회사의 월별 컴퓨터 생산량을 나타낸 꺾은선그래프입니다. ㉮ 회사의 7월 생산량과 ㉯ 회사의 6월 생산량이 같고, ㉮ 회사의 10월 생산량과 ㉯ 회사의 9월 생산량이 같을 때, 두 회사의 컴퓨터 생산량의 차가 가장 큰 달과 둘째로 큰 달의 생산량의 차의 합을 구하시오.

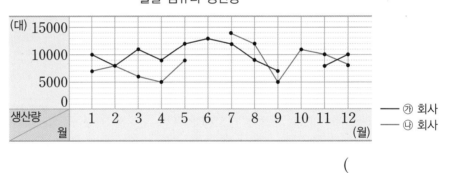

월별 컴퓨터 생산량

(   )

3 은혁이와 태연이가 집에서 학교까지 가는 시간과 거리를 조사하여 나타낸 꺾은선그래프입니다. 태연이는 걷다가 8분부터 일정한 빠르기로 뛰기 시작하여 은혁이와 동시에 학교에 도착했습니다. 태연이가 같은 빠르기로 처음부터 뛰어 간다면 은혁이보다 몇 분 먼저 도착하겠습니까?

(   )

간 거리

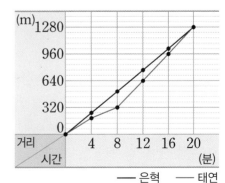

4 휘발유 1 L로 A 자동차는 16 km를 달릴 수 있고, B 자동차는 10 km를 달릴 수 있습니다. 오른쪽은 A 자동차와 B 자동차가 달린 거리를 나타낸 꺾은선그래프입니다. 7시간 후 두 자동차가 사용한 휘발유 양의 차는 약 몇 L입니까?

( )

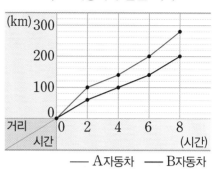

A, B 자동차가 달린 거리

5 길이가 40 cm인 선분 ㄱㄴ 사이를 일정한 빠르기로 계속 왕복하는 점 ㅇ이 있습니다. 다음은 시간에 따라 점 ㄱ과 점 ㅇ 사이의 거리를 조사하여 나타낸 꺾은선그래프입니다. 점 ㄱ에서 출발하여 1분 12초 후의 점 ㅇ의 위치를 찾아 기호를 쓰시오.

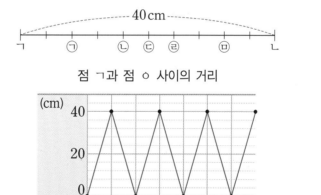

점 ㄱ과 점 ㅇ 사이의 거리

( )

수학+과학

STE
AM형 **6**
■●▲

지진은 지구 안쪽의 에너지가 지표로 나와 땅이 흔들리고 갈라지는 현상입니다. 지진이 발생한 지점과 규모에 따라 사람이 느끼는 유감지진의 강도는 달라집니다. 다음 두 꺾은선그래프는 우리나라의 연도별 지진 발생 횟수와 유감지진 횟수를 나타낸 것입니다. 6년 동안 지진 발생 횟수는 718회이  고, 2013년은 2014년보다 44회 더 많고 2012년보다 37회 더 많습니다. 지진 발생 횟수와 유감지진 횟수의 차가 둘째로 큰 해를 구하시오.

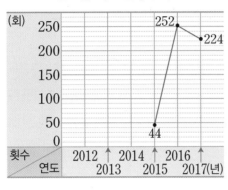

연도별 지진 발생 횟수

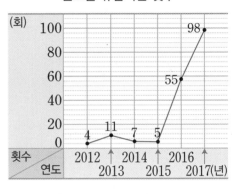

연도별 유감지진 횟수

(   )

7

왼쪽 그림은 A 지점과 B 지점 사이의 길을 선으로 나타낸 것입니다. 현화는 A 지점에서 낮 12시에 출발하여 빨간색 선을 따라 B 지점에 도착하는 데 가로로 나 있는 길 한 칸을 갈 때에는 한 시간에 12 km 빠르기로, 세로로 나 있는 길 한 칸을 갈 때에는 한 시간에 6 km를 가는 빠르기로 일정하게 걸었습니다. A 지점에서 B 지점까지 갈 때 걸린 시간과 간 거리의 관계를 꺾은선그래프로 나타내고, C 지점을 통과한 시각을 구하시오.

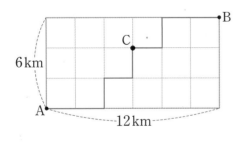

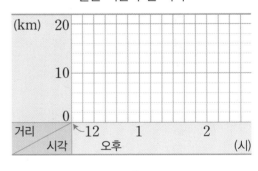

걸린 시간과 간 거리

(   )

다각형

대표심화유형

1 정다각형에서 각의 크기 구하기
2 대각선의 개수 이용하기
3 대각선의 성질 이용하기
4 도형에서 각의 크기 구하기
5 여러 가지 모양 만들기
6 다각형을 활용한 교과통합유형

특별한
도형,
정다각형

생활 속 정다각형

변의 길이가 모두 같고 각의 크기가 모두 같은 다각형을 정다각형이라고 합니다. 정다각형은 우리 주변에서 쉽게 찾아볼 수 있습니다.

카메라를 올려놓는 삼각대는 3개의 다리가 정삼각형을 이룹니다. 다리의 모양을 정삼각형으로 하는 이유는 다리의 개수가 최소가 되면서 안정적인 구조가 되기 때문입니다. 음악을 들을 때도 정삼각형 모양을 이용하면 스피커에서 나오는 소리를 효과적으로 들을 수 있습니다. 음악을 듣는 사람과 양쪽 2개의 스피커를 정삼각형 모양이 되도록 놓으면 소리를 더욱 입체감 있게 들을 수 있습니다.

또한 정육각형 모양의 벌집은 똑같은 양의 재료로

원과 정다각형

정다각형의 변의 수가 많아지면 어떻게 될까요? 정다각형의 변의 개수가 많으면 많아질수록, 그 도형은 원과 비슷해집니다.

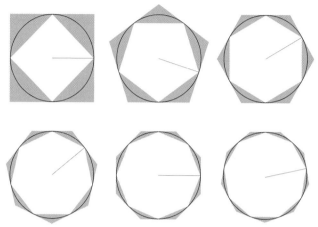

고대 그리스 수학자 아르키메데스(Archimedes)는 위의 그림과 같이 정다각형 바깥으로 안으로 원을 접하게 그리고 정다각형의 변의 개수가 많아질수록 정다각형의 둘레의 길이와 원의 둘레의 길이가 비슷해진다는 것을 알았습니다. 원의 둘레는 바깥으로 접하는 정다각형의 둘레보다 짧고, 안쪽에 접하는 정다각형의 둘레보다 깁니다.

아르키메데스는 이와 같은 방법으로 정96각형을 이용해 원의 둘레의 길이와 지름의 길이의 비, 즉 원주율이 약 3.14라는 것을 발견했습니다.

정다각형 덕분에 약 2200년 전 원주율이 발견되고 지금까지 널리 이용되고 있습니다.

가장 넓고 튼튼하게 만들 수 있는 구조라고 잘 알려져 있습니다. 벌집은 벌집 무게의 30배 이상 되는 꿀의 무게를 견딜 수도 있습니다.

둥근 공 모양의 축구공도 정육각형과 정오각형으로 만들어졌습니다. 정오각형의 5개의 변에 정육각형을 붙이고 정육각형의 6개의 변에 정육각형과 정오각형을 빈틈없이 붙여 나가면서 동그란 공 모양을 만든 것입니다.

다각형과 정다각형

❶ 다각형

- 다각형: 선분으로만 둘러싸인 도형

변과 꼭짓점이 각각 6개인 도형

| 삼각형 | 사각형 | 오각형 | 육각형 |

변과 꼭짓점이 각각 ■개인 다각형을 ■각형이라고 합니다.

- 정다각형: 변의 길이가 모두 같고 각의 크기가 모두 같은 다각형 정다각형은 다각형 안에 포함됩니다.

| 정삼각형 | 정사각형 | 정오각형 | 정육각형 |

변과 꼭짓점이 각각 ■개인 정다각형을 정■각형이라고 합니다.

사고력 개념

❶ 다각형의 공통점과 차이점

공통점	차이점
• 선분으로만 둘러싸인 도형입니다. • 평면에 있는 도형입니다. • 한 다각형에서 꼭짓점, 각, 선분의 수가 같은 도형입니다.	• 변, 꼭짓점, 각의 수가 다각형마다 다릅니다. • 각각의 다각형은 이름이 다릅니다. 예 삼각형, 사각형, 오각형, 육각형……

주의 개념

❶ 다각형이 아닌 도형

곡선이 포함되어 있습니다.	곡선으로만 이루어졌습니다.	선분으로 둘러싸여 있지 않았습니다.

연결 개념

[중등 연계]

❶ 볼록다각형과 오목다각형

볼록다각형	오목다각형
• 내각이 모두 $180°$보다 작은 각이 있어 바깥쪽으로 볼록한 다각형 각 꼭짓점에서 이웃하는 두 변이 이루는 안쪽의 각 예	• 내각에 $180°$보다 큰 각이 있어 안쪽으로 오목하게 들어간 부분이 있는 다각형 예

1 다음 도형이 다각형이 아닌 이유를 쓰시오.

이유

2 다음 다각형을 정다각형이라고 할 수 있습니까, 없습니까? 그 이유를 써 보시오.

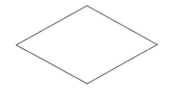

이유

3 농장 주변에 한 변이 7 m인 정십각형 울타리를 치려고 합니다. 울타리의 둘레는 모두 몇 m입니까?

( )

4 민주는 길이가 52 cm인 철사를 모두 사용하여 한 변이 4 cm인 정다각형을 만들었습니다. 민주가 만든 도형의 이름을 쓰시오.

( )

5 다음 점 종이에 있는 점을 선분으로 연결하였을 때 그릴 수 없는 다각형은 어느 것입니까? ( )

① 정사각형
② 직사각형
③ 마름모
④ 평행사변형
⑤ 정오각형

6 다음과 같이 크기가 같은 직사각형 2개를 겹쳐서 만들 수 없는 다각형을 보기 에서 찾아 쓰시오.

보기

삼각형, 직사각형, 정사각형, 평행사변형,
오각형, 육각형, 칠각형, 팔각형, 구각형

( )

2 대각선과 다각형의 각의 크기

① 대각선

• 대각선: 다각형에서 선분 ㄱㄷ, 선분 ㄴㄹ과 같이 서로 이웃하지 않는 두 꼭짓점을 이은 선분

<u>하나의 변을 이루는 두 꼭짓점이 아닌</u> 서로 다른 변을 이루는 두 꼭짓점

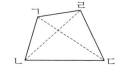

② 다각형의 각의 크기

다각형	삼각형	사각형	오각형	육각형	칠각형
삼각형의 수	1	2^{4-2}	3^{5-2}	4^{6-2}	5^{7-2}
내각의 합	$180°$	$180°×2$	$180°×3$	$180°×4$	$180°×5$

└─ 삼각형 3개의 내각의 크기의 합

■각형은 삼각형 (■−2)개로 나누어집니다.

$$(■각형의 내각의 크기의 합)=180°×(■−2)$$

사고력 개념

① 사각형에서 대각선의 성질

사각형 대각선의 성질	사다리꼴	평행사변형	마름모	직사각형	정사각형
한 대각선은 다른 대각선을 똑같이 반으로 나눕니다.		○	○	○	○
두 대각선의 길이가 같습니다.				○	○
두 대각선이 서로 수직입니다.			○		○

실전 개념

① 다각형에서 대각선의 수

다각형	삼각형	사각형	오각형	육각형	칠각형
한 점에서 그을 수 있는 대각선의 수	0	1^{4-3}	2^{5-3}	3^{6-3}	4^{7-3}
전체 대각선의 수	0	$2^{1×4÷2}$	$5^{2×5÷2}$	$9^{3×6÷2}$	$14^{4×7÷2}$

$$(■각형의 대각선 수)=(■−3)×■÷2$$

└─ 한 꼭짓점에서 그을 수 있는 대각선의 수

BASIC TEST

1 두 대각선의 길이가 같고 서로 수직인 다각형은 어느 것입니까? (   )

① 마름모   ② 사다리꼴
③ 평행사변형   ④ 직사각형
⑤ 정사각형

2 칠각형에 대각선을 모두 그어 보고 모두 몇 개인지 구하시오.

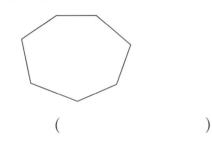

(   )

3 도형은 직사각형입니다. 삼각형 ㄱㄴㄷ의 세 변의 길이의 합은 몇 cm입니까?

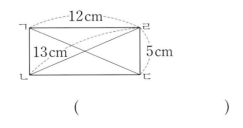

(   )

4 팔각형에서 ㉠과 ㉡의 각도의 합을 구하시오.

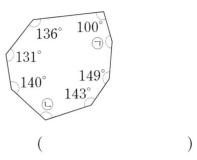

(   )

5 다음과 같이 정오각형과 정육각형을 겹치지 않게 이어 붙였습니다. ㉠의 각도는 몇 도입니까?

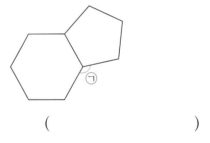

(   )

6 도형은 정육각형의 한 변을 연장하여 선을 그은 것입니다. ㉠의 각도는 몇 도입니까?

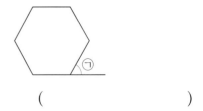

(   )

3 여러 가지 모양 만들기

❶ 모양 조각 알아보기

정삼각형

마름모

사다리꼴

정육각형

정사각형

마름모

②번 조각은 ①번 조각 2개로 만들 수 있습니다.
③번 조각은 ①번 조각 3개로 만들 수 있습니다.
③번 조각은 ①번 조각 1개와 ②번 조각 1개로 만들 수 있습니다.
④번 조각은 ③번 조각 2개로 만들 수 있습니다.

❷ 모양 만들기

• 모양 조각으로 정육각형 만들기

❶ 테셀레이션

• 같은 모양의 조각들을 서로 겹치거나 틈이 생기지 않게 늘어놓아 평면을 덮는 것을 말합니다.
• 정다각형 중 테셀레이션이 가능한 도형

정삼각형	정사각형	정육각형
60°인 각이 6개 모여 360°	90°인 각이 4개	120°인 각이 3개
한 꼭짓점을 중심으로 60°인 각이 6개 모여 360°가 됩니다.	한 꼭짓점을 중심으로 90°인 각이 4개 모여 360°가 됩니다.	한 꼭짓점을 중심으로 120°인 각이 3개 모여 360°가 됩니다.

❷ 벌집이 정육각형인 이유

정다각형 중 공간을 빈틈없이 채울 수 있는 도형은 정삼각형, 정사각형, 정육각형입니다. 이 중에서 같은 양의 재료로 가장 넓게 집을 지을 수 있는 모양이 정육각형이기 때문에 벌들은 집을 정육각형 모양으로 지은 것입니다.

둘레가 12 cm일 때 도형의 넓이		
정삼각형	정사각형	정육각형
4cm 4cm 4cm 약 6.9cm²	3cm 3cm 3cm 3cm 9cm²	2cm 2cm 2cm 2cm 2cm 2cm 약 10.3cm²

BASIC TEST

[1~4] 모양 조각을 보고 물음에 답하시오.

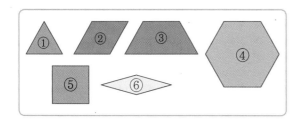

1 모양 조각을 사용하여 평행사변형을 만들어 보시오.

2 한 가지 모양 조각으로 다음 모양을 채우려면 각각의 모양 조각이 몇 개씩 필요합니까?

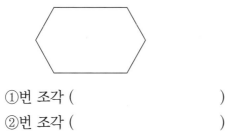

①번 조각 (   )

②번 조각 (   )

3 ▲ 모양 조각을 사용하여 ⬡ 모양을 4개 만들려고 합니다. ▲ 모양 조각은 모두 몇 개 필요합니까?

(   )

4 모양 조각을 사용하여 채워 보시오.

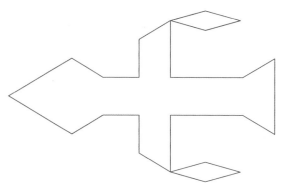

5 정오각형을 겹치지 않게 놓아 평면을 빈틈 없이 채울 수 <u>없는</u> 이유를 설명하시오.

이유 _____

_____

6 다음 중 테셀레이션이 가능한 도형을 찾아 기호를 쓰시오.

ㄱ 원
ㄴ 정팔각형
ㄷ 한 각의 크기가 72°인 마름모

(   )

MATH TOPIC 1

심화유형

정다각형에서 각의 크기 구하기

오른쪽 정팔각형에서 각 ㅅㅁㅂ과 각 ㅁㅅㅂ의 크기의 합은 몇 도 인지 구하시오.

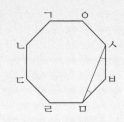

● 생각하기 정다각형의 각의 크기가 모두 같음을 이용하여 한 각의 크기를 구합니다.

● 해결하기 **1단계** 정팔각형의 한 각의 크기 구하기

정팔각형은 오른쪽 그림과 같이 삼각형 6개로 나누어지므로 정팔각형의 모든 각의 크기의 합은 $180° \times 6 = 1080°$이고, 정팔각형의 각의 크기는 모두 같으므로 한 각의 크기는 $1080° \div 8 = 135°$입니다.

2단계 각 ㅅㅁㅂ과 각 ㅁㅅㅂ의 크기의 합 구하기

삼각형 ㅂㅅㅁ의 세 각의 크기의 합은 $180°$이므로
(각 ㅅㅁㅂ)+(각 ㅁㅅㅂ)$= 180° - 135° = 45°$입니다.

답 $45°$

1-1 오른쪽 정육각형에서 각 ㄱㄴㅂ의 크기를 구하시오.

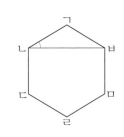

(   )

1-2 오른쪽 정오각형에서 각 ㄱㄷㅁ의 크기를 구하시오.

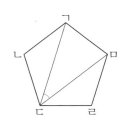

(   )

1-3 오른쪽 그림은 정육각형 모양의 종이를 한 번 접은 것입니다. ㉠의 각도를 구하시오.

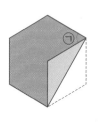

(   )

MATH TOPIC 2

심화유형

대각선의 개수 이용하기

어떤 다각형의 한 꼭짓점에서 그을 수 있는 대각선이 7개일 때, 이 다각형에 그을 수 있는 대각선은 모두 몇 개인지 구하시오.

● **생각하기** ■각형의 한 꼭짓점에서 그을 수 있는 대각선은 (■−3)개입니다.

● **해결하기** **1단계** 한 꼭짓점에서 그을 수 있는 대각선이 7개인 다각형 구하기

다각형의 꼭짓점의 수를 □라 하면 한 꼭짓점에서 그을 수 있는 대각선은 (□−3)개이므로 □−3=7, □=10입니다. 따라서 이 다각형은 십각형입니다.

2단계 대각선의 개수 구하기

십각형에 그을 수 있는 대각선은 (10−3)×10÷2=35(개)입니다.

답 35개

2-1 어떤 다각형의 한 꼭짓점에서 대각선을 그었을 때 생기는 삼각형이 5개일 때, 이 다각형에 그을 수 있는 대각선은 모두 몇 개인지 구하시오.

( )

2-2 준현이는 어떤 다각형에 그을 수 있는 대각선을 모두 그었더니 44개였습니다. 준현이가 그린 다각형의 이름을 쓰시오.

( )

2-3 세영이는 성냥개비로 대각선이 20개인 다각형을 만들려고 합니다. 성냥개비는 적어도 몇 개가 필요합니까?

( )

MATH TOPIC 3

심화유형

대각선의 성질 이용하기

오른쪽 도형은 직사각형 ㄱㄴㄷㄹ에 두 대각선을 그은 것입니다. ㉠의 각도를 구하시오.

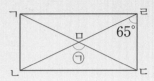

● 생각하기   직사각형의 두 대각선의 길이는 서로 같습니다.

● 해결하기   **1단계** 각 ㄹㅁㄷ의 크기 구하기

직사각형의 두 대각선은 길이가 같고 한 대각선은 다른 대각선을 똑같이 반으로 나누므로 삼각형 ㄹㅁㄷ은 (변 ㅁㄹ)=(변 ㅁㄷ)인 이등변삼각형입니다.

(각 ㅁㄷㄹ)=(각 ㅁㄹㄷ)=65°이므로 (각 ㄹㅁㄷ)=180°-65°-65°=50°입니다.

2단계 ㉠의 각도 구하기

일직선에 놓이는 각의 크기는 180°이므로

㉠=180°-(각 ㄹㅁㄷ)=180°-50°=130°입니다.

답 130°

3-1 오른쪽 도형은 직사각형 ㄱㄴㄷㄹ에 두 대각선을 그은 것입니다. ㉠의 각도를 구하시오.

(   )

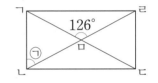

3-2 오른쪽 사각형 ㄱㄴㄷㄹ은 마름모입니다. 선분 ㄱㄴ의 길이가 8 cm이고 각 ㄱㄴㄷ의 크기가 60°일 때, 선분 ㄱㅁ의 길이는 몇 cm입니까?

(   )

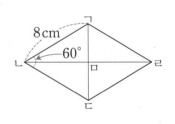

3-3 오른쪽 직사각형 ㄱㄴㄷㄹ에서 한 대각선의 길이가 14 cm일 때, 삼각형 ㄹㅁㄷ의 세 변의 길이의 합은 몇 cm입니까?

(   )

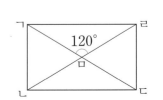

MATH TOPIC 4 심화유형

도형에서 각의 크기 구하기

오른쪽 그림에서 오각형 ㄱㄴㄷㄹㅁ은 정오각형입니다. 변 ㄱㅁ과 변 ㄷㄹ을 직선으로 길게 늘였을 때, 삼각형 ㅁㄹㅂ은 어떤 삼각형입니까?

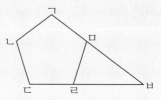

● 생각하기 일직선에 놓이는 각의 크기는 180°입니다.

● 해결하기 **1단계** 각 ㄹㅁㅂ과 각 ㅁㄹㅂ의 크기 구하기
정오각형의 다섯 각의 크기의 합은 540°이고, 한 각의 크기는 540°÷5=108°이므로
(각 ㄹㅁㅂ)=(각 ㅁㄹㅂ)=180°-108°=72°입니다.

2단계 삼각형 ㅁㄹㅂ의 이름 구하기
따라서 삼각형 ㅁㄹㅂ은 두 각의 크기가 같은 이등변삼각형입니다.

답 이등변삼각형

4-1 오른쪽 그림에서 육각형 ㄱㄴㄷㄹㅁㅂ은 정육각형입니다. 변 ㅂㅁ과 변 ㄷㄹ을 직선으로 길게 늘였을 때, 삼각형 ㅁㄹㅅ은 어떤 삼각형입니까?

(   )

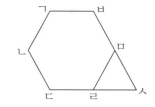

4-2 오른쪽 정육각형에서 ㉠, ㉡, ㉢, ㉣, ㉤, ㉥의 크기의 합은 몇 도인지 구하시오.

(   )

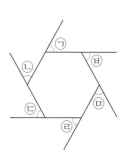

4-3 오른쪽 그림은 정오각형과 정육각형의 한 변을 맞닿게 붙여 놓은 것입니다. 각 ㅁㄱㅊ의 크기를 구하시오.

(   )

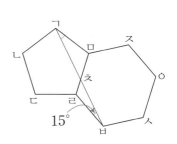

여러 가지 모양 만들기

왼쪽 사다리꼴 모양 조각을 사용하여 오른쪽 직사각형을 만들려고 합니다. 모양 조각은 모두 몇 개 필요합니까?

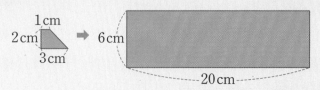

● 생각하기　사다리꼴 모양 조각 2개를 붙여 직사각형 모양 조각으로 만들어 생각합니다.

● 해결하기　**1단계** 직사각형을 만드는 방법 알아보기

사다리꼴 모양 조각 2개로 오른쪽과 같이 가로가 4 cm, 세로가 2 cm인 직사각형을 만들 수 있습니다.

2단계 필요한 모양 조각의 개수 구하기

직사각형 모양 조각을 가로에 20÷4=5(개), 세로에 6÷2=3(개) 놓아야 합니다.

따라서 직사각형 모양 조각은 5×3=15(개) 필요하므로

사다리꼴 모양 조각은 모두 15×2=30(개) 필요합니다.

답 30개

5-1 오른쪽 모양 조각을 사용하여 한 변이 1 m인 정사각형을 만들려고 합니다. 모양 조각은 모두 몇 개 필요합니까?

(　　　　　　　)

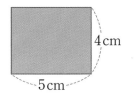

5-2 삼각형 모양 조각을 사용하여 다음과 같이 정사각형을 만들려고 합니다. 한 변이 35 cm 인 정사각형을 만들려면 삼각형 모양 조각은 모두 몇 개 필요합니까?

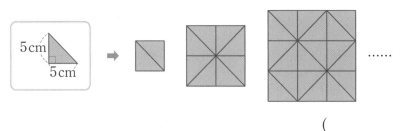

(　　　　　　　)

5-3 오른쪽과 같은 두 가지 모양 조각이 있습니다. 삼각형 모양 조각 24개로 만든 정육각형을 사다리꼴 모양 조각으로 만든다면 사다리꼴 모양 조각은 모두 몇 개 필요합니까?

(　　　　　　　)

다각형을 활용한 교과통합유형

S T E
A M형
■ ● ▲

수학+미술

조각보는 여러 조각의 자투리 천을 이어서 만든 보자기입니다. 은별이는 삼각형과 정사각형 모양의 천 조각을 사용하여 그림과 같은 팔각형 모양의 조각보를 만들려고 합니다. 천 조각을 가장 적게 사용하여 만들려면 삼각형과 정사각형 모양의 천 조각은 각각 몇 개씩 필요합니까?

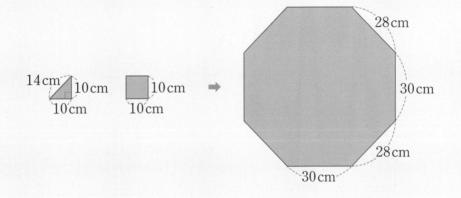

● **생각하기** 천 조각을 가장 적게 사용하려면 정사각형 모양의 천 조각을 더 많이 사용해야 합니다.

● **해결하기** **1단계** 두 가지의 모양 조각을 가장 적게 사용하여 팔각형 모양 만들기

정사각형 모양 조각을 더 많이 사용하여 팔각형 모양을 만들면 오른쪽과 같습니다.

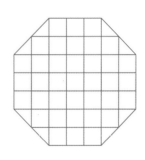

2단계 필요한 천 조각의 수 구하기

천 조각을 가장 적게 사용하려면 삼각형 모양 조각은 ☐ 개,

정사각형 모양 조각은 ☐ 개 필요합니다.

답 삼각형 모양 조각 ☐ 개, 정사각형 모양 조각 ☐ 개

6-1

수학+미술

같은 모양의 조각들을 서로 겹치거나 틈이 생기지 않게 늘어놓아 평면을 덮는 것을 테셀레이션이라 합니다. 대표적인 테셀레이션은 바닥과 벽에 깔린 타일, 모자이크가 있습니다. 재인이는 정다각형으로 테셀레이션을 만들려고 합니다. 다음 중 테셀레이션을 만들 수 있는 도형을 모두 찾아 기호를 쓰시오.

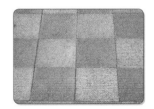

▲ 보도블록

⊙ 정삼각형   ⓒ 정사각형   ⓒ 정오각형   ⓔ 정육각형   ⑩ 정팔각형

(   )

1 십각형의 대각선의 수와 칠각형의 대각선의 수의 차는 얼마입니까?

(   )

2 다음 모양 조각을 겹치지 않게 이어 붙여서 오른쪽과 같은 직사각형을 만들 수 <u>없는</u> 모양 조각은 어느 것입니까?

(   )

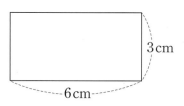

① 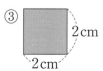 1.5 cm 2 cm

② 1.5 cm 1 cm

③ 2 cm 2 cm

④ 1.2 cm 1 cm

⑤ 1.5 cm 1.5 cm

3 오른쪽과 같은 한 각이 직각인 삼각형 모양 조각을 240개 사용하여 가로가 40 cm, 세로가 24 cm인 직사각형을 만들었습니다. ㉠의 길이는 몇 cm입니까?

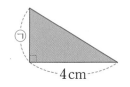

(   )

4 다음은 정사각형, 정삼각형, 정오각형을 겹치지 않게 이어 붙여서 만든 도형입니다. ㉠의 각도를 구하시오.

(   )

수학+역사

STEAM형 5 탑골공원 팔각정은 조선 고종 때 탑골공원을 조성하면서 함께 건립된 *누정으로 황실 음악 연주소로 사용되었다고 합니다. 3·1운동 때에는 학생들과 시민들이 이 팔각정 앞에서 독립선언문을 낭독하고 시위행진을 벌였습니다. 팔각정의 바깥쪽에 있는 8개의 기둥을 끈으로 이으려고 합니다. 서로 이웃하지 않은 두 기둥을 끈 한 개로 잇는다면 끈은 모두 몇 개 필요합니까?

▲ 팔각정

*누정: 누각과 정자의 줄임말

(   )

6 오른쪽 그림에서 사각형 ㄱㄴㄷㄹ은 마름모이고 변 ㄱㅁ과 변 ㅅㅂ, 변 ㄱㅅ과 변 ㅁㅂ은 각각 서로 평행합니다. 사각형 ㄱㅁㅂㅅ의 대각선의 성질을 설명하시오.

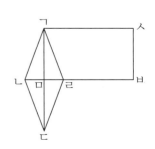

(   )

7 직사각형 모양의 종이를 다음과 같이 접어 정오각형을 만들었습니다. ㉠의 각도를 구하시오.

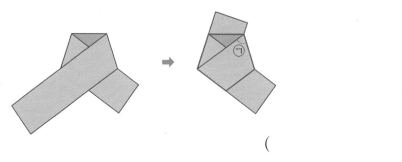

(   )

서술형 **8** 오른쪽과 같은 정오각형 ㄱㄴㄷㄹㅁ에서 각 ㄴㅂㅁ의 크기는 몇 도 인지 풀이 과정을 쓰고 답을 구하시오.

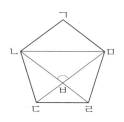

풀이 _____

_____

_____

답 _____

9 오른쪽 도형은 정구각형 안에 정삼각형 ㄱㄴㄷ을 그린 것입니다. ㉠의 각도를 구하시오.

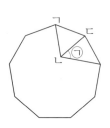

(   )

10 오른쪽 도형에서 표시한 각의 크기의 합을 구하시오.

(   )

경시
기출
문제 **11** 다음 중 보기 의 조각 4개로 만들 수 있는 모양은 모두 몇 개입니까?

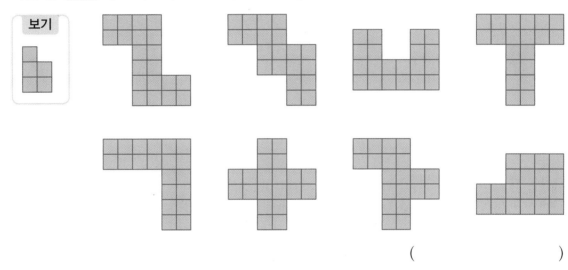

(   )

12 두 변의 길이가 같고 똑같은 크기의 사다리꼴 12개를 다음과 같이 겹치지 않게 이어 붙여서 고리 모양을 만들려고 합니다. ㉠의 각도를 구하시오.

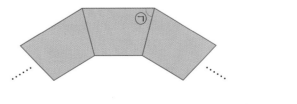

(   )

1 다음 그림에서 오각형 ㄱㄴㄷㄹㅁ은 정오각형이고, 사각형 ㅂㄷㄹㅅ은 정사각형입니다. 각 ㅁㄱㅅ의 크기가 12°일 때, 각 ㄱㅅㅂ의 크기를 구하시오.

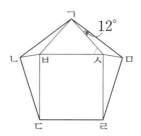

(   )

수학+과학

ST E
AM 형
■●▲ **2** 벌집은 정육각형 모양으로 둘러싸인 구조체입니다. 정육각형 모양으로 지으면 빈틈없이 튼튼하면서 적은 재료로 넓게 지을 수 있다고 합니다. 오른쪽과 같이 생긴 벌집에서 정육각형 한 개의 긴 대각선의 길이의 합이 24 mm일 때, 정육각형 4개를 둘러싼 굵은 선의 길이는 몇 mm입니까?

(   )

3 정오각형의 두 꼭짓점이 평행한 두 직선 가, 나와 만날 때, ㉠의 각도를 구하시오.

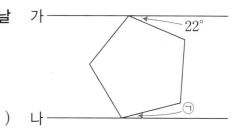

(   )

▶경시
▶기출 **4**
▶문제

정육각형을 ㉮와 같이 두 조각으로 나누고, ㉯와 같이 겹치지 않게 이어 붙였습니다. ㉯ 모양에 ㉮ 조각 한 개를 길이가 같은 변끼리 이어 붙일 때, 만들 수 있는 서로 다른 모양은 모두 몇 개입니까? (단, 돌리거나 뒤집어서 같은 모양은 같은 것으로 봅니다.)

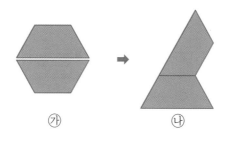

㉮   ㉯

(   )

5 다음 도형에서 표시한 각의 크기의 합을 구하시오.

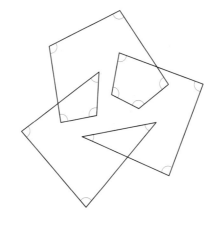

(   )

경시
기출
문제 **6**

다음은 직사각형을 삼각형 2개와 직사각형 1개로 자른 것입니다. 자른 3조각을 모두 이용하여 사각형을 만들려고 합니다. 만들 수 있는 서로 다른 사각형은 모두 몇 개입니까?

(단, 돌리거나 뒤집어서 같은 모양은 하나로 봅니다.)

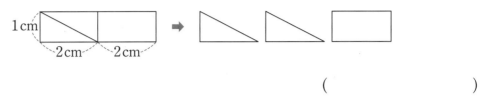

(   )

경시
기출
문제 **7**

보기 와 같은 정육각형 모양의 종이 2장을 각각 선을 따라 잘라 다음과 같은 조각 6개를 만들었습니다. 이 조각들 중 몇 개를 이용하여 오각형을 만들었을 때 조각에 쓰인 수의 합이 7이 되는 방법은 몇 가지입니까? (단, 같은 조각들로 위치만 바꾼 모양은 같은 것이고, 만든 모양이 같더라도 다른 조각을 사용하면 다른 것으로 생각합니다.)

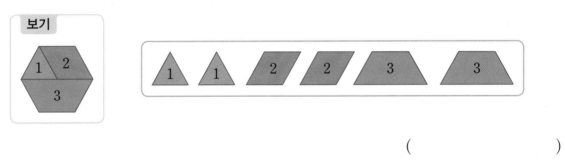

(   )

11 길이가 9 m인 철사를 사용하여 각 변의 길이가 $2\frac{2}{5}$ m인 삼각형을 만들었습니다. 남은 철사의 길이는 몇 m입니까?

( )

12 철솜 $3\frac{4}{8}$ kg이 있습니다. 화분 1개를 만드는 데 $\frac{5}{8}$ kg의 철솜이 필요합니다. 만들 수 있는 화분은 모두 몇 개이고, 남은 철솜은 몇 kg입니까?

( ), ( )

13 수 카드를 한 번씩 사용하여 분모가 9인 가장 작은 대분수와 가장 큰 진분수를 만들려고 합니다. 두 분수의 차를 구하시오.

9 4 2 8 9

( )

14 □ 안에 알맞은 자연수를 구하시오.

$$5\frac{3}{7} - 3\frac{5}{7} < 1\frac{\square}{7} < 2$$

( )

15 한 개의 길이가 7 m인 색 테이프 3개를 $2\frac{4}{5}$ m씩 겹쳐서 이어 붙이면 색 테이프의 전체 길이는 몇 m가 됩니까?

( )

16 하루에 $2\frac{1}{4}$분씩 늦어지는 시계가 있습니다. 어느 달 5일 오전 10시에 이 시계를 정확한 시각으로 맞추었다면, 같은 달 10일 오전 10시에 이 시계가 가리키는 시각은 몇 시 몇 분 몇 초입니까?

( )

17 민주는 자전거로 한 시간에 $15\frac{3}{6}$ km를 간다고 합니다. 같은 빠르기로 3시간 20분 동안 간다면 민주가 자전거로 간 거리는 몇 km입니까?

( )

18 진호는 가지고 있던 철사를 같은 길이로 나누어 하나로는 크기가 같은 별 모양 6개를 만들고, 다른 하나로는 크기가 같은 정사각형 모양 3개를 만들었습니다. 별 모양 1개를 만드는 데 사용한 철사의 길이가 $\frac{6}{8}$ m일 때, 정사각형 모양의 한 변의 길이는 몇 m인지 구하시오. (단, 철사는 모두 사용하였습니다.)

( )

19 서술형 다음은 규칙에 따라 뛰어 센 것입니다. ㉠, ㉡에 알맞은 분수의 합은 얼마인지 풀이 과정을 쓰고 답을 구하시오.

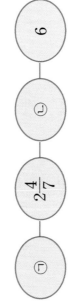

㉠ — $2\frac{4}{7}$ — ㉡ — 6

풀이

답

20 서술형 기차의 길이는 $54\frac{8}{9}$ m이고, 터널의 길이는 480 m입니다. 기차가 일정한 빠르기로 터널 입구를 지나 터널 안쪽의 $\frac{7}{10}$인 지점에 있을 때 터널 입구에서 기차의 가지의 부분까지의 거리는 몇 m인지 풀이 과정을 쓰고 답을 구하시오.

풀이

답

교내 경시 1단원 | 분수의 덧셈과 뺄셈

이름 | 점수

01 사과나무의 높이는 $1\frac{7}{9}$ m이고, 감나무의 높이는 $2\frac{5}{9}$ m 입니다. 어느 나무가 몇 m 더 높습니까?

( ), ( )

02 1부터 9까지의 수 중에서 □ 안에 들어갈 수 있는 수를 모두 쓰시오.

$$\frac{5}{9} + \frac{\square}{9} < 1$$

( )

03 □ 안에 알맞은 분수를 구하시오.

$$2\frac{13}{17} + 5\frac{5}{17} = 3\frac{2}{17} + \square$$

( )

04 다음 식을 만족하는 자연수 ㉠과 ㉡의 합을 구하시오.

$$3 = \frac{㉠}{5} + \frac{㉡}{5}$$

( )

05 계산 결과가 가장 작은 뺄셈식을 만들고, 그 계산 결과를 구하시오.

$$4\frac{\square}{5} - 3\frac{\square}{5}$$

( )

06 분모가 13인 진분수 중 합이 $\frac{10}{13}$ 이고, 차가 $\frac{4}{13}$ 인 두 진분수를 구하시오.

( )

07 3 m의 높이에서 공을 떨어뜨릴 때, ㉠ 공은 2 m 튀어 올랐고, ㉡ 공은 $\frac{5}{7}$ m 튀어 올랐습니다. ㉠ 공은 ㉡ 공 보다 몇 m 더 튀어 올랐습니까?

( )

08 ㉠에서 ㉣까지의 거리는 몇 km입니까?

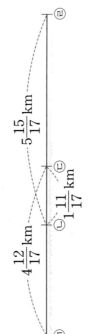

$4\frac{12}{17}$ km $5\frac{15}{17}$ km $1\frac{11}{17}$ km

( )

09 길이가 $\frac{7}{8}$ m, $3\frac{5}{8}$ m인 두 끈을 이어 묶어서 끈의 길이를 재어 보았더니 $3\frac{1}{8}$ m였습니다. 끈을 묶는 데 매듭으로 사용된 길이는 몇 m입니까?

( )

10 어떤 수에서 $4\frac{8}{13}$ 을 빼야 하는 데 잘못하여 더했더니 $11\frac{5}{13}$ 가 되었습니다. 바르게 계산한 값을 구하시오.

( )

01 삼각형의 두 각의 크기를 나타낸 것입니다. 예각삼각형을 찾아 기호를 쓰시오.

ㄱ 30°, 55°　　ㄴ 40°, 70°
ㄷ 35°, 40°　　ㄹ 35°, 50°

02 길이가 78 cm인 끈으로 만들 수 있는 가장 큰 정삼각형의 한 변의 길이는 몇 cm입니까?

03 □ 안에 알맞은 수를 써넣으시오.

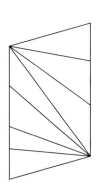

04 그림은 직사각형 모양의 종이에 선을 그어 삼각형을 만든 것입니다. 예각삼각형의 개수와 둔각삼각형의 개수의 차는 몇 개입니까?

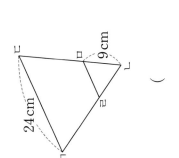

05 이등변삼각형과 정삼각형을 겹치지 않게 이어 붙여 만든 도형입니다. 이 도형의 둘레의 길이는 몇 cm입니까?

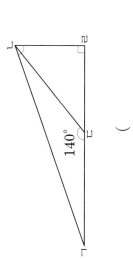

06 다음 중 바르게 설명한 것을 찾아 기호를 쓰시오.

ㄱ 이등변삼각형은 둔각삼각형입니다.
ㄴ 직각삼각형은 둔각삼각형입니다.
ㄷ 정삼각형은 이등변삼각형입니다.
ㄹ 예각삼각형은 정삼각형입니다.

07 그림에서 크고 작은 정삼각형은 모두 몇 개입니까?

08 길이가 84 cm인 색 테이프를 겹치지 않게 사용하여 한 변의 길이가 5 cm인 정삼각형을 만들려고 합니다. 정삼각형을 몇 개까지 만들 수 있습니까?

09 그림에서 찾을 수 있는 크고 작은 둔각삼각형은 모두 몇 개입니까?

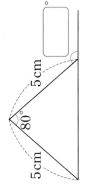

10 정삼각형 2개를 겹쳐 놓았습니다. 사각형 ㄱㄹㅁㄷ의 둘레의 길이는 몇 cm인지 구하시오.

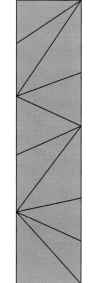

11 그림에서 변 ㄱㄷ과 변 ㄴㄷ의 길이가 같을 때, 각 ㄱㄴㄹ의 크기를 구하시오.

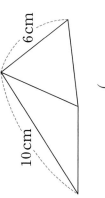

최상위
수학 | 교내 경시 **2단원**

12 하연이는 둘레가 21 cm인 이등변삼각형을 만들려고 합니다. 하연이가 만들 수 있는 이등변삼각형은 모두 몇 가지입니까? (단, 삼각형의 세 변은 모두 자연수입니다.)

( )

13 그림에서 삼각형 ㄱㄴㄷ은 정삼각형이고, 삼각형 ㄱㄷㄹ은 변 ㄱㄷ과 변 ㄹㄷ의 길이가 같은 이등변삼각형입니다. 삼각형 ㄱㄴㄷ과 삼각형 ㄱㄷㄹ의 둘레의 합이 40 cm일 때, 변 ㄱㄹ의 길이는 몇 cm입니까?

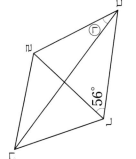

( )

14 삼각형 ㄱㄴㄷ은 변 ㄱㄴ과 변 ㄱㄷ의 길이가 같고, 삼각형 ㄷㄹㅁ은 변 ㄷㄹ과 변 ㄹㅁ의 길이가 같습니다. 각 ㄱㄷㅁ의 크기는 몇 도입니까?

( )

15 오른쪽은 크기가 같은 정삼각형 6개를 붙여서 만든 도형입니다. 이 도형의 둘레가 54 cm일 때 정삼각형 한 개의 세 변의 길이의 합은 몇 cm입니까?

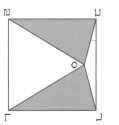

( )

16 직각삼각형 모양의 종이를 다음과 같이 접었을 때, ㉠의 각도를 구하시오.

( )

17 삼각형 ㄹㄴㄷ은 변 ㄹㄴ과 변 ㄹㄷ의 길이가 같습니다. 삼각형 ㄱㄴㄹ이 정삼각형일 때, ㉠의 각도를 구하시오.

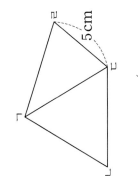

( )

18 사각형 ㄱㄴㄷㄹ은 정사각형이고, 삼각형 ㄱㄴㅇ과 삼각형 ㄹㄷㅇ은 이등변삼각형입니다. 각 ㅇㄷㄴ의 크기를 구하시오.

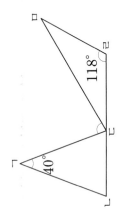

( )

19 서술형. 오른쪽은 정삼각형의 각 변의 한 가운데 점을 이어 정삼각형을 만든 것입니다. 가장 큰 정삼각형의 한 변이 16 cm일 때, 가장 작은 정삼각형의 둘레의 길이는 몇 cm인지 풀이 과정을 쓰고 답을 구하시오.

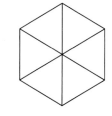

풀이

답

20 서술형. 사각형 ㄱㄴㄷㄹ은 정사각형이고, 삼각형 ㄱㄴㄷ은 변 ㄱㄴ과 변 ㄱㄷ의 길이가 같습니다. ㉠의 각도는 몇 도인지 풀이 과정을 쓰고 답을 구하시오.

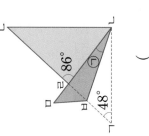

풀이

답

교내 경시 3단원 | 소수의 덧셈과 뺄셈

이름   점수

01 어느 아파트 한 층의 높이는 3 m입니다. 20층까지의 높이는 몇 km인지 소수로 나타내시오.

(   )

02 □ 안에 알맞은 수를 써넣으시오.

$$10.17 - \boxed{} = 3.614$$

03 다음 수에서 소수 둘째 자리 숫자가 나타내는 수는 얼마입니까?

1이 7개, 0.1이 43개, 0.01이 59개인 수

(   )

04 집에서 문구점을 거쳐 학교로 가는 것은 집에서 학교로 바로 가는 것보다 몇 km 더 멉니까?

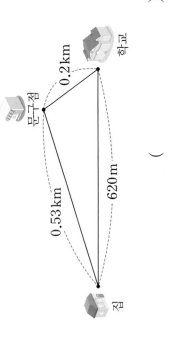

(   )

05 수직선에서 ㉠의 10배인 수와 ㉡의 $\frac{1}{10}$인 수를 각각 구하시오.

7.6 7.7 7.8 7.9 8.0

㉠의 10배인 수 (   )

㉡의 $\frac{1}{10}$인 수 (   )

06 수 카드를 한 번씩만 사용하여 셋째로 큰 소수 세 자리 수를 만들었을 때 숫자 1이 나타내는 수는 얼마입니까?

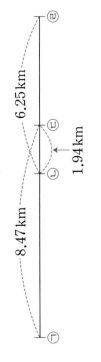

5 8 1 3

(   )

07 다음 조건을 모두 만족하는 소수 세 자리 수를 구하시오.

㉠ 10보다 크고 11보다 작습니다.
㉡ 소수 첫째 자리 수는 0입니다.
㉢ 소수 둘째 자리 수는 소수 첫째 자리 수보다 7 큽니다.
㉣ 소수 셋째 자리 수는 소수 둘째 자리 수보다 3 작습니다.

(   )

08 ㉠에서 ㉣까지의 거리는 몇 km입니까?

8.47 km
6.25 km
1.94 km

(   )

09 선희의 몸무게는 36.57 kg이고, 경주의 몸무게는 선희보다 4.63 kg 더 가볍습니다. 두 사람의 몸무게의 합은 몇 kg입니까?

(   )

10 천의 자리 수가 4, 백의 자리 수가 9, 십의 자리 수가 0, 일의 자리 수가 1인 소수 한 자리 수 중에서 4901.7보다 큰 수는 모두 몇 개입니까?

(   )

16 □ 안에 알맞은 수는 얼마입니까?

10이 8개, 1이 4개, 0.1이 □개, 0.01이 37개, 0.001
이 5개인 수는 85.975입니다.

( )

17 수 카드를 모두 한 번씩 사용하여 오른쪽 뺄셈식을 완성
하시오.

5 2 4 7 6

```
   □ . □ □
 -   1 . □
   5 . 9 2
```

18 어떤 소수와 그 소수를 10배 한 수의 차가 76.158일
때 어떤 소수를 구하시오.

( )

19 4.86보다 크고 4.9보다 작은 소수 세 자리 수 중에서
소수 셋째 자리 수가 3인 수들의 합은 얼마인지 풀이 과
정을 쓰고 답을 구하시오.

풀이

답

20 어떤 수에서 3.15를 뺀 후 5.05를 더해야 할 것을 잘못
하여 어떤 수에 3.15를 더한 후 5.05를 뺐더니 9.57가
되었습니다. 바르게 계산한 값과 잘못 계산한 값의 차는
얼마인지 풀이 과정을 쓰고 답을 구하시오.

풀이

답

---

11 도형의 둘레의 길이는 몇 m입니까?

1.17 m

0.945 m

2.89 m

( )

12 한 변의 길이가 4.5 m인 정사각형 모양의 밭이 있습니
다. 이 밭의 가로를 0.75 m 늘이고, 세로를 1.15 m 줄
여서 직사각형 모양의 밭으로 바꾸었습니다. 직사각형
모양 밭의 가로와 세로 길이의 차는 몇 m입니까?

( )

13 어떤 수의 10배는 43.7입니다. 어떤 수를 $\frac{1}{10}$ 한 수의
소수 첫째 자리 숫자는 무엇입니까?

( )

14 소수 세 자리 수를 크기가 큰 것부터 차례로 쓴 것입니다.
□ 안에 알맞은 수를 써넣으시오. (단, □는 한 자리 수
입니다.)

□.398 > 8.40□ > 8.4□8

15 수 카드를 한 번씩 모두 사용하여 만들 수 있는 둘째로
큰 소수 두 자리 수와 셋째로 작은 소수 세 자리 수의 차
를 구하시오.

7 9 2 5

( )

01 수선도 있고 평행선도 있는 글자는 모두 몇 개입니까?

ㅁ ㄷ ㅊ ㄴ ㅂ ㅋ

( )

02 그림에서 서로 수직인 직선은 모두 몇 쌍 있습니까?

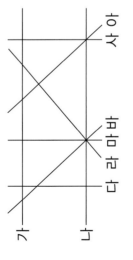

가
나
다 라 마 바 사 아

( )

03 사각형의 포함 관계를 나타낸 것입니다. ㉠~㉣에 알맞은 도형을 보기 에서 찾아 쓰시오.

보기
정사각형
평행사변형
마름모
사다리꼴

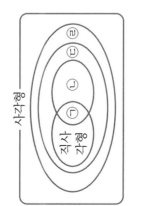

㉠( ), ㉡( )
㉢( ), ㉣( )

04 사각형 ㄱㄴㄷㄹ은 마름모입니다. ㉠의 각도는 몇 도입니까?

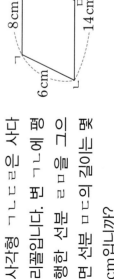

130°

( )

05 사각형 ㄱㄴㄷㄹ은 사다리꼴입니다. 변 ㄱㄴ에 평행한 선분 ㄹㅁ을 그어 면 선분 ㅁㄷ의 길이는 몇 cm입니까?

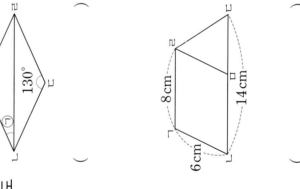

8cm
6cm
14cm

( )

06 사각형 ㄱㄴㄷㄹ은 평행사변형입니다. 네 변의 길이의 합은 몇 cm입니까?

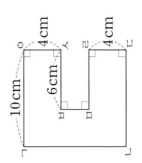

8cm

( )

07 직선 가와 직선 나는 서로 평행합니다. ㉠의 각도는 몇 도입니까?

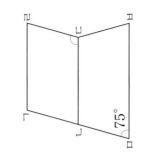

가
80°
㉠
45°
나

( )

08 오른쪽 도형에서 변 ㄱㅇ과 변 ㄴㄷ의 평행선 사이의 거리는 11 cm입니다. 변 ㅂㅁ의 길이는 몇 cm입니까?

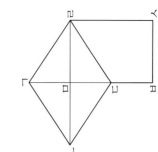

10cm
4cm
6cm
4cm

( )

09 오른쪽 도형은 평행사변형과 사다리꼴을 겹치지 않게 이어 붙여 놓은 것입니다. 변 ㄱㄴ과 변 ㄴㅁ이 일직선을 이룰 때, 각 ㄴㄷㄹ의 크기를 구하시오.

75°

( )

10 오른쪽 사각형 ㄱㄴㄷㄹ은 마름모이고 선분 ㄴㄷ과 선분 ㅂㅅ, 선분 ㅁㅂ과 선분 ㄹㅅ이 각각 서로 평행합니다. 사각형 ㅁㅂㅅㄷ을 잘못 설명한 것을 찾아 기호를 쓰시오.

㉠ 마주 보는 두 변의 길이가 같습니다.
㉡ 마주 보는 두 쌍의 변이 서로 평행합니다.
㉢ 네 각의 크기가 모두 같습니다.
㉣ 네 변의 길이가 모두 같습니다.

( )

11 오른쪽 도형에서 크고 작은 사다리꼴은 모두 몇 개입니까?

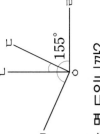

( )

12 오른쪽 그림은 평행사변형 모양의 색종이를 접은 것입니다. ㉠의 각도를 구하시오.

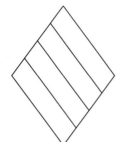

( )

13 오른쪽 도형은 평행사변형과 마름모를 겹치지 않게 이어 붙인 것입니다. 이 도형의 둘레가 42 cm 일 때, 변 ㄱㄴ의 길이는 몇 cm입니까?

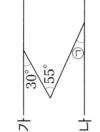

( )

14 오른쪽 그림에서 선분 ㅁㅇ은 직선 ㄷㄹ에 대한 수선입니다. ㉠과 ㉡의 각도의 차를 구하시오.

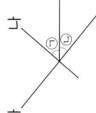

( )

15 사각형 ㄱㄴㄷㄹ은 마름모이고, 삼각형 ㄱㅁㄹ은 정삼각형입니다. ㉠의 각도를 구하시오.

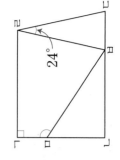

( )

---

16 그림에서 선분 ㅇㄱ은 선분 ㅇㄷ에 대한 수선이고, 선분 ㅇㄴ은 선분 ㅇㄹ에 대한 수선입니다. 각 ㄱㅇㄷ의 크기가 155°일 때, 각 ㄴㅇㄷ의 크기는 몇 도입니까?

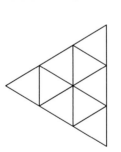

( )

17 오른쪽 도형은 마름모를 크기가 같은 4개의 평행사변형으로 나눈 것입니다. 평행사변형 한 개의 둘레가 20 cm 일 때, 마름모의 네 변의 길이의 합은 몇 cm입니까?

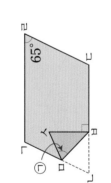

( )

18 오른쪽 그림에서 직선 가와 직선 나는 서로 평행합니다. ㉠의 각도를 구하시오.

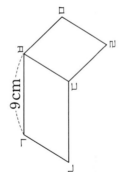

( )

19 서술형 오른쪽 그림에서 직선 가와 직선 나는 서로 수직입니다. ㉠과 ㉡의 각도의 차가 10°일 때, ㉠과 ㉡의 각도는 각각 몇 도인지 풀이 과정을 쓰고 답을 구하시오. (단, ㉠>㉡입니다.)

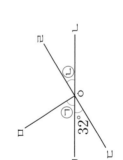

풀이

답 ㉠ , ㉡

20 서술형 사각형 ㄱㄴㄷㄹ은 사다리꼴입니다. 변 ㅁㅂㄹ과 변 ㄷㄹㄹ의 길이가 같고, 각 ㅁㅂㄹㄹ의 크기가 각 ㄴㅁㄹ의 크기의 2배일 때, 각 ㄱㅁㅂ의 크기는 몇 도인지 풀이 과정을 쓰고 답을 구하시오.

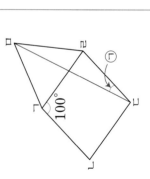

풀이

답

[01~02] 어느 날 학교 운동장의 기온을 조사하여 나타낸 꺾은선그래프입니다. 물음에 답하시오.

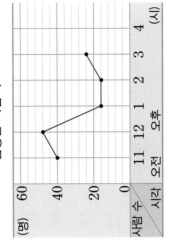

운동장의 기온

01 오전 11시 15분에 운동장의 기온은 약 몇 ℃입니까?
( )

02 운동장의 기온이 약 12℃인 시각을 구하시오.
( )

[03~05] 어느 도시의 기온과 수온을 조사하여 나타낸 표입니다. 물음에 답하시오.

기온과 수온

시각(시)	오전10	오전11	낮12	오후1	오후2
기온(℃)	5			15	18
수온(℃)	6		10	13	14

03 오전 11시의 기온은 낮 12시의 기온보다 4℃ 더 낮고, 오전 11시의 수온은 오전 11시의 기온보다 1℃ 더 높습니다. 오전 11시의 기온과 수온은 각각 몇 ℃입니까?

기온 ( ), 수온 ( )

04 표를 보고 기온은 실선으로, 수온은 점선으로 하여 꺾은선그래프를 완성하시오.

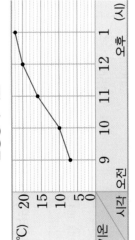

기온과 수온

05 오전 10시부터 오후 2시까지 변화의 차가 더 큰 것은 기온과 수온 중 무엇입니까?
( )

[06~08] 어느 박물관에 입장한 사람의 수를 조사하여 나타낸 꺾은선그래프입니다. 물음에 답하시오.

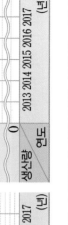

입장한 사람 수

06 이 박물관에 오전 11시부터 오후 3시까지 입장한 사람은 모두 몇 명입니까?
( )

07 박물관 입장료가 한 사람당 300원이라면 오전 11시부터 오후 1시까지 받은 입장료는 모두 얼마입니까?
( )

08 오후 4시에는 오전 11시에 입장한 사람 수의 반만큼 입장하였습니다. 오후 4시에 입장한 사람은 몇 명입니까?
( )

[09~10] 태훈이네 밭에서 캔 고구마 생산량을 조사하여 나타낸 꺾은선그래프입니다. 물음에 답하시오.

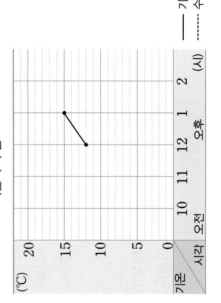

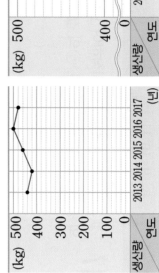

고구마 생산량

09 왼쪽 꺾은선그래프를 오른쪽에 물결선을 사용한 꺾은선 그래프로 나타내시오.

10 왼쪽 꺾은선그래프의 세로 눈금 한 칸의 크기를 5 kg으로 하여 그래프를 다시 그리면 2016년과 2017년의 생산량의 차를 나타내는 세로 눈금은 몇 칸입니까?
( )

[11~14] 수연이의 국어와 수학 점수를 조사하여 나타낸 꺾은선그래프입니다. 물음에 답하시오.

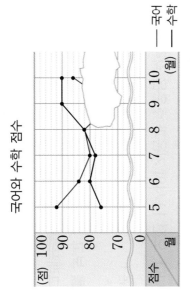

국어와 수학 점수

— 국어
— 수학

11 5월부터 10월까지 수학 점수의 합은 몇 점입니까?

( )

12 5월부터 10월까지 국어 점수의 합이 496점일 때, 9월의 국어 점수는 몇 점입니까?

( )

13 국어와 수학 중에서 점수의 변화가 더 큰 과목은 무엇입니까?

( )

14 국어와 수학의 점수 차이가 가장 큰 때는 몇 월이고, 몇 점 차이가 납니까?

( ), ( )

[15~16] 어느 지역의 토마토 생산량을 나타낸 표입니다. 물음에 답하시오.

토마토 생산량

연도(년)	2013	2014	2015	2016	2017
생산량(kg)	㉠	1800	2400	3200	㉡

토마토 생산량

토마토 판매량

15 어느 지역의 2013년부터 2017년까지 토마토 생산량이 12500 kg이고, ㉡이 ㉠의 2배일 때, 왼쪽에 꺾은선그래프로 나타내시오.

16 2013년부터 2017년까지 이 지역의 토마토 중 팔리지 않고 남은 토마토가 가장 많았던 때는 언제입니까?

( )

[17~19] 두 지역이 8월부터 시작하여 12월까지의 누적 강우량을 나타낸 꺾은선그래프입니다. 물음에 답하시오.

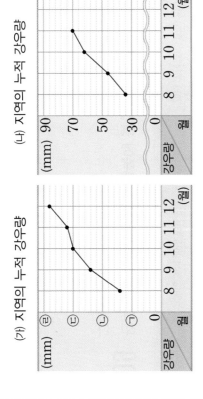

(가) 지역의 누적 강우량

(나) 지역의 누적 강우량

17 (가) 그래프에서 8월부터 시작하여 12월까지 5개월 동안의 강우량이 57 mm일 때, ㉠의 값을 구하시오.

( )

18 (나) 그래프에서 5개월 동안의 강우량이 74 mm입니다. 12월의 강우량은 몇 mm입니까?

( )

19 강우량이 가장 많았던 달과 가장 적었던 달의 강우량의 차가 더 큰 지역은 어디이고, 그 차는 몇 mm인지 풀이 과정을 쓰고 답을 구하시오.

풀이

답

20 도현이네 초등학교 4학년 학생들이 1학년 때부터 몸무게와 100 m 달리기 기록의 변화를 나타낸 꺾은선그래프입니다. 그래프를 보고 알 수 있는 사실을 한 가지 쓰고, 4학년 학생들이 5학년이 되었을 때의 몸무게와 100 m 달리기 기록의 변화를 예상하여 설명하시오.

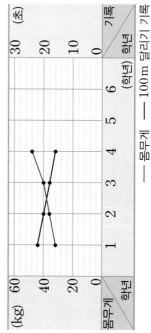

몸무게와 100 m 달리기 기록

— 몸무게 — 100m 달리기 기록

설명

교내 경시 6단원 다각형

이름

점수

01 오른쪽 도형은 직사각형입니다. 삼각형 ㄴㅁㄷ의 세 변의 길이의 합은 몇 cm입니까?

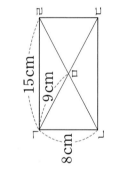

15cm / 9cm / 8cm

02 주어진 모양 조각을 여러 번 사용하여 다음 도형을 만들어 보시오.

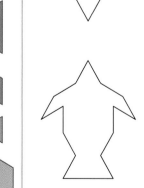

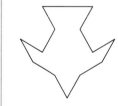

03 길이가 50 cm인 철사로 오른쪽과 같은 정팔각형을 만들었습니다. 정팔각형을 만들고 남은 철사의 길이는 몇 cm입니까? (단, 겹치는 부분은 없습니다.)

5cm

04 오른쪽과 같은 길이가 한 변의 길이가 같은 정오각형과 정육각형을 겹치지 않게 이어 붙였습니다. ㉠의 각도는 몇 도입니까?

05 다음과 같은 두 가지 모양 조각이 있습니다. 사다리꼴 모양 조각은 정육각형과 정삼각형 모양 조각으로 만든 정육각형을 삼각형 모양 조각으로 만든다면 삼각형 모양 조각은 모두 몇 개 필요합니까?

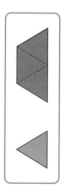

06 세 도형에 각각 그을 수 있는 대각선의 개수의 합은 몇 개인지 구하시오.

정삼각형 사다리꼴 정사각형

정육각형

07 오른쪽 도형은 네 변의 길이의 합이 62 cm인 평행사변형 ㄱㄴㅅㅈ과 정오각형 ㄷㄹㅁㅂㅅ을 겹치지 않게 이어 붙인 것입니다. 이 도형의 둘레의 길이는 몇 cm입니까?

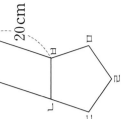

20cm

08 오른쪽은 직사각형 ㄱㄴㄷㄹ의 두 대각선을 그은 것입니다. ㉠의 각도는 몇 도입니까?

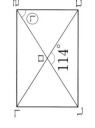

114°

09 정다각형을 겹치지 않게 빈틈없이 놓아 평면을 만들려고 합니다. 다음 중 평면을 빈틈없이 채우려 가득한 도형을 찾아 기호를 쓰시오.

㉠ 정육각형 ㉡ 정팔각형
㉢ 정삼각형 ㉣ 정십이각형

10 오른쪽과 같이 반지름이 5 cm인 원 위의 점 6개를 이어 정육각형을 그렸습니다. 정육각형의 모든 변의 길이의 합은 몇 cm입니까?

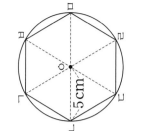

5cm

11 오른쪽은 정팔각형 모양의 종이를 접은 것입니다. ㉠의 각도를 구하시오.

12 희영이가 그린 다각형에 대각선을 그었더니 모두 27개였습니다. 희영이가 그린 다각형의 변의 개수는 모두 몇 개입니까?

13 오른쪽은 정오각형 2개와 마름모 1개를 이어 붙여 만든 것입니다. ㉠의 각도는 몇 도입니까?

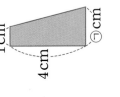

14 오른쪽 모양 조각을 사용하여 한 변이 1 m인 정사각형을 만들려고 합니다. 모양 조각은 모두 몇 개 필요합니까?

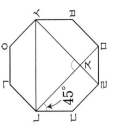
2.5 cm
4 cm

15 오른쪽은 정육각형 ㄱㄴㄷㄹㅁㅂ 안에 선분 ㄴㅁ, 선분 ㅂㅇ을 그은 것입니다. ㉡-㉠의 각도는 몇 도입니까?

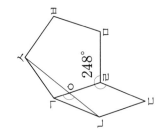

16 직각삼각형 모양 조각을 사용하여 다음과 같이 새로운 정사각형을 계속 만들려고 합니다. 한 변이 45 cm인 정사각형을 만드는 데 필요한 모양 조각의 개수는 한 변이 24 cm인 정사각형을 만드는 데 필요한 모양 조각의 개수보다 몇 개 더 많습니까?

3 cm
3 cm

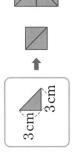

17 오른쪽 정팔각형 ㄱㄴㄷㄹㅁㅂㅅㅇ에서 각 ㄴㅈㅊ의 크기는 몇 도입니까?

45°

18 오른쪽과 같은 사다리꼴 모양 조각을 240개 사용하여 가로가 30 cm, 세로가 48 cm인 직사각형을 만들었습니다. ㉠에 알맞은 수를 구하시오.

1 cm
4 cm
㉠ cm

19 서술형
오른쪽은 마름모 ㄱㄴㄷㄹ과 정오각형 ㄱㅁㅂㅅㅇ을 겹치지 않게 이어 붙인 것입니다. 각 ㄴㄱㅇ의 크기는 몇 도인지 풀이 과정을 쓰고 답을 구하시오.

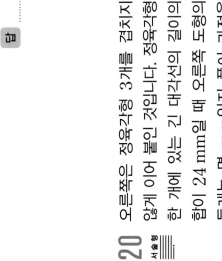
248°

풀이

답

20 서술형
오른쪽은 정육각형 3개를 겹치지 않게 이어 붙인 것입니다. 정육각형 한 개에 있는 긴 대각선의 길이가 24 mm일 때 오른쪽 도형의 둘레는 몇 mm인지 풀이 과정을 쓰고 답을 구하시오.

풀이

답

최상위 수학

수능형 사고력을 기르는 2학기 TEST—1회

점수 ___
이름 ___

01 1이 7개, 0.1이 13개, 0.01이 15개인 수의 $\frac{1}{10}$ 인 수에서 소수 둘째 자리 숫자를 구하시오.

02 오른쪽 그림에서 찾을 수 있는 크고 작은 예각삼각형의 개수와 둔각삼각형의 개수의 합은 몇 개입니까?

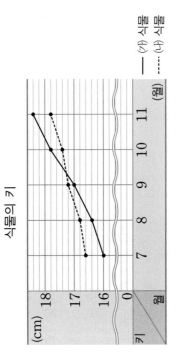

03 기호 ◎를 다음과 같이 약속할 때, $5\frac{8}{11}$ ◎ $2\frac{9}{11}$ 를 구하시오.

㉮◎㉯ $= 1\frac{5}{11} +$ ㉮ $-$ ㉯

04 오른쪽 도형에서 가장 긴 평행선 사이의 거리는 몇 cm입니까?

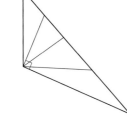

11 cm
8 cm
4 cm
5 cm
3 cm
9 cm

05 칠각형의 대각선의 개수와 십일각형의 대각선의 개수의 차는 몇 개입니까?

06 어떤 수에서 $3\frac{7}{9}$ 을 빼야 할 것을 잘못하여 자연수 부분과 분자를 바꾸어서 빼더니 $4\frac{8}{9}$ 이 되었습니다. 바르게 계산하면 얼마입니까?

07 수진이네 집에서 키우는 식물의 키를 매달 조사하여 나타낸 꺾은선그래프입니다. (나) 식물의 키가 (가) 식물의 키보다 0.6 cm 작은 어느 달의 두 식물의 키의 합은 몇 cm입니까?

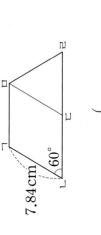

식물의 키

(cm)					
18					
17					
16					
0	7	8	9	10	11 (월)

키 ┃ 월

— (가) 식물
---- (나) 식물

08 오른쪽 직사각형의 둘레와 길이가 같은 정삼각형의 한 변의 길이는 몇 cm입니까?

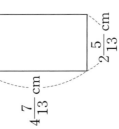

$4\frac{7}{13}$ cm
$2\frac{5}{13}$ cm

09 오른쪽 도형은 평행사변형과 사다리꼴을 겹치지 않게 이어 붙인 다음 선분 ㅁㅂ을 그은 것입니다. 각 ㅁㅂㄹ의 크기는 몇 도입니까?

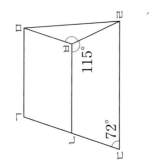

115°
72°

10 한 개의 길이가 2.83 m인 색 테이프 3개를 일정하게 겹쳐서 이어 붙였더니 전체 길이가 7.63 m가 되었습니다. 겹쳐진 한 곳의 길이는 몇 m입니까?

11 도형은 마름모 ㄱㄴㄷㄹ과 이등변삼각형 ㅁㄷㄹ을 겹치지 않게 이어 붙여 놓은 것입니다. 이 도형의 둘레의 길이는 몇 cm입니까?

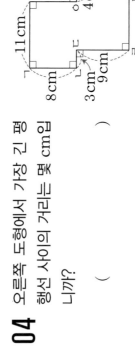

7.84 cm
60°

최상위 수학 | 수능형 사고력을 기르는 2학기 TEST

12 어느 과수원의 연도별 포도 판매량을 나타낸 꺾은선그 래프입니다. 매년 포도 한 상자를 25000원씩 받고 팔 았다면 포도를 팔아서 받은 돈이 지난 해보다 가장 많이 늘어난 해는 언제이고, 얼마나 늘었습니까?

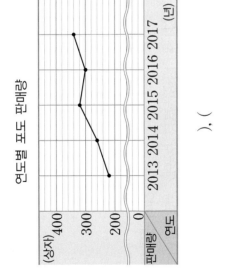

연도별 포도 판매량
(상자) 400 300 200 0
판매량 / 연도 2013 2014 2015 2016 2017 (년)

( ), ( )

13 6장의 수 카드를 모두 한 번씩만 사용하여 차가 가장 작 은 대분수의 뺄셈식의 계산 결과를 구하시오. (단, 두 대 분수의 분모는 8입니다.)

8 6 1 8 4 7

( )

14 오른쪽 정육각형 ㄱㄴㄷㄹㅁㅂ에 서 각 ㄱㅅㄴ의 크기는 몇 도입 니까?

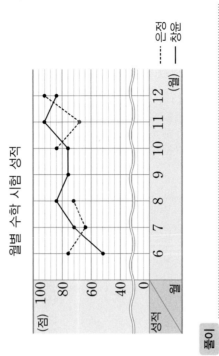

( )

15 오른쪽 그림과 같이 이등변삼각형 모 양의 종이를 접었습니다. ㉠의 각도 는 몇 도입니까?

44° 71°

( )

16 오른쪽은 정오각형 ㄱㄴㄷㄹㅁ 에 변 ㄱㄴ의 길이가 정오각형 의 한 변의 길이와 같은 삼각형 ㄱㅁㅂ을 겹치지 않게 이어 붙 인 것입니다. 각 ㄱㅅㅂ의 크기 는 몇 도입니까?

183°

( )

17 오른쪽 모양은 한 변이 3 cm인 정 사각형 4개를 겹치지 않게 이어 붙 여 만든 것입니다. 이 모양을 여러 개 사용하여 셋째로 작은 정사각형 을 만들려고 합니다. 셋째로 작은 정사각형의 한 변의 길이와 필요한 정사각형의 개수를 차례로 구하시오.

( ), ( )

18 호박, 배추, 무의 무게를 재었더니 호박과 배추의 무게의 합은 5.81 kg, 배추와 무의 무게의 합은 5.14 kg, 무와 호박의 무게의 합은 6.47 kg이었습니다. 무의 무게는 배추의 무게보다 몇 kg 더 무겁습니까?

( )

19 서술형
은정이와 창운이의 월별 수학 시험 성적을 나타낸 꺾은 선그래프입니다. 6월부터 12월까지 두 사람의 수학 성 적의 합이 1076점입니다. 9월의 수학 성적은 누가 몇 점이 높은지 풀이 과정을 쓰고 답을 구하시오.

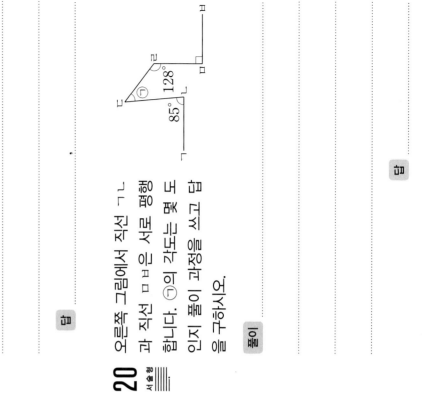

월별 수학 시험 성적
(점) 100 80 60 40 0
성적 / 월 6 7 8 9 10 11 12 (월)
----- 은정   — 창운

풀이

답

20 서술형
오른쪽 그림에서 직선 ㄱㄴ 과 직선 ㅁㅂ은 서로 평행 합니다. ㉠의 각도는 몇 도 인지 풀이 과정을 쓰고 답 을 구하시오.

128° 85°

풀이

답

최상위 수학

수능형 사고력을 기르는 2학기 TEST─2회

점수

이름

01 □ 안에 들어갈 수 있는 수를 모두 구하시오. (단, □는 0보다 큽니다.)

$$4\frac{5}{7}+5\frac{□}{7}<10\frac{3}{7}$$

( )

02 수 카드를 한 번씩 모두 사용하여 만들 수 있는 가장 큰 소수 세 자리 수와 가장 작은 소수 세 자리 수의 합을 구하시오.

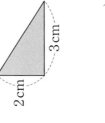

( )

03 오른쪽은 이등변삼각형 ㄴㄱㄹ과 정삼각형 ㄴㄷㄹ을 겹치지 않게 이어 붙인 것입니다. 각 ㄱㄹㄷ이 95°일 때, 각 ㄴㄱㄹ의 크기는 몇 도입니까?

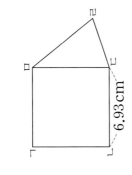

( )

04 오른쪽 그림에서 네 직선 가, 나, 다, 라는 서로 평행합니다. 직선 나와 직선 다의 평행선 사이의 거리는 몇 cm입니까?

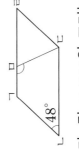

( )

05 오른쪽 도형은 가로와 세로가 각각 22 cm, 18 cm인 직사각형 ㄱㄴㄷㄹ의 각 변의 가운데 점을 이어 마름모 ㅁㅂㅅㅇ을 그린 것입니다. 마름모 ㅁㅂㅅㅇ의 모든 대각선의 길이의 합은 몇 cm입니까?

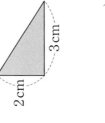

( )

06 건우의 몸무게를 월별로 조사하여 나타낸 꺾은선그래프의 일부분입니다. 세로 눈금 한 칸의 크기를 0.2 kg으로 하여 꺾은선그래프를 다시 그리면 9월과 10월의 몸무게를 나타낸 눈금 수의 차는 몇 칸이 됩니까?

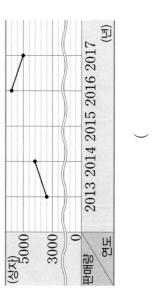

( )

07 어떤 수의 $\frac{1}{10}$인 수는 4.32보다 1.357 작습니다. 어떤 수의 소수 둘째 자리 숫자가 나타내는 수는 얼마입니까?

( )

08 오른쪽은 정사각형 ㄱㄴㄷㅁ과 이등변삼각형 ㅁㄷㄹ을 겹치지 않게 이어 붙인 도형입니다. 이 도형의 둘레의 길이가 32.26 cm일 때, 변 ㄷㄹ의 길이는 몇 cm입니까?

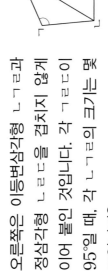

( )

09 오른쪽 도형은 평행사변형 ㄱㄴㄷㄹ에 각 ㄴㄱㄷ의 크기와 각 ㄱㄷㄹ의 크기가 같도록 선분 ㄱㄷ을 그은 것입니다. 각 ㄱㄴㄷ의 크기는 몇 도입니까?

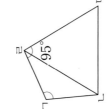

( )

10 오른쪽과 같은 직각삼각형 모양 조각을 사용하여 한 변이 3 m인 정사각형을 만들려고 합니다. 모양 조각은 모두 몇 개 필요합니까?

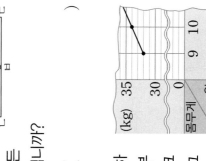

( )

11 어느 초콜릿 공장의 연도별 판매량을 조사하여 나타낸 꺾은선그래프입니다. 2013년부터 2017년까지 초콜릿 판매량의 합계는 23800상자이고, 초콜릿 한 상자는 18000원에 판다고 합니다. 2014년과 2015년에 초콜릿을 판매한 값의 차는 얼마입니까?

( )

12 오른쪽 도형에서 삼각형 ㄱㄴㄷ과 삼각형 ㄹㄴㄷ은 이등변삼각형입니다. 삼각형 ㄱㄴㄷ의 둘레가 $28\frac{3}{5}$ cm이고, 삼각형 ㄹㄴㄷ의 둘레가 $14\frac{1}{5}$ cm라면 색칠한 도형의 둘레의 길이는 몇 cm입니까?

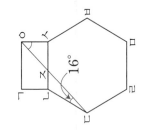

( )

13 오른쪽 삼각형 ㄴㄷㄹ은 정삼각형이고, 삼각형 ㄴㄷㅁ과 삼각형 ㄴㅅㅈ은 이등변삼각형입니다. 각 ㄱㄴㄷ의 크기는 몇 도입니까?

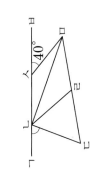

( )

14 오른쪽은 직사각형과 정육각형을 겹치지 않게 이어 붙인 다음 선분 ㅌㅇ을 그은 것입니다. 각 ㅅㅇㅈ의 크기를 구하시오.

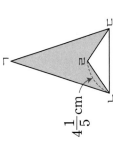

( )

15 두 지역의 3월부터 시작하여 7월까지의 누적 강수량을 조사하여 나타낸 꺾은선그래프입니다. 강수량이 가장 많았던 달과 강수량이 가장 적었던 달의 강수량의 차가 더 작은 지역은 어디이고, 그 차는 몇 cm입니까?

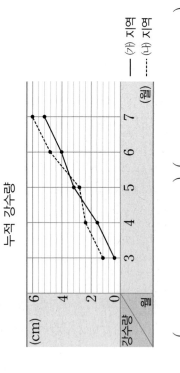

( ), ( )

16 정오각형 모양의 종이를 오른쪽과 같이 접었습니다. ㉮의 각도는 몇 도입니까?

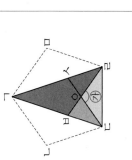

( )

---

17 가, 나, 다 세 사람이 어떤 일을 하려고 합니다. 하루에 가, 나, 다가 하는 일은 전체의 $\frac{3}{40}$ 을, 나는 $\frac{4}{40}$ 를, 다는 $\frac{5}{40}$ 를 합니다. 가, 나, 다가 함께 하루 동안 일을 한 후, 가와 다가 함께 2일 동안 일을 하였습니다. 나머지는 나가 혼자서 할 때, 일을 시작한 지 며칠 만에 일을 끝낼 수 있습니까? (단, 쉬는 날 없이 일을 합니다.)

( )

18 오른쪽 도형은 정육각형 2개를 겹치지 않게 이어 붙인 것입니다. 정육각형 한 개의 길이의 합이 132 mm이고 대각선의 짧은 대각선의 길이가 14 mm일 때, 오른쪽 도형의 둘레의 길이는 몇 cm입니까?

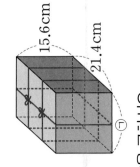

( )

19 서술형
오른쪽 상자를 묶는 데 길이가 2.28 m인 끈을 모두 사용하였습니다. 매듭을 한 개 묶는 데 사용한 끈의 길이가 13.8 cm일 때, ㉠의 길이는 몇 cm인지 풀이 과정을 쓰고 답을 구하시오.

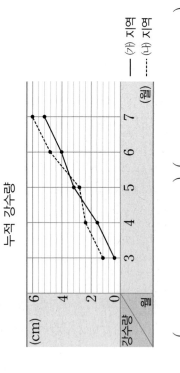

[풀이]

답

20 서술형
오른쪽과 같이 마름모 모양의 종이를 접었더니 각 ㅁㅅㅈ각 ㄹㄷㅅ의 크기의 2배가 되었습니다. 각 ㄷㅁㅂ의 크기는 몇 도인지 풀이 과정을 쓰고 답을 구하시오.

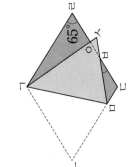

[풀이]

답

상위권을 위한
사고력
생각하는 방법도
최상위!

수능까지 연결되는 독해 로드맵

디딤돌 독해력은 수능까지 연결되는 체계적인 라인업을 통하여

수능에서 요구하는 핵심 독해 원리에 대한 이해는 물론,

단계 별로 심화되며 연결되는 학습의 과정을 통해

깊이 있고 종합적인 독해 사고의 능력까지 기를 수 있도록 도와줍니다.

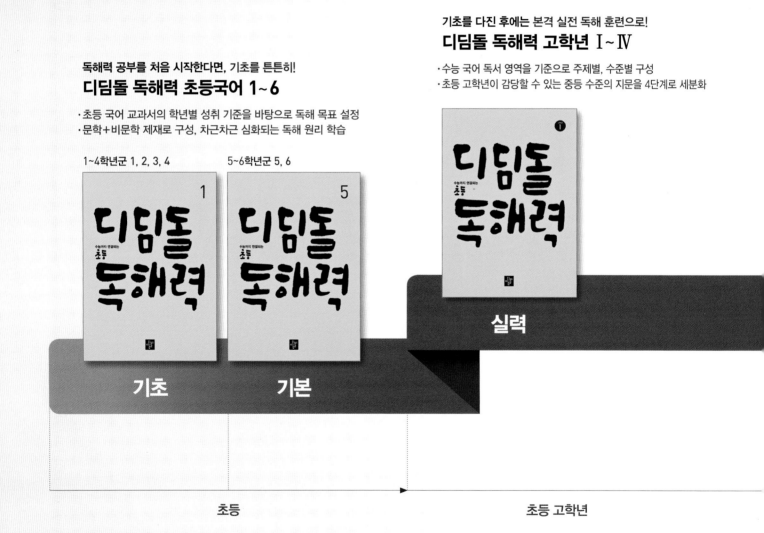

기초를 다진 후에는 본격 실전 독해 훈련으로!
디딤돌 독해력 고학년 Ⅰ~Ⅳ

· 수능 국어 독서 영역을 기준으로 주제별, 수준별 구성
· 초등 고학년이 감당할 수 있는 중등 수준의 지문을 4단계로 세분화

독해력 공부를 처음 시작한다면, 기초를 튼튼히!
디딤돌 독해력 초등국어 1~6

· 초등 국어 교과서의 학년별 성취 기준을 바탕으로 독해 목표 설정
· 문학＋비문학 제재로 구성, 차근차근 심화되는 독해 원리 학습

1~4학년군 1, 2, 3, 4   5~6학년군 5, 6

실력

기초   기본

초등   초등 고학년

상위권을 위한
사고력
생각하는 방법도
최상위!

수능까지 연결되는 독해 로드맵

디딤돌 독해력은 수능까지 연결되는 체계적인 라인업을 통하여

수능에서 요구하는 핵심 독해 원리에 대한 이해는 물론,

단계 별로 심화되며 연결되는 학습의 과정을 통해

깊이 있고 종합적인 독해 사고의 능력까지 기를 수 있도록 도와줍니다.

독해력 공부를 처음 시작한다면, 기초를 튼튼히!
디딤돌 독해력 초등국어 1~6

· 초등 국어 교과서의 학년별 성취 기준을 바탕으로 독해 목표 설정
· 문학+비문학 제재로 구성, 차근차근 심화되는 독해 원리 학습

기초를 다진 후에는 본격 실전 독해 훈련으로!
디딤돌 독해력 고학년 Ⅰ~Ⅳ

· 수능 국어 독서 영역을 기준으로 주제별, 수준별 구성
· 초등 고학년이 감당할 수 있는 중등 수준의 지문을 4단계로 세분화

1~4학년군 1, 2, 3, 4   5~6학년군 5, 6

기초   기본   실력

초등   초등 고학년

정답과 풀이

상위권의 기준

최상위
수학

수학 좀 한다면

디딤돌

SPEED 정답 체크

1 분수의 덧셈과 뺄셈

⊙ BASIC TEST

1 분모가 같은 진분수의 덧셈과 뺄셈 |11쪽

1 (1) 1, 1, 1   (2) $\dfrac{3}{9}, \dfrac{4}{9}, \dfrac{5}{9}$ **2** $>$

3 $\dfrac{12}{13}$ **4** $\dfrac{3}{10}$ km   **5** $1\dfrac{3}{13}$ cm

6 (1) $\dfrac{1}{5}, \dfrac{1}{5}$ (2) $\dfrac{5}{8}, \dfrac{5}{8}$ (3) 예 $\dfrac{1}{3}, \dfrac{1}{3}, \dfrac{1}{3}$

2 분모가 같은 대분수의 덧셈 |13쪽

1 (1) 5, 5, 5   (2) 4, $4\dfrac{2}{4}$

2 방법1 $1\dfrac{6}{7}+2\dfrac{2}{7}=(1+2)+\left(\dfrac{6}{7}+\dfrac{2}{7}\right)$

$\qquad\qquad =3+\dfrac{8}{7}=3+1\dfrac{1}{7}=4\dfrac{1}{7}$

방법2 $1\dfrac{6}{7}+2\dfrac{2}{7}=\dfrac{13}{7}+\dfrac{16}{7}=\dfrac{29}{7}=4\dfrac{1}{7}$

3 $7\dfrac{1}{8}, 2\dfrac{7}{8}$ **4** $1\dfrac{4}{6}+3\dfrac{1}{6}=4\dfrac{5}{6}$ / $4\dfrac{5}{6}$

5 $3\dfrac{1}{8}$ L   **6** (왼쪽에서부터) 4, 5, 7, 6, $12\dfrac{3}{8}$

3 분모가 같은 대분수의 뺄셈 |15쪽

1

2 방법1 $6\dfrac{2}{9}-3\dfrac{4}{9}=5\dfrac{11}{9}-3\dfrac{4}{9}$

$\qquad\qquad =(5-3)+\left(\dfrac{11}{9}-\dfrac{4}{9}\right)=2+\dfrac{7}{9}=2\dfrac{7}{9}$

방법2 $6\dfrac{2}{9}-3\dfrac{4}{9}=\dfrac{56}{9}-\dfrac{31}{9}$

$\qquad\qquad =\dfrac{25}{9}=2\dfrac{7}{9}$

3 $2\dfrac{1}{3}-1\dfrac{2}{3}=\dfrac{2}{3}$ / $\dfrac{2}{3}$

4 3, 4 / $\dfrac{1}{7}$ **5** $\dfrac{3}{7}$ m   **6** 3일

MATH TOPIC |16~22쪽

1-1 1, 2, 3, 4, 5   **1-2** 3개   **1-3** 45

2-1 $12\dfrac{7}{10}$ cm   **2-2** $3\dfrac{11}{12}$ cm   **2-3** $3\dfrac{6}{15}$ m

3-1 $43\dfrac{6}{7}$ cm   **3-2** $1\dfrac{6}{8}$ cm   **3-3** $7\dfrac{2}{9}$ cm

4-1 $7\dfrac{1}{8}$ **4-2** 10   **4-3** $6\dfrac{6}{11}$

5-1 $\dfrac{5}{11}, \dfrac{4}{11}$ **5-2** $\dfrac{7}{9}, \dfrac{6}{9}$ **5-3** $2\dfrac{3}{7}, 1\dfrac{1}{7}$

6-1 오후 12시 4분 2초   **6-2** 오전 11시 56분

6-3 오후 12시 1분 40초

심화**7** 8 / 8000, 800 / 800, $489\dfrac{1}{5}$ / $489\dfrac{1}{5}$

7-1 경현 / $\dfrac{5}{8}$ kg

LEVEL UP TEST |23~27쪽

1 ㉢   **2** $10\dfrac{2}{7}$ **3** 5 m

4 $22\dfrac{1}{5}$ cm   **5** 9개   **6** 4개

7 110쪽   **8** 3개, 1 kg   **9** $15\dfrac{2}{8}$

10 다 선수, 가 선수, 라 선수, 나 선수

11 오후 1시 46분 40초   **12** $3\dfrac{4}{7}$ cm

13 $15\dfrac{1}{9}$ **14** $1\dfrac{10}{12}$ kg   **15** 15 L

HIGH LEVEL |28~30쪽

1 $1\dfrac{1}{3}+3\dfrac{2}{3}, 2\dfrac{1}{3}+2\dfrac{2}{3}, 3\dfrac{1}{3}+1\dfrac{2}{3}$ **2** 99

3 $\dfrac{4}{9}$ **4** $3\dfrac{1}{4}$ cm   **5** 7일

6 31   **7** $\dfrac{6}{19}$ / $\dfrac{9}{19}$ / $\dfrac{14}{19}$ **8** 103

2 삼각형

◎ BASIC TEST

1 삼각형을 변의 길이와 각의 크기에 따라 분류하기 | 35쪽

1 (1) 나, 다, 바 (2) 가, 사 (3) 라, 마

2   **3** (예)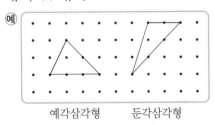

예각삼각형   둔각삼각형

4 18   **5** 둔각삼각형   **6** 4개

2 이등변삼각형과 정삼각형의 성질 | 37쪽

1 (1) 7 (2) 45   **2** 120°

3 110°   **4** 4개

5 (1) 60° (2) 12 cm
(3) 정삼각형, 이등변삼각형, 예각삼각형

6 80°

MATH TOPIC | 38~44쪽

1-1 65°   **1-2** 7 cm   **1-3** 25°

2-1 80 cm   **2-2** 12 cm   **2-3** 70°

3-1 150°   **3-2** 6 cm   **3-3** 105°

4-1 55°   **4-2** 35°   **4-3** 60°

5-1 84 cm   **5-2** 44 cm   **5-3** 9 cm

6-1 7개   **6-2** 16개   **6-3** 16개

심화7 6 / 68 / 68   **7-1** 360°

LEVEL UP TEST | 45~48쪽

1 29   **2** 100°   **3** 4개

4 38 cm   **5** 85°

6 8 cm, 12 cm, 12 cm   **7** 38 cm

8 232 cm   **9** 70°   **10** 64°

11 540°   **12** 20개

HIGH LEVEL | 49~51쪽

1 9   **2** 20 cm   **3** 228 cm

4 150°   **5** 45°   **6** 97°

7 40개   **8** 28개

3 소수의 덧셈과 뺄셈

◎ BASIC TEST

1 소수의 이해 | 57쪽

1 (1) ㉠ 0.05 / ㉡ 0.17 (2) ㉠ 4.96 / ㉡ 5.13

2 7.162 / 칠점 일육이   **3** 53.76

4 (1) 0.47 (2) 5.098 (3) 14.809

5 ㉢, ㉡, ㉣, ㉠   **6** ㉠

2 소수의 크기 비교, 소수 사이의 관계 | 59쪽

1 (1) 0.3, 0.03 (2) 1.27, 0.127

2 ㉢, ㉠, ㉡   **3** 1000배

4 서점, 은행, 학교   **5** 0.48, 0.3, 9.7, 6.2, 0.25

6 0.483

3 소수의 덧셈 | 61쪽

1 (1) 0.4, 0.4 (2) 0.7, 0.7 (3) 4.5, 4.5

2 4.37   **3** 6.12 km

4 ㉢, ㉡, ㉣, ㉠   **5** 3.03

6 (예) $\boxed{9}.\boxed{5}\boxed{3} + \boxed{7}.\boxed{4}\boxed{1}$ / 16.94

4 소수의 뺄셈
63쪽

1 (1) 6.1 / 6 / 5.9 / 5.8　(2) 3.4 / 2.4 / 1.4 / 0.4

2
$$\begin{array}{r} 0.46 \\ -\ 0.2 \\ \hline 0.26 \end{array}$$
/ ◉ 소수점의 위치를 잘못 맞추어 계산하였습니다. 소수점끼리 맞추어 쓴 다음 같은 자릿수끼리 뺍니다.

3 (1) 0.02　(2) 0.12　　　　**4** 준형, 0.13 m

5 ㉠　　　　**6** 3개　　　　**7** 0.19 m

MATH TOPIC
64~71쪽

1-1 2.456　　**1-2** 7　　**1-3** 7.83

2-1 9, 9, 0　　**2-2** 3, 4, 5, 6　　**2-3** ㉡, ㉠, ㉢

3-1 69, 0.69　　**3-2** 200배　　**3-3** 1004.5

4-1 3.88　　**4-2** 1.86 m　　**4-3** 2.05 km

5-1 2개　　**5-2** 67.89　　**5-3** 11

6-1 3.153　　**6-2** 73.968, 73.698

7-1 (위에서부터) 5, 2, 6, 5, 5

7-2 (위에서부터) 7, 6, 4, 1, 8, 3

심화**8** 0.001, 5.13, 5.13, 2.39 / 2.39, >, 2.39, 시내 도로 / 시내 도로

8-1 192.28 km / 35.815 km

LEVEL UP TEST
72~77쪽

1 640.2, 0.246　　**2** 2.607 m　　**3** 1.1

4 3개　　**5** 4.62 L　　**6** 1.665 km

7 3.27 kg　　**8** 8.28　　**9** 100개

10 9.36　　**11** 40.69 kg　　**12** 8개

13 0.32 m　　**14** 814　　**15** 21.6 m

16 4.62 / 4.68　　**17** 5, 4, 7, 6　　**18** 0.964 kg

HIGH LEVEL
78~80쪽

1 ②　　**2** 0.95 m　　**3** 4.995

4 2.27 kg　　**5** 13 cm　　**6** 13.634 km

7 4개　　**8**
$$\begin{array}{r} \boxed{7}\ \boxed{2}.\boxed{4} \\ -\ \boxed{3}\ \boxed{8}.\boxed{5} \\ \hline 3\ 3\ .\ 9 \end{array}$$

---

4 사각형

◉ BASIC TEST

1 수선
85쪽

1 (1) 직선 마　(2) 직선 가, 직선 나

2 나, 바

3
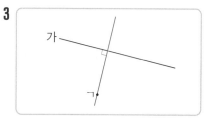

4 은지　　　　**5** 3쌍　　　　**6** 17°

---

2 평행선
87쪽

1 직선 나와 직선 라, 직선 다와 직선 마

2 (1) 3쌍　(2) 4쌍

3
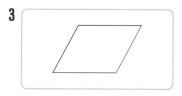

4 18쌍　　　　**5** 13 cm　　　　**6** 67°

---

3 여러 가지 사각형 (1)
89쪽

1 가, 라　　　　　　**2** (위에서부터) 50, 130

3 ◉
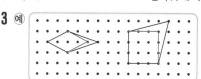

4 사다리꼴입니다.
　　◉ 마름모에는 평행한 변이 두 쌍 있기 때문입니다.

5 6 cm　　　　**6** 65°

4 여러 가지 사각형 (2) 91쪽

1 ㉢ **2** 25° **3** 32 cm

4 ㉢, ㉣ / ㉡, ㉢, ㉣, ㉤ / ㉣, ㉤

5 평행사변형 / 정사각형

MATH TOPIC 92~99쪽

1-1 100° **1-2** 35° **1-3** 30°

2-1 39 cm **2-2** 62 cm **2-3** 90 cm

3-1 24 cm **3-2** 22 cm **3-3** 65 cm

4-1 18개 **4-2** 21개 **4-3** 4개

5-1 117° **5-2** 16° **5-3** 90°

6-1 82° **6-2** 117° **6-3** 84°

7-1 58° **7-2** 64° **7-3** 46°

심화**8** 50, 70 / 50, 70 / 70, 60, 60, 120, 50, 50, 80, 70, 70, 40 / 120, 40, 120 / 120

LEVEL UP TEST 100~104쪽

1 4쌍 **2** ㅂ, ㅌ **3** 14°

4 9 cm **5** 100 cm **6** 84 cm

7 ㉣, ㉤, ㉕ **8** 85° **9** 116°

10 64° **11** 10개 **12** 45°

13 17개 **14** 48 cm **15** 20°

HIGH LEVEL 105~107쪽

1 110° **2** 16 cm, 16개 **3** 126°

4 19° **5** 39° **6** 140°

7 18° **8** 9개

5 꺾은선그래프

◎ BASIC TEST

1 꺾은선그래프 113쪽

1 오후 2시, 오전 11시 **2** 약 15 ℃

3 오후 1시와 2시 사이

4 예 2018년보다 줄어들 것입니다.

5 (나) 그래프 **6** 2 kg, 2 kg

7 9월과 10월 사이, 2 kg **8** 약 23 kg

2 꺾은선그래프로 나타내기 115쪽

1 요일 / 시간 **2** 1분

3
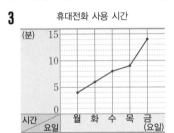

4 금요일

5
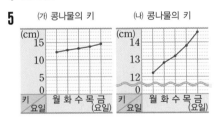

6 0과 60 사이

7
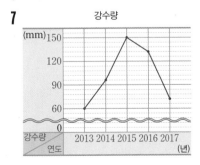

1-1 150명   **1-2** 900

2-1 약 13 ℃   **2-2** 약 14.5 ℃

3-1

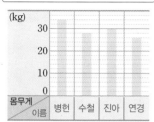

㉮ 병헌이네 모둠 학생들의 몸무게

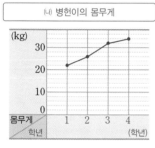

㉯ 병헌이의 몸무게

4-1 (1) 화요일, 18회 (2) 금요일

4-2 4 kg

5-1 (1) 43만 5천 명 (2) 1.1명

심화6 580, 620, 620, 580, 620, 620, 1020 / 1020, 920, 460 / 460

6-1 (1)

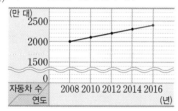

연도별 자동차 등록 대수

(2) ⑩ 2020년의 자동차 등록 대수는 2600만 대가 될 것입니다. 그 이유는 꺾은선그래프에서 자동차 등록 대수는 2년마다 100만 대씩 늘어나기 때문입니다.

1 (앞에서부터) 9, 13, 18 /

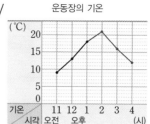

운동장의 기온

⑩ 운동장의 기온은 오후 4시보다 더 낮아질 것입니다.

2 8칸

3 오후 3시, 8 ℃

4 약 2 kg

5 2분과 3분 사이, 50 L

6 ㈐ 지역, 120 mm

7 5시간 20분

8 9000000원

9 1800 m   **10** 100대

11

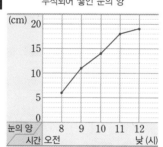

누적되어 쌓인 눈의 양

1 상준, 4점   **2** 11000대   **3** 4분

4 약 2 L   **5** ㉡   **6** 2017년

7

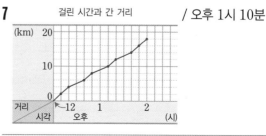

걸린 시간과 간 거리

/ 오후 1시 10분

6 다각형

⊙ BASIC TEST

1 다각형과 정다각형 ⌐133쪽

1 (예) 선분으로 둘러싸여 있지 않고 끊어져 있기 때문입니다.

2 (예) 할 수 없습니다. 네 각의 크기가 모두 같지 않기 때문입니다.

3 70 m   **4** 정십삼각형   **5** ⑤

6 구각형

2 대각선과 다각형의 각의 크기 ⌐135쪽

1 ⑤   **2** 14개   **3** 30 cm

4 281°   **5** 132°   **6** 60°

3 여러 가지 모양 만들기 ⌐137쪽

1 (예)

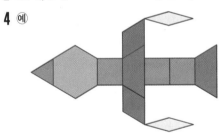

2 10개, 5개   **3** 12개

4 (예)

5 (예) 정오각형의 한 각의 크기가 108°이므로 한 점에서 3개의 꼭짓점이 만나면 남는 부분이 생기고, 4개의 꼭짓점이 만나면 겹치게 됩니다.

6 ㉢

MATH TOPIC ⌐138~143쪽

1-1 30°   **1-2** 36°   **1-3** 60°

2-1 14개   **2-2** 십일각형   **2-3** 8개

3-1 63°   **3-2** 4 cm   **3-3** 21 cm

4-1 정삼각형   **4-2** 360°   **4-3** 27°

5-1 500개   **5-2** 98개   **5-3** 8개

심화6 8, 37 / 8, 37   **6-1** ㉠, ㉡, ㉣

◆ LEVEL UP TEST ⌐144~147쪽

1 21   **2** ③   **3** 2 cm

4 102°   **5** 20개

6 (예) 두 대각선의 길이가 같습니다.   **7** 72°

8 108°   **9** 50°   **10** 1260°

11 6개   **12** 75°

◆ HIGH LEVEL ⌐148~150쪽

1 48°   **2** 56 mm   **3** 14°

4 11개   **5** 1260°   **6** 7개

7 3가지

교내 경시 문제

1. 분수의 덧셈과 뺄셈 ⌐1~2쪽

01 감나무 / $\frac{7}{9}$ m   **02** 1, 2, 3   **03** $4\frac{16}{17}$

04 15   **05** 1, 4 / $\frac{2}{5}$ **06** $\frac{3}{13}$, $\frac{7}{13}$

07 $1\frac{2}{7}$ m   **08** $8\frac{16}{17}$ km   **09** $1\frac{3}{8}$ m

10 $2\frac{2}{13}$ **11** $1\frac{4}{5}$ m   **12** 5개 / $\frac{3}{8}$ kg

13 $1\frac{5}{9}$ **14** 6   **15** $15\frac{2}{5}$ m

16 오전 9시 48분 45초   **17** $51\frac{4}{6}$ km

18 $\frac{3}{8}$ m   **19** $5\frac{1}{7}$ **20** $281\frac{1}{9}$ m

2. 삼각형
3~4쪽

01 ㉡   **02** 26 cm   **03** 130

04 2개   **05** 28 cm   **06** ㉢

07 13개   **08** 5개   **09** 9개

10 63 cm   **11** 70°   **12** 5가지

13 7 cm   **14** 79°   **15** 27 cm

16 19°   **17** 26°   **18** 15°

19 6 cm   **20** 45°

3. 소수의 덧셈과 뺄셈
5~6쪽

01 0.06 km   **02** 6.556   **03** 0.09

04 0.11 km   **05** 76.5 / 0.797   **06** 0.001

07 10.074   **08** 12.78 km   **09** 68.51 kg

10 2개   **11** 10.01 m   **12** 1.9 m

13 4   **14** 9, 9, 0   **15** 94.491

16 16   **17** (위에서부터) 7, 5, 4, 6, 2

18 8.462   **19** 19.512   **20** 3.8

4. 사각형
7~8쪽

01 3개   **02** 8쌍

03 ㉠ 정사각형 / ㉡ 마름모 / ㉢ 평행사변형 /
㉣ 사다리꼴

04 25°   **05** 6 cm   **06** 32 cm

07 55°   **08** 3 cm   **09** 105°

10 ㉣   **11** 33개   **12** 70°

13 6 cm   **14** 26°   **15** 20°

16 25°   **17** 32 cm   **18** 25°

19 ㉠ 50° / ㉡ 40°   **20** 124°

5. 꺾은선그래프
9~10쪽

01 약 17℃   **02** 약 오전 10시 20분

03 8℃ / 9℃

04

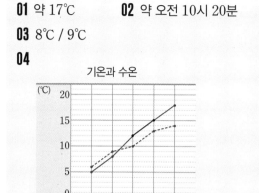

05 기온   **06** 144명   **07** 31200원

08 20명   **09**

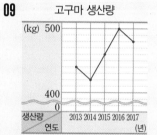

10 4칸   **11** 496점   **12** 72점

13 국어   **14** 9월 / 18점

15

토마토 생산량

16 2016년

17 30

18 4 mm

19 (나) 지역,
30 mm

20 예 몸무게는 학년마다 늘어나고 100 m 달리기 기록은 학년마다 빨라지고 있습니다. 5학년 때에는 몸무게는 더 늘어나고 100 m 달리기 기록은 더 빨라져 두 그래프 사이가 더 벌어질 것으로 예상됩니다.

6. 다각형 11~12쪽

01 33 cm

02 예

03 10 cm **04** 228° **05** 24개
06 29개 **07** 95 cm **08** 57°
09 ㉠ **10** 30 cm **11** 45°
12 9개 **13** 36° **14** 1000개
15 60° **16** 322개 **17** 90°
18 2 **19** 124° **20** 48 mm

수능형 사고력을 기르는 1학기 TEST

1회 13~14쪽

01 4 **02** 9개 **03** $4\dfrac{4}{11}$

04 17 cm **05** 30개 **06** $8\dfrac{4}{9}$

07 36.2 cm **08** $4\dfrac{8}{13}$ cm **09** 137°

10 0.43 m **11** 39.2 cm

12 2015년 / 1500000원 **13** $\dfrac{5}{8}$

14 60° **15** 74° **16** 129°

17 36 cm / 144개 **18** 0.66 kg

19 은정, 8점 **20** 47°

2회 15~16쪽

01 1, 2, 3, 4 **02** 11.11 **03** 110°
04 11 cm **05** 40 cm **06** 10칸
07 0.03 **08** 4.54 cm **09** 114°
10 30000개 **11** 21600000원 **12** $31\dfrac{1}{5}$ cm
13 70° **14** 46°
15 (가) 지역 / 1.2 cm **16** 108°
17 6일 **18** 8 cm **19** 16 cm
20 23°

정답과 풀이

1 분수의 덧셈과 뺄셈

BASIC TEST

1 분모가 같은 진분수의 덧셈과 뺄셈 `11쪽`

1 (1) 1, 1, 1 (2) $\dfrac{3}{9}, \dfrac{4}{9}, \dfrac{5}{9}$ **2** $>$

3 $\dfrac{12}{13}$ **4** $\dfrac{3}{10}$ km   **5** $1\dfrac{3}{13}$ cm

6 (1) $\dfrac{1}{5}, \dfrac{1}{5}$ (2) $\dfrac{5}{8}, \dfrac{5}{8}$ (3) 예 $\dfrac{1}{3}, \dfrac{1}{3}, \dfrac{1}{3}$

---

1 (1) $\dfrac{2}{8}+\dfrac{6}{8}=\dfrac{8}{8}=1$,

$\dfrac{4}{8}+\dfrac{4}{8}=\dfrac{8}{8}=1$,

$\dfrac{7}{8}+\dfrac{1}{8}=\dfrac{8}{8}=1$

(2) $\dfrac{7}{9}-\dfrac{4}{9}=\dfrac{3}{9}$,

$\dfrac{8}{9}-\dfrac{4}{9}=\dfrac{4}{9}$,

$1-\dfrac{4}{9}=\dfrac{9}{9}-\dfrac{4}{9}=\dfrac{5}{9}$

다른 풀이

(1) $\dfrac{2}{8}+\dfrac{6}{8}=1$에서 더해지는 분수가 커지는 만큼 더하는 분수가 작아졌으므로 합은 1로 같습니다.

$$
\begin{array}{c}
\dfrac{2}{8}+\dfrac{6}{8} \\
+\dfrac{2}{8}\left(\dfrac{4}{8}+\dfrac{4}{8}\right)-\dfrac{2}{8} \\
+\dfrac{3}{8}\left(\dfrac{7}{8}+\dfrac{1}{8}\right)-\dfrac{3}{8}
\end{array}
$$

(2) 빼는 분수는 $\dfrac{4}{9}$로 같고 빼어지는 분수가

$\dfrac{7}{9}, \dfrac{8}{9}, 1\left(=\dfrac{9}{9}\right)$로 $\dfrac{1}{9}$씩 커지므로 차는 $\dfrac{1}{9}$씩 커집니다.

➡ $\dfrac{3}{9}, \dfrac{4}{9}, \dfrac{5}{9}$

지도 가이드

계산을 하기 전에 더해지는 분수와 더하는 분수(빼어지는 분수와 빼는 분수)들의 규칙을 살펴보도록 알려줍니다. 분수가 어떻게 변하는지 알면 계산하지 않고 계산 결과를 알 수 있기 때문입니다.

2 · $\dfrac{11}{15}-\dfrac{4}{15}=\dfrac{11-4}{15}=\dfrac{7}{15}$

· $\dfrac{11}{15}-\dfrac{7}{15}=\dfrac{11-7}{15}=\dfrac{4}{15}$

➡ $\dfrac{7}{15}>\dfrac{4}{15}$이므로 $\dfrac{11}{15}-\dfrac{4}{15}>\dfrac{11}{15}-\dfrac{7}{15}$입니다.

3 $\square-\dfrac{5}{13}=\dfrac{7}{13}$, $\dfrac{7}{13}+\dfrac{5}{13}=\square$, $\square=\dfrac{12}{13}$

해결 전략

덧셈과 뺄셈의 관계를 이용하여 $\square$를 구합니다.
$\square-\bullet=\blacktriangle \Rightarrow \blacktriangle+\bullet=\square$

4 $\dfrac{8}{10}>\dfrac{5}{10}$이므로 문구점에서 준호네 집까지의 거리는 문구점에서 놀이터까지의 거리보다

$\dfrac{8}{10}-\dfrac{5}{10}=\dfrac{8-5}{10}=\dfrac{3}{10}$ (km) 더 멉니다.

5 정사각형은 네 변의 길이가 모두 같습니다.

$\dfrac{4}{13}+\dfrac{4}{13}+\dfrac{4}{13}+\dfrac{4}{13}=\dfrac{4+4+4+4}{13}$

$=\dfrac{16}{13}=1\dfrac{3}{13}$ (cm)

6 (1) 분모가 5이고, 같은 수를 더해 2가 나오는 경우는

$1+1=2$이므로 $\dfrac{1}{5}+\dfrac{1}{5}=\dfrac{2}{5}$입니다.

(2) 분모는 8이고 $1\dfrac{2}{8}=\dfrac{10}{8}$에서 같은 수를 더해 10이 나오는 경우는 $5+5=10$이므로

$\dfrac{5}{8}+\dfrac{5}{8}=\dfrac{10}{8}=1\dfrac{2}{8}$입니다.

(3) 답은 여러 가지가 될 수 있습니다.

예 $\dfrac{2}{6}+\dfrac{2}{6}+\dfrac{2}{6}=1$

$\dfrac{4}{12}+\dfrac{4}{12}+\dfrac{4}{12}=1$

$\dfrac{3}{9}+\dfrac{3}{9}+\dfrac{3}{9}=1$

해결 전략

$\square$ 안에 들어갈 분수의 분모는 계산 결과의 분수의 분모와 같아야 합니다.

2 분모가 같은 대분수의 덧셈 13쪽

1 (1) 5, 5, 5 (2) 4, $4\frac{2}{4}$

2 방법1 $1\frac{6}{7}+2\frac{2}{7}=(1+2)+\left(\frac{6}{7}+\frac{2}{7}\right)$

$\qquad\qquad =3+\frac{8}{7}=3+1\frac{1}{7}=4\frac{1}{7}$

   방법2 $1\frac{6}{7}+2\frac{2}{7}=\frac{13}{7}+\frac{16}{7}=\frac{29}{7}=4\frac{1}{7}$

3 $7\frac{1}{8},\ 2\frac{7}{8}$ 4 $1\frac{4}{6}+3\frac{1}{6}=4\frac{5}{6}$ / $4\frac{5}{6}$

5 $3\frac{1}{8}$ L 6 (왼쪽에서부터) 4, 5, 7, 6, $12\frac{3}{8}$

---

1 (1) $1\frac{1}{4}+3\frac{3}{4}=(1+3)+\left(\frac{1}{4}+\frac{3}{4}\right)=4+1=5$

$\qquad 2\frac{2}{5}+2\frac{3}{5}=(2+2)+\left(\frac{2}{5}+\frac{3}{5}\right)=4+1=5$

$\qquad \frac{2}{7}+4\frac{5}{7}=4+\left(\frac{2}{7}+\frac{5}{7}\right)=4+1=5$

(2) $1\frac{1}{3}+1\frac{1}{3}+1\frac{1}{3}=(1+1+1)+\left(\frac{1}{3}+\frac{1}{3}+\frac{1}{3}\right)$

$\qquad\qquad =3+1=4$

$\qquad 1\frac{1}{4}+1\frac{2}{4}+1\frac{3}{4}=(1+1+1)+\left(\frac{1}{4}+\frac{2}{4}+\frac{3}{4}\right)$

$\qquad\qquad =3+\frac{6}{4}=3+1\frac{2}{4}=4\frac{2}{4}$

다른 풀이
(1) 자연수 부분끼리의 합이 4이고, 진분수 부분끼리의 합이 1이므로 합은 5로 같습니다.

(2) $1\frac{1}{3}+1\frac{1}{3}+1\frac{1}{3}=2\frac{2}{3}+1\frac{1}{3}=4$

$\qquad 1\frac{1}{4}+1\frac{2}{4}+1\frac{3}{4}=2\frac{3}{4}+1\frac{3}{4}=4\frac{2}{4}$

2 방법1 자연수 부분끼리, 진분수 부분끼리 더한 후 진분수 부분의 합이 가분수이면 대분수로 바꾸어 나타냅니다.

   방법2 대분수를 가분수로 바꾸어 분자끼리 더한 후 다시 대분수로 나타냅니다.

3 분자의 합이 8이 되는 두 분수끼리 더해 보면

$7\frac{1}{8}+2\frac{7}{8}=(7+2)+\left(\frac{1}{8}+\frac{7}{8}\right)=9+1=10$

$3\frac{2}{8}+5\frac{6}{8}=(3+5)+\left(\frac{2}{8}+\frac{6}{8}\right)=8+1=9$

이므로 합이 10이 되는 두 분수는 $7\frac{1}{8},\ 2\frac{7}{8}$입니다.

해결 전략
합이 자연수이므로 진분수 부분에서 분자끼리의 합이 분모인 8과 같게 되는 분수를 찾습니다.

4 합이 가장 작은 덧셈식을 만들려면 가장 작은 대분수와 둘째로 작은 대분수를 더해야 합니다.
(가장 작은 대분수)+(둘째로 작은 대분수)

$=1\frac{4}{6}+3\frac{1}{6}=(1+3)+\left(\frac{4}{6}+\frac{1}{6}\right)$

$=4+\frac{5}{6}=4\frac{5}{6}$

5 (두 사람의 물통에 들어 있는 물의 양)

$=1\frac{5}{8}+1\frac{4}{8}=(1+1)+\left(\frac{5}{8}+\frac{4}{8}\right)=2+\frac{9}{8}$

$=2+1\frac{1}{8}=3\frac{1}{8}$ (L)

6 • 가장 작은 대분수를 만들려면 자연수 부분에 4를, 분수 부분의 분자에 5를 놓습니다.
• 가장 큰 대분수를 만들려면 자연수 부분에 7을, 분수 부분의 분자에 6을 놓습니다.

➡ $4\frac{5}{8}+7\frac{6}{8}=11+\frac{11}{8}=12\frac{3}{8}$

3 분모가 같은 대분수의 뺄셈 15쪽

1

2 방법1 $6\frac{2}{9}-3\frac{4}{9}=5\frac{11}{9}-3\frac{4}{9}$

$\qquad\qquad =(5-3)+\left(\frac{11}{9}-\frac{4}{9}\right)=2+\frac{7}{9}=2\frac{7}{9}$

   방법2 $6\frac{2}{9}-3\frac{4}{9}=\frac{56}{9}-\frac{31}{9}$

$\qquad\qquad =\frac{25}{9}=2\frac{7}{9}$

3 $2\frac{1}{3}-1\frac{2}{3}=\frac{2}{3}$ / $\frac{2}{3}$

4 3, 4 / $\frac{1}{7}$ 5 $\frac{3}{7}$ m 6 3일

1 (남은 우유의 양)$=2-\dfrac{4}{5}=1\dfrac{5}{5}-\dfrac{4}{5}$

$=1\dfrac{1}{5}$ (L)

해결 전략
자연수 2에서 1만큼을 가분수로 바꾸어 나타냅니다.

2 방법 1 빼어지는 분수에서 자연수의 1만큼을 가분수로 만들어 자연수 부분끼리, 분수 부분끼리 뺍니다.

방법 2 대분수를 가분수로 바꾸어 분자끼리 뺀 후 다시 대분수로 나타냅니다.

3 만들 수 있는 가장 큰 대분수: $2\dfrac{1}{3}$

만들 수 있는 가장 작은 대분수: $1\dfrac{2}{3}$

$\Rightarrow 2\dfrac{1}{3}-1\dfrac{2}{3}=\dfrac{7}{3}-\dfrac{5}{3}=\dfrac{2}{3}$

4 분모가 7인 두 분수의 차에서 계산 결과가 0이 아닌 가장 작은 값은 $\dfrac{1}{7}$입니다.

$3\dfrac{5}{7}-⊙\dfrac{ⓒ}{7}=\dfrac{1}{7}$ $\Rightarrow$ $⊙\dfrac{ⓒ}{7}=3\dfrac{5}{7}-\dfrac{1}{7}$,

$⊙\dfrac{ⓒ}{7}=3\dfrac{4}{7}$이므로 $⊙=3$, $ⓒ=4$입니다.

5 (매듭으로 사용된 길이)

= (두 끈의 길이의 합) $-$ (묶은 끈의 길이)

$=\dfrac{6}{7}+2\dfrac{2}{7}-2\dfrac{5}{7}$

$=2\dfrac{8}{7}-2\dfrac{5}{7}=\dfrac{3}{7}$ (m)

6 · 첫째 날: $7\dfrac{1}{5}-2\dfrac{2}{5}=6\dfrac{6}{5}-2\dfrac{2}{5}=4\dfrac{4}{5}$ (L)

· 둘째 날: $4\dfrac{4}{5}-2\dfrac{2}{5}=2\dfrac{2}{5}$ (L)

· 셋째 날: $2\dfrac{2}{5}-2\dfrac{2}{5}=0$

$\Rightarrow$ 물 $7\dfrac{1}{5}$ L를 하루에 $2\dfrac{2}{5}$ L씩 사용하면 3일 동안 사용할 수 있습니다.

다른 풀이
$7\dfrac{1}{5}=6\dfrac{6}{5}$에서 $6\dfrac{6}{5}=2\dfrac{2}{5}+2\dfrac{2}{5}+2\dfrac{2}{5}$이므로 3일 동안 사용할 수 있습니다.

MATH TOPIC 16~22쪽

1-1 1, 2, 3, 4, 5 **1-2** 3개 **1-3** 45

2-1 $12\dfrac{7}{10}$ cm **2-2** $3\dfrac{11}{12}$ cm **2-3** $3\dfrac{6}{15}$ m

3-1 $43\dfrac{6}{7}$ cm **3-2** $1\dfrac{6}{8}$ cm **3-3** $7\dfrac{2}{9}$ cm

4-1 $7\dfrac{1}{8}$ **4-2** 10 **4-3** $6\dfrac{6}{11}$

5-1 $\dfrac{5}{11}, \dfrac{4}{11}$ **5-2** $\dfrac{7}{9}, \dfrac{6}{9}$ **5-3** $2\dfrac{3}{7}, 1\dfrac{1}{7}$

6-1 오후 12시 4분 2초 **6-2** 오전 11시 56분

6-3 오후 12시 1분 40초

심화**7** 8 / 8000, 800 / 800, $489\dfrac{1}{5}$ / $489\dfrac{1}{5}$

7-1 경현 / $\dfrac{5}{8}$ kg

1-1 $3\dfrac{8}{9}+5\dfrac{□}{9}<9\dfrac{5}{9}$에서 $3\dfrac{8}{9}+5\dfrac{□}{9}=8\dfrac{8+□}{9}$,

$9\dfrac{5}{9}=8\dfrac{14}{9}$이므로 $8\dfrac{8+□}{9}<8\dfrac{14}{9}$입니다.

따라서 $8+□<14$, $□<14-8$, $□<6$이므로 □ 안에는 0보다 크고 6보다 작은 1, 2, 3, 4, 5가 들어갈 수 있습니다.

1-2 $\dfrac{17}{15}+1\dfrac{6}{15}=\dfrac{17}{15}+\dfrac{21}{15}=\dfrac{38}{15}$,

$\dfrac{□}{15}+2\dfrac{4}{15}=\dfrac{□}{15}+\dfrac{34}{15}=\dfrac{□+34}{15}$이므로

$\dfrac{38}{15}>\dfrac{□+34}{15}$입니다.

$38>□+34$, $38-34>□$, $4>□$이므로 □ 안에는 0보다 크고 4보다 작은 1, 2, 3이 들어갈 수 있습니다. 따라서 □ 안에 들어갈 수 있는 수는 3개입니다.

1-3 $5\dfrac{7}{12}+1\dfrac{8}{12}-\dfrac{41}{12}=5\dfrac{7}{12}+1\dfrac{8}{12}-3\dfrac{5}{12}$

$=6\dfrac{15}{12}-3\dfrac{5}{12}=3\dfrac{10}{12}=\dfrac{46}{12}$이므로

$\dfrac{46}{12}>\dfrac{□}{12}$입니다.

따라서 0보다 크고 $46>□$인 □ 안에 들어갈 수 있는 수 중에서 가장 큰 수는 45입니다.

2-1

$$(\text{ⓒ}\sim\text{ⓔ})=(\text{㉠}\sim\text{ⓔ})-(\text{㉠}\sim\text{ⓒ})-(\text{ⓒ}\sim\text{ⓒ})$$

$$=30\frac{3}{10}-12\frac{9}{10}-4\frac{7}{10}$$

$$=29\frac{13}{10}-12\frac{9}{10}-4\frac{7}{10}$$

$$=17\frac{4}{10}-4\frac{7}{10}=16\frac{14}{10}-4\frac{7}{10}$$

$$=12\frac{7}{10}\,(\text{cm})$$

2-2

$$(\text{ⓒ}\sim\text{ⓒ})=(\text{㉠}\sim\text{ⓒ})+(\text{ⓒ}\sim\text{ⓔ})-(\text{㉠}\sim\text{ⓔ})$$

$$=8\frac{3}{12}+5\frac{9}{12}-10\frac{1}{12}$$

$$=13\frac{12}{12}-10\frac{1}{12}=3\frac{11}{12}\,(\text{cm})$$

다른 풀이

$$(\text{㉠}\sim\text{ⓒ})=(\text{㉠}\sim\text{ⓔ})-(\text{ⓒ}\sim\text{ⓔ})$$

$$=10\frac{1}{12}-5\frac{9}{12}=4\frac{4}{12}\,(\text{cm})$$

$$(\text{ⓒ}\sim\text{ⓒ})=(\text{㉠}\sim\text{ⓒ})-(\text{㉠}\sim\text{ⓒ})$$

$$=8\frac{3}{12}-4\frac{4}{12}=3\frac{11}{12}\,(\text{cm})$$

해결 전략

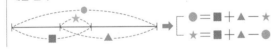

2-3

$$(\text{ⓒ}\sim\text{ⓔ})=(\text{㉠}\sim\text{ⓔ})+(\text{ⓒ}\sim\text{ⓜ})-(\text{㉠}\sim\text{ⓜ})$$

$$=24\frac{9}{15}+28\frac{7}{15}-40\frac{11}{15}$$

$$=52\frac{16}{15}-40\frac{11}{15}=12\frac{5}{15}\,(\text{m})$$

$$(\text{ⓒ}\sim\text{ⓒ})=(\text{ⓒ}\sim\text{ⓔ})-(\text{ⓒ}\sim\text{ⓔ})$$

$$=12\frac{5}{15}-8\frac{14}{15}=11\frac{20}{15}-8\frac{14}{15}$$

$$=3\frac{6}{15}\,(\text{m})$$

3-1 색 테이프 3장의 길이의 합은 $17\times3=51(\text{cm})$이고, 겹쳐진 부분이 2곳이므로 길이의 합은

$$3\frac{4}{7}+3\frac{4}{7}=6\frac{8}{7}=7\frac{1}{7}\,(\text{cm})$$입니다.

이어 붙인 색 테이프의 전체 길이는

$$51-7\frac{1}{7}=50\frac{7}{7}-7\frac{1}{7}=43\frac{6}{7}\,(\text{cm})$$입니다.

3-2 색 테이프 2장의 길이의 합은

$$10\frac{5}{8}+9\frac{7}{8}=19\frac{12}{8}=20\frac{4}{8}\,(\text{cm})$$이고, 겹쳐서

이어 붙인 색 테이프의 전체 길이는 $18\frac{6}{8}\text{cm}$이므로 겹쳐진 부분의 길이는

$$20\frac{4}{8}-18\frac{6}{8}=19\frac{12}{8}-18\frac{6}{8}=1\frac{6}{8}\,(\text{cm})$$입니다.

3-3 겹쳐진 부분이 2곳이므로 길이의 합은

$$1\frac{7}{9}+1\frac{7}{9}=2\frac{14}{9}=3\frac{5}{9}\,(\text{cm})$$이고 색 테이프 3장

의 길이의 합은 $18\frac{1}{9}+3\frac{5}{9}=21\frac{6}{9}\,(\text{cm})$입니다.

따라서 $21\frac{6}{9}=7\frac{2}{9}+7\frac{2}{9}+7\frac{2}{9}$이므로 색 테이

프 한 장의 길이는 $7\frac{2}{9}\text{cm}$입니다.

4-1 $9>8>5>4>2$이므로 자연수 부분에 가장 큰 수인 9를 놓고 가장 큰 대분수를 만들면 $9\frac{5}{8}$이고 자연수 부분에 가장 작은 수인 2를 놓고 가장 작은 대분수를 만들면 $2\frac{4}{8}$입니다.

따라서 만들 수 있는 가장 큰 대분수와 가장 작은 대분수의 차는 $9\frac{5}{8}-2\frac{4}{8}=7\frac{1}{8}$입니다.

4-2 분모가 같으려면 같은 수가 2개인 9를 두 대분수의 분모로 합니다.

가장 큰 대분수는 자연수 부분에 9를 제외한 가장 큰 수인 7을 놓으면 $7\frac{6}{9}$이고 가장 작은 대분수는 자연수 부분에 9, 7, 6을 제외한 가장 작은 수인 2를 놓으면 $2\frac{3}{9}$입니다. 따라서 만들 수 있는 가장 큰 대분수와 가장 작은 대분수의 합은

$$7\frac{6}{9}+2\frac{3}{9}=9\frac{9}{9}=10$$입니다.

4-3 분모가 같으려면 같은 수가 2개인 11을 두 대분수의 분모로 합니다. 합이 가장 작게 되려면 자연수 부분에 가장 작은 수와 둘째로 작은 수가 와야 합니다.

만들 수 있는 두 대분수는 $2\dfrac{8}{11}$, $3\dfrac{9}{11}$입니다.

따라서 두 대분수의 합은

$2\dfrac{8}{11}+3\dfrac{9}{11}=5\dfrac{17}{11}=6\dfrac{6}{11}$입니다.

5-1 두 분수 중 큰 진분수를 $\dfrac{\square}{11}$, 작은 진분수를 $\dfrac{\triangle}{11}$라

하면 $\dfrac{\square}{11}+\dfrac{\triangle}{11}=\dfrac{9}{11}$, $\dfrac{\square}{11}-\dfrac{\triangle}{11}=\dfrac{1}{11}$이므로

$\square+\triangle=9$, $\square-\triangle=1$입니다.

합이 9인 두 수($\square$, $\triangle$)는 (8, 1), (7, 2), (6, 3),

(5, 4)이고, 이 중에서 차가 1인 두 수($\square$, $\triangle$)는

(5, 4)이므로 $\square=5$, $\triangle=4$입니다.

따라서 두 진분수는 $\dfrac{5}{11}$, $\dfrac{4}{11}$입니다.

다른 풀이

두 진분수 중 큰 진분수를 $\dfrac{\square}{11}$, 작은 진분수를 $\dfrac{\triangle}{11}$라 하면

$\dfrac{\square}{11}+\dfrac{\triangle}{11}=\dfrac{9}{11}$, $\dfrac{\square}{11}-\dfrac{\triangle}{11}=\dfrac{1}{11}$이고,

$\square+\triangle=9$, $\square-\triangle=1$입니다. $\square+\triangle=9$, $\square-\triangle=1$

의 두 식을 더하면 $\square+\square=10$, $\square=5$이므로 $\square+\triangle=9$

$\square-\triangle=1$에서 $5-\triangle=1$, $\triangle=4$입니다. $+\dfrac{\square-\triangle=1}{\square+\square=10}$

따라서 두 진분수는 $\dfrac{5}{11}$, $\dfrac{4}{11}$입니다.

5-2 두 진분수 중 큰 진분수를 $\dfrac{\square}{9}$, 작은 진분수를 $\dfrac{\triangle}{9}$

라 하면 $\dfrac{\square}{9}+\dfrac{\triangle}{9}=1\dfrac{4}{9}=\dfrac{13}{9}$, $\dfrac{\square}{9}-\dfrac{\triangle}{9}=\dfrac{1}{9}$

이고, $\square+\triangle=13$, $\square-\triangle=1$입니다.

$\square+\triangle=13$, $\square-\triangle=1$의 두 식을 더하면

$\square+\square=14$, $\square=7$이므로 $\square-\triangle=1$에서

$7-\triangle=1$, $\triangle=6$입니다.

따라서 두 진분수는 $\dfrac{7}{9}$, $\dfrac{6}{9}$입니다.

5-3 두 대분수를 가분수로 바꾸어 각각 $\dfrac{\square}{7}$, $\dfrac{\triangle}{7}$

$(\dfrac{\square}{7}>\dfrac{\triangle}{7})$라 하면 $\dfrac{\square}{7}+\dfrac{\triangle}{7}=3\dfrac{4}{7}=\dfrac{25}{7}$

$\dfrac{\square}{7}-\dfrac{\triangle}{7}=1\dfrac{2}{7}=\dfrac{9}{7}$이므로 $\square+\triangle=25$,

$\square-\triangle=9$입니다. $\square+\triangle=25$, $\square-\triangle=9$의

두 식을 더하면 $\square+\square=34$, $\square=17$이므로

$\square-\triangle=9$에서 $17-\triangle=9$, $\triangle=8$입니다.

따라서 두 대분수는 $\dfrac{17}{7}=2\dfrac{3}{7}$, $\dfrac{8}{7}=1\dfrac{1}{7}$입니다.

다른 풀이 차가 $1\dfrac{2}{7}$이므로 큰 대분수가 $1\dfrac{2}{7}$ 더 큰 것입니다.

구하려는 두 대분수 중 작은 대분수를 $\square$라 하면 큰 대분수

는 $\square+1\dfrac{2}{7}$입니다. $\square+\square+1\dfrac{2}{7}=3\dfrac{4}{7}$,

$\square+\square=3\dfrac{4}{7}-1\dfrac{2}{7}=2\dfrac{2}{7}$이고, $2\dfrac{2}{7}=1\dfrac{1}{7}+1\dfrac{1}{7}$이므

로 $\square=1\dfrac{1}{7}$입니다. 따라서 작은 대분수는 $1\dfrac{1}{7}$, 큰 대분수

는 $1\dfrac{1}{7}+1\dfrac{2}{7}=2\dfrac{3}{7}$입니다.

6-1 10월 8일 낮 12시부터 10월 10일 낮 12시까지

2일 동안 빨라지는 시간은

$2\dfrac{1}{60}+2\dfrac{1}{60}=4\dfrac{2}{60}$(분)입니다.

$4\dfrac{2}{60}$분은 4분 2초이므로 10월 10일 낮 12시에

이 시계가 가리키는 시각은

낮 12시+4분 2초=오후 12시 4분 2초입니다.

6-2 9월 1일 낮 12시부터 9월 4일 낮 12시까지 3일

동안 늦어지는 시간은

$1\dfrac{20}{60}+1\dfrac{20}{60}+1\dfrac{20}{60}=3\dfrac{60}{60}=4$(분)입니다.

9월 4일 낮 12시에 이 시계가 가리키는 시각은

낮 12시-4분=오전 11시 56분입니다.

6-3 시계가 2일 동안 늦어지는 시간은

$4\dfrac{10}{60}+4\dfrac{10}{60}=8\dfrac{20}{60}$(분)이지만 시계의 시각을

10분 빠르게 맞추어 놓았으므로 실제로는

$10-8\dfrac{20}{60}=9\dfrac{60}{60}-8\dfrac{20}{60}=1\dfrac{40}{60}$(분) 빠릅니다.

$1\dfrac{40}{60}$분은 1분 40초이므로 7월 22일 낮 12시 정

각에 이 시계가 가리키는 시각은

낮 12시+1분 40초=오후 12시 1분 40초입니다.

7-1 30의 $\dfrac{1}{6}$은 5이므로 달에서 경현이의 몸무게는 5 kg

입니다. $5>4\dfrac{3}{8}$이므로 달에서 경현이가

$5-4\dfrac{3}{8}=4\dfrac{8}{8}-4\dfrac{3}{8}=\dfrac{5}{8}$(kg) 더 무겁습니다.

LEVEL UP TEST

1 ㉢	**2** $10\frac{2}{7}$	**3** 5 m	**4** $22\frac{1}{5}$ cm	**5** 9개	**6** 4개
7 110쪽	**8** 3개, 1 kg	**9** $15\frac{2}{8}$	**10** 다 선수, 가 선수, 라 선수, 나 선수		
11 오후 1시 46분 40초		**12** $3\frac{4}{7}$ cm	**13** $15\frac{1}{9}$	**14** $1\frac{10}{12}$ kg	**15** 15 L

1 접근 ≫ 가분수로 나타내어 분자의 크기를 알아봅니다.

늘어놓은 수는 $\frac{34}{15}$, $1\frac{14}{15}(=\frac{29}{15})$, $\frac{22}{15}$입니다.

$\frac{11}{15}+\frac{13}{15}=\frac{24}{15}$이므로 $\frac{11}{15}+\frac{13}{15}$의 값은 $1\frac{14}{15}(=\frac{29}{15})$보다 작고 $\frac{22}{15}$보다 큽니다.

따라서 $\frac{11}{15}+\frac{13}{15}$의 값이 들어가야 할 곳은 ㉢입니다.

2 접근 ≫ 잘못하여 뺀 분수를 알아봅니다.

잘못하여 뺀 분수는 $4\frac{6}{7}$의 자연수 부분과 분자가 바뀐 $6\frac{4}{7}$입니다.

어떤 수를 □라 하면 $□-6\frac{4}{7}=8\frac{4}{7}$, $□=8\frac{4}{7}+6\frac{4}{7}=14\frac{8}{7}=15\frac{1}{7}$입니다.

따라서 바르게 계산하면 $15\frac{1}{7}-4\frac{6}{7}=14\frac{8}{7}-4\frac{6}{7}=10\frac{2}{7}$입니다.

> **주의**
> 어떤 수를 구하는 것이 아니라 어떤 수를 구한 후 바르게 계산한 값을 구해야 해요.

3 접근 ≫ 두 사람씩 키의 합을 식으로 나타내어 합을 구해 봅니다.

(영은이의 키)+(혜은이의 키)$=3\frac{1}{8}$ m, (영은이의 키)+(지혜의 키)$=3\frac{4}{8}$ m,

(혜은이의 키)+(지혜의 키)$=3\frac{3}{8}$ m인 3개의 식을 모두 더하면

{(영은이의 키)+(혜은이의 키)+(지혜의 키)}×2

$=3\frac{1}{8}+3\frac{4}{8}+3\frac{3}{8}=9\frac{8}{8}=10$ (m)입니다.

세 사람의 키의 합의 2배가 10 m이므로 세 사람의 키의 합은 5 m입니다.

> **해결 전략**
> (●+▲)+(●+■)+(▲+■)
> =●+●+▲+▲+■+■
> =(●+▲+■)
> 　　+(●+▲+■)
> =(●+▲+■)×2

서술형 4 18쪽 3번의 변형 심화 유형
접근 ≫ 색 테이프 3장을 이어 붙이면 겹쳐진 부분은 몇 곳인지 알아봅니다.

예 색 테이프 3장의 길이의 합은 $9×3=27$(cm)이고 겹쳐진 부분은 2곳입니다.

겹쳐진 부분의 길이의 합은 $2\dfrac{2}{5}+2\dfrac{2}{5}=4\dfrac{4}{5}$ (cm)입니다.

따라서 이어 붙인 색 테이프의 전체 길이는 $27-4\dfrac{4}{5}=26\dfrac{5}{5}-4\dfrac{4}{5}=22\dfrac{1}{5}$ (cm)입니다.

해결 전략
이어 붙인 색 테이프의 전체 길이는 이어 붙이기 전 색 테이프의 전체 길이에서 겹쳐진 부분의 길이를 빼요.

채점 기준	배점
색 테이프 3장의 길이의 합을 구했나요?	2점
겹쳐진 부분의 길이의 합을 구했나요?	2점
이어 붙인 색 테이프의 전체 길이를 구했나요?	1점

5 16쪽 1번의 변형 심화 유형
접근 》 덧셈과 뺄셈의 관계를 이용하여 ☐ 안에 들어갈 수 있는 수를 알아봅니다.

$\dfrac{13}{9}+1\dfrac{4}{9}=\dfrac{13}{9}+\dfrac{13}{9}=\dfrac{26}{9}$, $\dfrac{☐}{9}+1\dfrac{7}{9}=\dfrac{☐}{9}+\dfrac{16}{9}=\dfrac{☐+16}{9}$이므로

$\dfrac{26}{9}>\dfrac{☐+16}{9}$, $26>☐+16$, $10>☐$입니다.

따라서 ☐ 안에 들어갈 수 있는 수는 10보다 작고 0보다 큰 수이므로 1, 2, 3, 4, 5, 6, 7, 8, 9로 모두 9개입니다.

해결 전략
모두 가분수로 나타내어 계산하면 ☐ 안에 들어갈 수 있는 수를 찾기 쉬워요.

▶경시 ▶기출 ▶문제 6 접근 》 각 조각을 가장 작은 조각 몇 개로 나눌 수 있는지 알아봅니다.

오른쪽 그림과 같이 가장 작은 조각(③)으로 가장 큰 정사각형을 나누면 가장 작은 조각은 전체의 $\dfrac{1}{32}$이 되고, 각 조각의 크기를 알아보면

해결 전략
가장 작은 조각은 ③이고 ①, ②, ④ 조각이 ③ 조각 몇 개로 나누어지는지 알아보세요.

가장 큰 정사각형의 $\dfrac{4}{32}$가 되는 조각: 조각 ①의 크기 4개, 조각 ④의 크기 1개

가장 큰 정사각형의 $\dfrac{2}{32}$가 되는 조각: 조각 ②의 크기 4개

가장 큰 정사각형의 $\dfrac{1}{32}$이 되는 조각: 조각 ③의 크기 4개가 있습니다.

$\dfrac{11}{32}$은 $\dfrac{4}{32}+\dfrac{4}{32}+\dfrac{2}{32}+\dfrac{1}{32}$로 나타낼 수 있으므로 적어도 4개의 조각을 모으면 됩니다.

7 접근 》 어제와 오늘 읽은 동화책이 전체의 얼마인지 알아봅니다.

재인이가 어제와 오늘 읽은 동화책은 전체의 $\dfrac{3}{11}+\dfrac{5}{11}=\dfrac{8}{11}$입니다.

전체의 $\dfrac{8}{11}$이 80쪽이므로 전체의 $\dfrac{1}{11}$은 $80\div8=10$(쪽)이고 전체 쪽수는 $10\times11=110$(쪽)입니다.

해결 전략
동화책 전체를 1이라고 하면 $1=\dfrac{11}{11}$이에요.

서술형 8 접근 》 식탁 위의 밀가루의 양에서 빵 1개를 만드는 데 필요한 밀가루의 양을 차례로 뺍니다.

해결 전략
남은 밀가루의 양이 빵 1개를 만드는 데 사용된 밀가루의 양보다 적게 될 때까지 계속 빼줘요.

예 밀가루는 빵 1개를 만들면 $8\frac{6}{15} - 2\frac{7}{15} = 5\frac{14}{15}$ (kg)이 남고,

빵 1개를 더 만들면 $5\frac{14}{15} - 2\frac{7}{15} = 3\frac{7}{15}$ (kg)이 남고,

또 빵 1개를 더 만들면 $3\frac{7}{15} - 2\frac{7}{15} = 1$ (kg)이 남습니다.

남은 1 kg으로는 빵을 만들 수 없으므로 빵은 최대 3개를 만들 수 있고 남은 밀가루는 1 kg입니다.

채점 기준	배점
식탁 위에 있는 밀가루의 양에서 빵 1개를 만드는 데 사용되는 밀가루의 양을 뺄 수 없을 때까지 계속 뺐나요?	3점
만들 수 있는 빵의 최대 개수와 남은 밀가루의 양을 구했나요?	2점

9 접근 》 계산 방법에 따라 ㉠과 ㉡을 각각 구합니다.

㉠ $9\frac{5}{8} ★ 6\frac{6}{8} = 9\frac{5}{8} - 6\frac{6}{8} + 5\frac{7}{8} = 8\frac{13}{8} - 6\frac{6}{8} + 5\frac{7}{8}$

해결 전략
두 수의 차에 $5\frac{7}{8}$을 더해요.

$= 2\frac{7}{8} + 5\frac{7}{8} = 7\frac{14}{8} = 8\frac{6}{8}$

㉡ $3\frac{3}{8} ◎ 5\frac{7}{8} = 3\frac{3}{8} + 5\frac{7}{8} - 2\frac{6}{8} = 8\frac{10}{8} - 2\frac{6}{8} = 6\frac{4}{8}$

해결 전략
두 수의 합에서 $2\frac{6}{8}$를 빼요.

➡ ㉠+㉡ $= 8\frac{6}{8} + 6\frac{4}{8} = 14\frac{10}{8} = 15\frac{2}{8}$

10 접근 》 가 선수의 기록으로 나, 다, 라 선수의 기록을 각각 구합니다.

해결 전략
짧게 뛴 것은 뺄셈으로 멀리 뛴 것은 덧셈으로 구해요.

(나 선수의 기록) $=$ (가 선수의 기록) $- \frac{6}{10} = 6\frac{3}{10} - \frac{6}{10} = 5\frac{13}{10} - \frac{6}{10}$

$= 5\frac{7}{10}$ (m)

(다 선수의 기록) $=$ (나 선수의 기록) $+ 1\frac{4}{10} = 5\frac{7}{10} + 1\frac{4}{10} = 6\frac{11}{10}$

$= 7\frac{1}{10}$ (m)

(라 선수의 기록) $=$ (다 선수의 기록) $- 1\frac{2}{10} = 7\frac{1}{10} - 1\frac{2}{10} = 6\frac{11}{10} - 1\frac{2}{10}$

$= 5\frac{9}{10}$ (m)

따라서 $7\frac{1}{10} > 6\frac{3}{10} > 5\frac{9}{10} > 5\frac{7}{10}$이므로 1등부터 4등까지 차례로 쓰면 다 선수, 가 선수, 라 선수, 나 선수입니다.

11 21쪽 6번의 변형 심화 유형

접근 》 같은 달 15일부터 19일까지 시계가 늦어지는 시간을 구합니다.

예 15일부터 19일까지 4일 동안 늦어지는 시간은

$$3\frac{1}{3}+3\frac{1}{3}+3\frac{1}{3}+3\frac{1}{3}=12\frac{4}{3}=13\frac{1}{3}(분)입니다.$$

$\frac{1}{3}$분은 60초의 $\frac{1}{3}$인 20초이므로 $13\frac{1}{3}$분은 13분 20초입니다.

따라서 19일 오후 2시에 이 시계가 가리키는 시각은

오후 2시$-$13분 20초$=$오후 1시 46분 40초입니다.

해결 전략

$\frac{1}{\blacksquare}$분은 60초를 $\blacksquare$등분한 것의 1이에요.

예 $\frac{7}{60}$분$=$7초

$\frac{1}{2}$분$=$30초

채점 기준	배점
4일 동안 늦어지는 시간을 구했나요?	3점
19일 오후 2시에 이 시계가 가리키는 시각을 구했나요?	2점

12 **접근 》 삼각형의 세 변의 길이의 합을 구합니다.**

삼각형의 세 변의 길이의 합은

$$4\frac{3}{7}+4\frac{3}{7}+5\frac{3}{7}=(4+4+5)+\left(\frac{3}{7}+\frac{3}{7}+\frac{3}{7}\right)$$

$$=13+\frac{9}{7}=13+1\frac{2}{7}=14\frac{2}{7}(cm)이므로$$

정사각형의 네 변의 길이의 합도 $14\frac{2}{7}$ cm입니다.

$14\frac{2}{7}=\frac{100}{7}$이므로 $\frac{100}{7}=\frac{25}{7}+\frac{25}{7}+\frac{25}{7}+\frac{25}{7}$입니다.

따라서 정사각형의 한 변의 길이는 $\frac{25}{7}$ cm$=3\frac{4}{7}$ cm입니다.

해결 전략

삼각형의 세 변의 길이의 합과 정사각형의 네 변의 길이의 합이 같아요.

다른 풀이

$14\frac{2}{7}=12\frac{16}{7}$이므로

$12\frac{16}{7}$

$=3\frac{4}{7}+3\frac{4}{7}+3\frac{4}{7}+3\frac{4}{7}$

입니다.

13 **접근 》 몇씩 뛰어서 센 것인지 $\frac{8}{9}$과 4의 차로 알아봅니다.**

$4-\frac{8}{9}=3\frac{9}{9}-\frac{8}{9}=3\frac{1}{9}=\frac{28}{9}$이고 두 번 뛰어서 $\frac{28}{9}$만큼의 차이가 납니다.

$\frac{28}{9}=\frac{14}{9}+\frac{14}{9}$이므로 한 번에 $\frac{14}{9}$만큼씩 뛰어 세었습니다.

$㉠=\frac{8}{9}+\frac{14}{9}=\frac{22}{9}=2\frac{4}{9}$, $㉡=4+\frac{14}{9}=4\frac{14}{9}=5\frac{5}{9}$,

$㉢=㉡+\frac{14}{9}=5\frac{5}{9}+\frac{14}{9}=5\frac{19}{9}=7\frac{1}{9}$

따라서 $㉠+㉡+㉢=2\frac{4}{9}+5\frac{5}{9}+7\frac{1}{9}=(2+5+7)+\left(\frac{4}{9}+\frac{5}{9}+\frac{1}{9}\right)$

$$=14+\frac{10}{9}=14\frac{10}{9}=15\frac{1}{9}입니다.$$

해결 전략

$\frac{8}{9}$에서 4까지 2번 뛰어서 센 것이에요.

$\underset{1번 \quad 1번}{\frac{8}{9} \rightarrow ㉠ \rightarrow 4}$

14 접근≫ 상자에서 사과만 모두 꺼내면 배와 빈 상자가 남고, 배만 모두 꺼내면 사과와 빈 상자만 남는 것을 이용합니다.

(배)+(빈 상자)$=8\dfrac{9}{12}$ kg … ㉠, (사과)+(빈 상자)$=19\dfrac{8}{12}$ kg … ㉡

㉠과 ㉡을 더하면

$\underline{(배)+(빈\ 상자)+(사과)+(빈\ 상자)}=8\dfrac{9}{12}+19\dfrac{8}{12}$
$\qquad =26\dfrac{7}{12}\ \text{kg} \qquad\qquad\qquad =27\dfrac{17}{12}=28\dfrac{5}{12}\ (\text{kg})$입니다.

(사과)+(배)+(빈 상자)$=26\dfrac{7}{12}$ kg이므로

$26\dfrac{7}{12}+$(빈 상자)$=28\dfrac{5}{12}$,

(빈 상자)$=28\dfrac{5}{12}-26\dfrac{7}{12}=27\dfrac{17}{12}-26\dfrac{7}{12}=1\dfrac{10}{12}\ (\text{kg})$입니다.

해결 전략
배와 빈 상자의 무게와 사과와 빈 상자의 무게의 합을 이용하여 빈 상자의 무게를 구해요.

15 접근≫ 오늘 운전하고 남은 휘발유의 양이 전체의 얼마인지 알아봅니다.

처음에 자동차에 남은 휘발유의 양을 1이라 하면

오늘 운전하고 남은 휘발유의 양은 전체의 $1-\dfrac{3}{4}=\dfrac{1}{4}$입니다.

$8\dfrac{4}{8}=\dfrac{68}{8}=\dfrac{17}{8}+\dfrac{17}{8}+\dfrac{17}{8}+\dfrac{17}{8}$ 이므로

오늘 운전하고 남은 휘발유의 양은 $\dfrac{17}{8}\ \text{L}=2\dfrac{1}{8}\ \text{L}$입니다.

따라서 주유소에서 휘발유 $12\dfrac{7}{8}$ L를 더 넣은 후 자동차에 들어 있는 휘발유의 양은

$2\dfrac{1}{8}+12\dfrac{7}{8}=14\dfrac{8}{8}=15\ (\text{L})$입니다.

해결 전략
휘발유 $\dfrac{3}{4}$을 쓰고 남은 휘발유의 양이 전체의 얼마인지 구해요.

◥◣ HIGH LEVEL   28~30쪽

1 $1\dfrac{1}{3}+3\dfrac{2}{3}$, $2\dfrac{1}{3}+2\dfrac{2}{3}$, $3\dfrac{1}{3}+1\dfrac{2}{3}$ **2** 99   **3** $\dfrac{4}{9}$ **4** $3\dfrac{1}{4}$ cm   **5** 7일

6 31   **7** $\dfrac{6}{19}$ / $\dfrac{9}{19}$ / $\dfrac{14}{19}$ **8** 103

1

접근 ≫ 자연수에서 1만큼을 분모가 3인 가분수로 만들어 봅니다.

진분수 부분에서 분자끼리의 합이 분모인 3과 같아지는 경우는 $(\frac{1}{3}, \frac{2}{3})$뿐입니다.

자연수 부분끼리의 합이 $5-1=4$가 되는 경우는 $(1, 3)$, $(2, 2)$, $(3, 1)$입니다.
└ 진분수로 만든 1을 빼요.

따라서 두 대분수의 합이 5가 되는 덧셈식은 $1\frac{1}{3}+3\frac{2}{3}$, $2\frac{1}{3}+2\frac{2}{3}$, $3\frac{1}{3}+1\frac{2}{3}$입니다.

$1\frac{1}{3}+3\frac{2}{3}$와 $3\frac{2}{3}+1\frac{1}{3}$을 한 가지로 생각하여 답을 구해요.

> **해결 전략**
> 진분수의 분자끼리의 합이 3이 되는 경우와 자연수끼리의 합이 4가 되는 경우를 모두 찾아요.

2

접근 ≫ 분수가 지워지는 규칙을 알아봅니다.

$(100-\frac{1}{3})+(\frac{1}{3}-\frac{1}{5})=100-\frac{1}{5}$

$(100-\frac{1}{3})+(\frac{1}{3}-\frac{1}{5})+(\frac{1}{5}-\frac{1}{7})=100-\frac{1}{7}$

$(100-\frac{1}{3})+(\frac{1}{3}-\frac{1}{5})+(\frac{1}{5}-\frac{1}{7})+(\frac{1}{7}-\frac{1}{9})=100-\frac{1}{9}$

⋮   ⋮

$(100-\frac{1}{3})+(\frac{1}{3}-\frac{1}{5})+(\frac{1}{5}-\frac{1}{7})+\cdots+(\frac{1}{\square-4}-\frac{1}{\square-2})+(\frac{1}{\square-2}-\frac{1}{\square})$

$=100-\frac{1}{\square}$

$100-\frac{1}{\square}=99\frac{98}{99}$, $\frac{1}{\square}=100-99\frac{98}{99}$, $\frac{1}{\square}=99\frac{99}{99}-99\frac{98}{99}$, $\frac{1}{\square}=\frac{1}{99}$

따라서 □ 안에 알맞은 수는 99입니다.

> **보충 개념**
> 같은 수를 빼고 더하면 값은 변하지 않습니다.

> **해결 전략**
> 처음 수에 같은 수를 빼고 더하기를 반복하면 처음 수와 마지막 수만 남아요.

3

19쪽 4번의 변형 심화 유형

접근 ≫ 같은 수가 2장인 수 카드의 수로 대분수를 만들어 봅니다.

㈎ 분모가 같아야 하므로 분모는 같은 수가 2장인 9가 되고, 차가 가장 작으려면 자연수 부분의 차가 작도록 대분수를 만들어야 합니다. 남은 수 카드 [6], [3], [4], [1] 중 차가 가장 작은 두 수는 3과 4입니다. 자연수 부분은 3, 4이고 진분수의 분자가 6, 1인 차가 가장 작게 되는 두 대분수는 $4\frac{1}{9}$, $3\frac{6}{9}$입니다.

따라서 $4\frac{1}{9}-3\frac{6}{9}=3\frac{10}{9}-3\frac{6}{9}=\frac{4}{9}$입니다.

> **해결 전략**
> $6-1=5$, $6-3=3$, $4-1=3$, $6-4=2$, $4-3=1$이므로 차가 가장 작은 두 수는 3, 4예요.

> **해결 전략**
> $\bullet\frac{\blacktriangle}{9}$, $\blacksquare\frac{\heartsuit}{9}$에서 $\bullet>\blacksquare$일 때, $\blacktriangle<\heartsuit$가 되는 대분수의 차가 가장 작아요.

채점 기준	배점
차가 가장 작게 되는 두 대분수를 찾았나요?	3점
뺄셈식을 계산하여 답을 구했나요?	2점

4 접근 ≫ 7분 동안 탄 양초의 길이를 구합니다.

(7분 동안 탄 양초의 길이)$=26-13\dfrac{3}{4}=25\dfrac{4}{4}-13\dfrac{3}{4}=12\dfrac{1}{4}$ (cm)

$12\dfrac{1}{4}=\dfrac{49}{4}$이므로 $\dfrac{49}{4}=\dfrac{7}{4}+\dfrac{7}{4}+\dfrac{7}{4}+\dfrac{7}{4}+\dfrac{7}{4}+\dfrac{7}{4}+\dfrac{7}{4}$에서

1분 동안 탄 양초의 길이는 $\dfrac{7}{4}$ cm입니다.

(13분 동안 탄 양초의 길이)$=\overbrace{\dfrac{7}{4}+\dfrac{7}{4}+\cdots\cdots+\dfrac{7}{4}+\dfrac{7}{4}}^{13번}=\dfrac{91}{4}=22\dfrac{3}{4}$ (cm)

따라서 남은 양초의 길이는 $26-22\dfrac{3}{4}=25\dfrac{4}{4}-22\dfrac{3}{4}=3\dfrac{1}{4}$ (cm)입니다.

해결 전략
7분 동안 탄 양초의 길이를 가분수로 나타내어 1분 동안 탄 양초의 길이를 구해요.

5 접근 ≫ 가, 나, 다가 함께 2일 동안 한 일의 양, 가와 나가 함께 2일 동안 한 일의 양을 각각 구합니다.

(가, 나, 다가 하루에 하는 일의 양)$=\dfrac{2}{34}+\dfrac{3}{34}+\dfrac{4}{34}=\dfrac{9}{34}$

(가, 나, 다가 2일 동안 하는 일의 양)$=\dfrac{9}{34}+\dfrac{9}{34}=\dfrac{18}{34}$

(가와 나가 하루에 하는 일의 양)$=\dfrac{2}{34}+\dfrac{3}{34}=\dfrac{5}{34}$

(가와 나가 2일 동안 하는 일의 양)$=\dfrac{5}{34}+\dfrac{5}{34}=\dfrac{10}{34}$

전체 일의 양을 1이라 할 때 가가 혼자 해야 하는 일의 양은

$1-\dfrac{18}{34}-\dfrac{10}{34}=\dfrac{34}{34}-\dfrac{18}{34}-\dfrac{10}{34}=\dfrac{6}{34}$입니다.

$\dfrac{6}{34}=\underbrace{\dfrac{2}{34}}_{\text{가가 1일 동안 하는 일의 양}}+\dfrac{2}{34}+\dfrac{2}{34}$이므로 나머지 일은 가가 혼자 3일 동안 하면 끝낼 수 있습니다.

따라서 일을 시작한 지 $2+\underset{\text{가, 나가 일한 날}}{2}+\underset{\text{가가 혼자 일한 날}}{3}=7$(일) 만에 끝낼 수 있습니다.

가, 나, 다가 일한 날

해결 전략
전체 일의 양을 1이라 하여 가, 나, 다가 2일 동안 한 일과 가, 나가 2일 동안 한 일을 빼 주면 가가 혼자 해야 하는 일의 양을 구할 수 있어요.

6 접근 ≫ 분모가 3, 5, 7······일 때 진분수의 개수를 알아봅니다.

분모가 3인 진분수: $\dfrac{1}{3}$, $\dfrac{2}{3}$ ➡ 2개

분모가 5인 진분수: $\dfrac{1}{5}$, $\dfrac{2}{5}$, $\dfrac{3}{5}$, $\dfrac{4}{5}$ ➡ 4개

분모가 7인 진분수: $\dfrac{1}{7}$, $\dfrac{2}{7}$, $\dfrac{3}{7}$, $\dfrac{4}{7}$, $\dfrac{5}{7}$, $\dfrac{6}{7}$ ➡ 6개

⋮

진분수의 개수가 분모보다 1 작습니다.

분모가 3, 5, 7······인 진분수의 각각의 합을 구하면

해결 전략
분모가 3, 5, 7······인 진분수를 각각 모두 더한 결과의 규칙을 알아보세요.

$$\frac{1}{3}+\frac{2}{3}=\frac{3}{3}=1,\ \frac{1}{5}+\frac{2}{5}+\frac{3}{5}+\frac{4}{5}=\frac{10}{5}=2,$$

$$\frac{1}{7}+\frac{2}{7}+\frac{3}{7}+\frac{4}{7}+\frac{5}{7}+\frac{6}{7}=\frac{21}{7}=3\cdots\cdots\text{으로}$$

분모가 홀수인 진분수의 합은 진분수 전체 개수의 반과 같습니다.

따라서 계산 결과가 15인 진분수의 전체 개수는 $15\times2=30$(개)이므로

진분수의 분모는 진분수의 전체 개수 30보다 1 큰 31입니다.

해결 전략

$$\underbrace{\frac{1}{3}+\frac{2}{3}=1,}_{\text{2개}}\ 2\div2=1$$

$$\underbrace{\frac{1}{5}+\frac{2}{5}+\frac{3}{5}+\frac{4}{5}=2,}_{\text{4개}}\ 4\div2=2$$

7 접근 》 세 진분수의 분자끼리의 합을 알아봅니다.

세 진분수 ㉮, ㉯, ㉰의 분자를 ㉠, ㉡, ㉢이라고 하면

$$\frac{㉠}{19}+\frac{㉡}{19}+\frac{㉢}{19}=1\frac{10}{19}=\frac{29}{19}\text{입니다.}$$

㉠+㉡+㉢=29이고, ㉠=㉡−3, ㉡=㉢−5에서 ㉢=㉡+5이므로

㉠+㉡+㉢=㉡−3+㉡+㉡+5=29, ㉡+㉡+㉡=29−5+3,

㉡+㉡+㉡=27, ㉡=9이고 ㉠=9−3=6, ㉢=9+5=14입니다.

따라서 $㉮=\dfrac{6}{19}$, $㉯=\dfrac{9}{19}$, $㉰=\dfrac{14}{19}$입니다.

해결 전략

세 진분수의 분자끼리의 관계를 식으로 나타내요.

해결 전략

한 가지 기호로 통일해야 값을 구할 수 있으므로 ㉠과 ㉢을 ㉡으로 나타낼 수 있는 식으로 바꿔요.

다른 풀이

세 진분수 ㉮, ㉯, ㉰의 분자를 ㉠, ㉡, ㉢이라고 하면 $\dfrac{㉠}{19}+\dfrac{㉡}{19}+\dfrac{㉢}{19}=1\dfrac{10}{19}=\dfrac{29}{19}$입니다.

㉢을 □라고 하면 ㉡=□−5, ㉠=㉡−3에서 ㉠=□−5−3=□−8이므로

□−8+□−5+□=29, □+□+□=29+5+8, □+□+□=42, □=14입니다.

따라서 ㉠=□−8=14−8=6, ㉡=□−5=14−5=9이므로

$㉮=\dfrac{6}{19}$, $㉯=\dfrac{9}{19}$, $㉰=\dfrac{14}{19}$입니다.

해결 전략

□−5−3은 5를 빼고 다시 3을 더 빼는 것이므로 8을 빼는 것과 같아요.

8 접근 》 주어진 분수를 나열한 규칙을 찾습니다.

주어진 분수를 가분수로 나타내면 다음과 같습니다.

$$\frac{1}{3}\quad\frac{2}{3}\quad\frac{4}{3}\quad\frac{7}{3}\quad\frac{11}{3}\cdots\cdots$$

이 분수들의 분자는 1 $\underset{+1}{\to}$ 2 $\underset{+2}{\to}$ 4 $\underset{+3}{\to}$ 7 $\underset{+4}{\to}$ 11……로 커지는 규칙이 있습니다.

열둘째까지의 분자를 알아보면

1 $\underset{+1}{\to}$ 2 $\underset{+2}{\to}$ 4 $\underset{+3}{\to}$ 7 $\underset{+4}{\to}$ 11 $\underset{+5}{\to}$ 16 $\underset{+6}{\to}$ 22 $\underset{+7}{\to}$ 29 $\underset{+8}{\to}$ 37 $\underset{+9}{\to}$ 46 $\underset{+10}{\to}$ 56 $\underset{+11}{\to}$ 67이므

로 첫째 분수부터 열둘째 분수까지의 분자의 합은

$1+2+4+7+11+16+22+29+37+46+56+67=298$입니다.

따라서 구하는 분수는 $\dfrac{298}{3}=99\dfrac{1}{3}$이고, ㉠+㉡+㉢=99+1+3=103입니다.

해결 전략

나열한 분수들의 규칙에서 첫째 분수부터 열둘째 분수까지 분자의 수를 모두 찾아요.

2 삼각형

🎯 BASIC TEST

1 삼각형을 변의 길이와 각의 크기에 따라 분류하기 35쪽

1 (1) 나, 다, 바 (2) 가, 사 (3) 라, 마
2 풀이 참조   **3** 풀이 참조   **4** 18
5 둔각삼각형   **6** 4개

1 세 각이 모두 예각이면 예각삼각형, 한 각이 둔각이면 둔각삼각형, 한 각이 직각이면 직각삼각형입니다.

2

 보충 개념
오른쪽과 같이 선분을 그으면 예각삼각형 2개가 만들어집니다.

3 예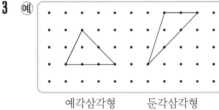

예각삼각형   둔각삼각형

예각삼각형은 세 각이 모두 예각이 되게 그리고 둔각삼각형은 한 각만 둔각이 되게 그립니다.

4 □를 제외한 남은 두 변의 길이가 같은 이등변삼각형이므로 □=38−10−10=18입니다.

5 (남은 한 각의 크기)=$180°-55°-25°=100°$
따라서 삼각형의 세 각 $55°$, $25°$, $100°$ 중 한 각이
└예각   └둔각
둔각이므로 둔각삼각형입니다.

해결 전략
삼각형의 세 각의 크기의 합은 180°입니다.

6

둔각삼각형의 개수: 1칸짜리는 ②, ④, ⑥, ⑧로 4개, 4칸짜리는 (②, ③, ⑤, ⑥), (④, ③, ⑤, ⑧), (⑥, ⑦, ⑨, ⑩), (⑧, ⑦, ⑨, ⑫)로 4개이므로 4+4=8(개)

입니다.
예각삼각형의 개수: 1칸짜리는 ①, ③, ⑤, ⑦로 4개입니다. ➡ 8−4=4(개)

주의
직각삼각형은 찾을 필요가 없습니다.

2 이등변삼각형과 정삼각형의 성질 37쪽

1 (1) 7 (2) 45   **2** 120°
3 110°   **4** 4개
5 (1) 60° (2) 12 cm
    (3) 정삼각형, 이등변삼각형, 예각삼각형
6 80°

1 (1) 두 각의 크기가 같은 이등변삼각형의 두 변의 길이는 같으므로 □=7입니다.
(2) 두 변의 길이가 같은 이등변삼각형의 두 각의 크기가 같으므로 □=(180−90)÷2=45입니다.

2 정삼각형의 세 각의 크기는 모두 60°입니다.
(각 ㄴㄱㄹ)=(각 ㄴㄱㄷ)+(각 ㄷㄱㄹ)
            =60°+60°=120°

3 삼각형 ㄱㄴㄷ은 (변 ㄴㄱ)=(변 ㄴㄷ)인 이등변삼각형이므로 (각 ㄴㄱㄷ)=(각 ㄴㄷㄱ)입니다.
(각 ㄴㄱㄷ)=(각 ㄴㄷㄱ)=(180°−40°)÷2=70°
따라서 일직선의 각의 크기는 180°이므로
㉠=180°−70°=110°입니다.

해결 전략
일직선에 놓이는 각의 크기가 180°임을 이용합니다.

4 한 변의 길이가 8 cm인 정삼각형 한 개를 만드는 데 필요한 철사의 길이는 8×3=24(cm)입니다.
따라서 100÷24=4…4이므로 한 변의 길이가 8 cm인 정삼각형을 4개까지 만들 수 있고 4 cm가 남습니다.

5 (1) 삼각형 ㄱㄴㄷ은 (변 ㄱㄴ)=(변 ㄴㄷ)인 이등변삼각형으로 (각 ㄴㄱㄷ)=(각 ㄴㄷㄱ)=60°입니다.
(각 ㄱㄴㄷ)=180°−60°−60°=60°

(2) 세 각의 크기가 모두 60°인 정삼각형이므로 세 변의 길이는 모두 12 cm로 같습니다.

(3) 정삼각형이므로 이등변삼각형이 될 수 있고, 세 각이 모두 90°보다 작으므로 예각삼각형입니다.

> **보충 개념**
> 세 변의 길이와 세 각의 크기가 각각 같은 삼각형은 정삼각형입니다.

6 (각 ㄹㄷㄴ)=(각 ㄹㄴㄷ)=40°이므로
(각 ㄴㄹㄷ)=180°−40°−40°=100°입니다.
일직선에 놓이는 각의 크기는 180°이므로
(각 ㄱㄹㄷ)=180°−100°=80°입니다.
따라서 (각 ㄹㄱㄷ)=(각 ㄱㄹㄷ)=80°입니다.

> **다른 풀이**
> (각 ㄹㄷㄴ)=(각 ㄹㄴㄷ)=40°이고 삼각형의 한 꼭짓점에서 만들어지는 외각의 크기는 다른 두 꼭짓점의 내각의 크기의 합과 같으므로 (각 ㄱㄹㄷ)=40°+40°=80°입니다.
> ➡ (각 ㄹㄱㄷ)=(각 ㄱㄹㄷ)=80°

MATH TOPIC
38~44쪽

1-1 65°	**1-2** 7 cm	**1-3** 25°
2-1 80 cm	**2-2** 12 cm	**2-3** 70°
3-1 150°	**3-2** 6 cm	**3-3** 105°
4-1 55°	**4-2** 35°	**4-3** 60°
5-1 84 cm	**5-2** 44 cm	**5-3** 9 cm
6-1 7개	**6-2** 16개	**6-3** 16개
심화**7** 6 / 68 / 68		**7-1** 360°

1-1 삼각형 ㄱㄷㄹ은 변 ㄱㄷ과 변 ㄷㄹ의 길이가 같은 이등변삼각형이므로 두 각의 크기가 같습니다.
(각 ㄷㄹㄱ)=(각 ㄷㄱㄹ)
$$=(180°−130°)÷2=25°$$
따라서 삼각형 ㄱㄴㄹ은 직각삼각형이므로
(각 ㄴㄱㄹ)=180°−90°−25°=65°입니다.

> **다른 풀이**
> (각 ㄷㄱㄹ)=(180°−130°)÷2=25°,
> (각 ㄴㄷㄱ)=180°−130°=50°
> 삼각형 ㄱㄴㄷ에서
> (각 ㄴㄱㄷ)=180°−90°−50°=40°이므로
> (각 ㄴㄱㄹ)=40°+25°=65°입니다.

> **주의**
> 삼각형 ㄱㄴㄷ은 이등변삼각형이 아닙니다.

1-2 (각 ㄷㄱㄴ)=(각 ㄷㄴㄱ)=55°이므로
(변 ㄱㄷ)=(변 ㄴㄷ)입니다.
(변 ㄴㄷ)=(변 ㄱㄷ)=(22−8)÷2
$$=14÷2=7(cm)$$

> **해결 전략**
> 이등변삼각형에서 길이가 같은 두 변을 찾습니다.

1-3 삼각형 ㄱㄴㄷ은 이등변삼각형이므로
(각 ㄱㄴㄷ)=(각 ㄱㄷㄴ)입니다.
(각 ㄱㄴㄷ)=(각 ㄱㄷㄴ)=(180°−50°)÷2
$$=65°$$
따라서 (각 ㄹㄷㄴ)=90°이므로
(각 ㄱㄷㄹ)=90°−65°=25°입니다.

> **보충 개념**
> 이등변삼각형에서
> • 크기가 같은 두 각이 각각 □°일 때: 세 각의 크기는 □°, □°, 180°−(□°+□°)입니다.
> • 크기가 다른 한 각이 △°일 때: 세 각의 크기는 △°, (180°−△°)÷2, (180°−△°)÷2입니다.

2-1 (선분 ㄱㄹ)=(선분 ㄹㄴ)×2이므로
(선분 ㄱㄴ)=(선분 ㄹㄴ)×3,
(선분 ㄹㄴ)×3=30 cm, (선분 ㄹㄴ)=10 cm,
(선분 ㄱㄹ)=(선분 ㄹㄴ)×2=20 cm
(선분 ㄹㄴ)=(선분 ㄴㅁ)=(선분 ㅁㄹ)=10 cm,
(선분 ㄱㄹ)=(선분 ㄷㅁ)=20 cm
따라서 사각형 ㄱㄹㅁㄷ의 둘레의 길이는
20+10+20+30=80(cm)입니다.

> **보충 개념**
> 선분 ㄱㄴ에서 선분 ㄱㄹ이 선분 ㄹㄴ의 2배일 때 (선분 ㄹㄴ)=(선분 ㄱㄴ)÷3입니다.

2-2 정사각형의 한 변의 길이가 9 cm이므로
둘레의 길이는 9×4=36(cm)입니다.
따라서 정삼각형의 한 변의 길이는
36÷3=12(cm)입니다.

> **해결 전략**
> 정사각형은 네 변의 길이가 같고 정삼각형은 세 변의 길이가 같습니다.

2-3 정삼각형 ㄱㄴㄷ에서 접혀진
각의 크기는 같으므로
(각 ㄴㄱㄷ)=ⓛ=60°입니다.
ⓒ과 ⓔ은 접혀진 각으로
ⓒ=ⓔ=(180°-80°)÷2=50°입니다.
따라서 ⓐ=180°-50°-60°=70°입니다.

3-1 삼각형 ㄱㄴㄷ은 정삼각형이므로
(각 ㄴㄱㄷ)=60°,
삼각형 ㄱㄷㄹ은 이등변삼각형이므로
(각 ㄱㄷㄹ)=(각 ㄱㄹㄷ)=45°입니다.
삼각형 ㄱㄷㄹ에서
(각 ㄷㄱㄹ)=180°-45°-45°=90°,
(각 ㄴㄱㄹ)=(각 ㄴㄱㄷ)+(각 ㄷㄱㄹ)
 =60°+90°=150°

> **해결 전략**
> 정삼각형과 이등변삼각형의 성질을 이용합니다.

3-2 길이가 같은 변은
(변 ㄱㄴ)=(변 ㄴㄹ)=(변 ㄱㄹ)=(변 ㄴㄷ) 입니다.
(두 삼각형의 둘레의 길이의 합)
 =(삼각형 ㄱㄴㄹ의 둘레의 길이)
 +(삼각형 ㄴㄷㄹ의 둘레의 길이)
→ (변 ㄱㄴ)×5+4=34,
 (변 ㄱㄴ)×5=34-4,   삼각형 ㄱㄴㄹ의 세 변과
 (변 ㄱㄴ)=30÷5=6(cm)   삼각형 ㄴㄷㄹ의 두 변의 합

3-3 삼각형 ㄱㄴㄷ은 한 각이 직각인 이등변삼각형이므로 (각 ㄴㄱㄷ)=(각 ㄴㄷㄱ)=(180°-90°)÷2
 =45°입니다.
(각 ㅁㄹㄷ)=180°-90°-60°=30°
따라서 삼각형 ㅂㄴㄷ에서
(각 ㄴㅂㄷ)=180°-(각 ㄴㄷㅂ)-(각 ㅂㄴㄷ)
 =180°-45°-30°=105°입니다.

4-1 (각 ㄷㅇㄴ)=180°-110°=70°입니다.
삼각형 ㅇㄴㄷ은 변 ㅇㄴ과 변 ㅇㄷ의 길이가 같은
이등변삼각형이므로
ⓐ=(180°-70°)÷2=55°입니다.

> **해결 전략**
> 원의 반지름을 두 변으로 하는 삼각형은 이등변삼각형입니다.

4-2 삼각형 ㄱㅇㄴ은 변 ㅇㄱ과 변 ㅇㄴ의 길이가 같은
이등변삼각형이므로 (각 ㄱㄴㅇ)=19°,
(각 ㄱㅇㄴ)=180°-19°-19°=142°입니다.
삼각형 ㅇㄴㄷ은 변 ㅇㄴ과 변 ㅇㄷ의 길이가 같은
이등변삼각형이므로 (각 ㅇㄷㄴ)=36°,
(각 ㄴㅇㄷ)=180°-36°-36°=108°입니다.
한 점에 모인 세 각의 크기의 합은 360°이므로
(각 ㄱㅇㄷ)=360°-142°-108°=110°입니다.
따라서 삼각형 ㄱㅇㄷ은 변 ㅇㄱ과 변 ㅇㄷ의 길이
가 같은 이등변삼각형이므로
ⓐ=(180°-110°)÷2=35°입니다.

4-3 삼각형 ㄹㅇㅁ은 이등변삼각형이므로
(각 ㄹㅇㅁ)=20°이고,
(각 ㅇㄹㅁ)=180°-20°-20°=140°입니다.
일직선에 놓이는 각의 크기는 180°이므로
(각 ㄱㄹㅇ)=180°-140°=40°입니다.
삼각형 ㄱㅇㄹ은 변 ㅇㄱ과 변 ㅇㄹ의 길이가 같은
이등변삼각형이므로 (각 ㄹㄱㅇ)=40°,
(각 ㄱㅇㄹ)=180°-40°-40°=100°입니다.
따라서 ⓐ=180°-100°-20°=60°입니다.

> **다른 풀이**
> 삼각형 ㄹㅇㅁ은 이등변삼각형이므로 (각 ㄹㅇㅁ)=20°
> 이고, 한 꼭짓점에서 만들어지는 외각의 크기는 다른 두
> 꼭짓점의 내각의 크기의 합과 같으므로
> (각 ㄱㄹㅇ)=(각 ㄹㅇㄱ)=20°+20°=40°입니다.
> (각 ㄱㅇㄹ)=180°-40°-40°=100°이므로
> ⓐ=180°-100°-20°=60°입니다.

5-1 둘레가 42 cm인 정삼각형의 한 변의 길이는
42÷3=14(cm)이므로 도형의 둘레의 길이는
14×6=84(cm)입니다.   ┌ 정삼각형의 한 변이 정사
각형의 한 변과 같습니다.

5-2 정사각형 나의 둘레가 48 cm이므로 한 변의 길이
는 48÷4=12(cm)이고 정삼각형 다의 한 변의
길이도 12 cm이므로 이등변삼각형 가의 두 변의
길이의 합은 80-(12×4)=32(cm)입니다.
→ (이등변삼각형 가의 둘레)=32+12
 =44(cm)

> **해결 전략**
> 이등변삼각형 가의 둘레의 길이를 구하는 것이므로 이등
> 변삼각형의 세 변의 길이를 각각 구하지 않아도 됩니다.

5-3

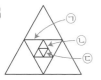

(정삼각형 ㉠의 한 변의 길이)=24÷2=12(cm)

(정삼각형 ㉡의 한 변의 길이)=12÷2=6(cm)

(정삼각형 ㉢의 한 변의 길이)=6÷2=3(cm)

(정삼각형 ㉢의 둘레의 길이)=3×3=9(cm)

> **해결 전략**
> 정삼각형의 각 변의 가운데 점은 한 변을 둘로 나눈 것입니다.

6-1 : 6개, : 1개

따라서 한 변의 길이가 6 cm인 정삼각형은 모두
6+1=7(개)입니다.

> **주의**
> 모양을 빠뜨리지 않도록 주의합니다.

6-2 가장 작은 삼각형 1개로 만들어진 삼각형: 6개
가장 작은 삼각형 2개로 만들어진 삼각형: 3개
가장 작은 삼각형 3개로 만들어진 삼각형: 6개
가장 작은 삼각형 6개로 만들어진 삼각형: 1개
➡ (크고 작은 삼각형의 수)=6+3+6+1
=16(개)

6-3 가장 작은 이등변삼각형 1개로 만들어진 이등변삼
각형: 8개
가장 작은 이등변삼각형 2개로 만들어진 이등변삼
각형: 4개
가장 작은 이등변삼각형 4개로 만들어진 이등변삼
각형: 4개
➡ (크고 작은 이등변삼각형의 수)=8+4+4
=16(개)

> **해결 전략**
> 정사각형 ㄱㄴㄷㄹ 안에 그려진 가장 작은 삼각형들은 모두 이등변삼각형입니다.

7-1 칠교놀이 판 조각을 그리면 다음과 같습니다.

칠교놀이 판의 삼각형은 모두 직각삼각형이면서 이
등변삼각형이므로 세 각은 각각 90°, 45°, 45°로
같습니다.

●는 45°와 마주 보는 각이므로 45°,

▲=★=180°-45°=135°입니다.

따라서 ㉠=135°, ㉡=45°+90°+90°=225°
이므로 ㉠+㉡=135°+225°=360°입니다.

◆◆ LEVEL UP TEST
45~48쪽

1 29	**2** 100°	**3** 4개	**4** 38 cm	**5** 85°
6 8 cm, 12 cm, 12 cm		**7** 38 cm	**8** 232 cm	**9** 70°	**10** 64°
11 540°	**12** 20개			

1 접근 ≫ 남은 한 각의 크기를 생각해 봅니다.

예각삼각형이므로 남은 한 각의 크기도 90°보다 작아야 합니다.
남은 한 각의 크기가 가장 클 때 □가 가장 작아지므로 남은 한 각의 크기를 90°보다
작은 가장 큰 자연수의 각 89°라고 하면
□=180-62-89, □=29입니다.

> **해결 전략**
> □가 가장 작은 경우는 삼각형의 남은 한 각의 크기가 가장 커요.

2

40쪽 3번의 변형 심화 유형

접근 >> 구할 수 있는 각의 크기를 먼저 구해 봅니다.

정삼각형 ㄱㄴㄷ에서 (각 ㄴㄱㄷ)=60°이므로

(각 ㄷㄱㄹ)=100°−60°=40°입니다.

삼각형 ㄱㄷㄹ은 이등변삼각형이므로 (각 ㄱㄷㄹ)=(각 ㄷㄱㄹ)=40°,

(각 ㄱㄹㄷ)=180°−40°−40°=100°입니다.

서술형 3

43쪽 6번의 변형 심화 유형

접근 >> 삼각형 1개, 2개, 3개로 만들어진 예각삼각형의 수를 각각 구해 봅니다.

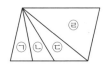

예 삼각형 1개로 만들어진 예각삼각형: ㉠, ㉣ ➡ 2개

삼각형 2개로 만들어진 예각삼각형: ㉠+㉡ ➡ 1개

삼각형 3개로 만들어진 예각삼각형: ㉠+㉡+㉢ ➡ 1개

따라서 찾을 수 있는 크고 작은 예각삼각형은 2+1+1=4(개)입니다.

채점 기준	배점
삼각형 1개로 만들어진 예각삼각형을 찾았나요?	1점
삼각형 2개로 만들어진, 3개로 만들어진 예각삼각형을 찾았나요?	2점
크고 작은 예각삼각형을 모두 찾았나요?	2점

4

39쪽 2번의 변형 심화 유형

접근 >> 변 ㄴㄷ의 길이를 먼저 구해 봅니다.

삼각형 ㄱㄴㄷ에서 (변 ㄱㄴ)=(변 ㄱㄷ)이므로

(변 ㄴㄷ)=34−13−13=8(cm)입니다.

삼각형 ㄹㄴㄷ에서 (변 ㄴㄷ)=8 cm이므로

(변 ㄹㄴ)=(변 ㄹㄷ)=(20−8)÷2=6(cm)입니다.

따라서 (색칠한 도형의 둘레의 길이)=13+6+6+13=38(cm)입니다.

5

40쪽 3번의 변형 심화 유형

접근 >> 삼각형 ㄱㄴㄷ과 삼각형 ㄷㄹㅁ에서 남은 각들의 크기를 구해 봅니다.

삼각형 ㄱㄴㄷ에서 (변 ㄴㄱ)=(변 ㄴㄷ)이므로

(각 ㄱㄷㄴ)=(각 ㄷㄱㄴ)=(180°−50°)÷2=65°입니다.

삼각형 ㄷㄹㅁ에서 (변 ㄹㄷ)=(변 ㄹㅁ)이므로

(각 ㅁㄷㄹ)=(각 ㄷㅁㄹ)=(180°−120°)÷2=30°입니다.

(각 ㄱㄷㄴ)+(각 ㄱㄷㅁ)+(각 ㅁㄷㄹ)=180°이므로 ──일직선

(각 ㄱㄷㅁ)=180°−65°−30°=85°입니다.

서술형 6 접근 ≫ 길이가 같은 두 변의 길이를 8 cm로 할 수 있는지 먼저 알아봅니다.

예 길이가 같은 두 변의 길이를 8 cm라 하면 남은 한 변의 길이가

$32-8-8=16$(cm)가 되므로 삼각형을 만들 수 없습니다.

즉 길이가 같은 두 변의 길이는 $32-8=24$(cm)를 2로 나눈 $24 \div 2=12$(cm)입니다.

따라서 수정이는 각 변의 길이가 8 cm, 12 cm, 12 cm인 삼각형을 만들었습니다.

채점 기준	배점
이등변삼각형에서 길이가 같은 두 변의 길이를 구했나요?	2점
이등변삼각형의 세 변의 길이를 구했나요?	3점

해결 전략
삼각형에서 가장 긴 변의 길이는 남은 두 변의 길이의 합보다 짧아야 해요.

해결 전략
8 cm, 8 cm, 16 cm의 가장 긴 변 16 cm가 남은 두 변의 길이의 합과 같으므로 삼각형이 안 돼요.

7 접근 ≫ 변 ㄱㄷ의 길이를 먼저 구해 봅니다.

(변 ㄴㄱ)＝(변 ㄴㄷ)인 이등변삼각형의 둘레가 26 cm이므로

변 ㄱㄷ의 길이는 $26-10-10=6$(cm)입니다.

따라서 도형 전체의 둘레의 길이는 도형 ㄱㄴㄷㄹㅁ의 둘레의 길이이므로

$10+10+6+6+6=38$(cm)입니다.

해결 전략
이등변삼각형에서 길이가 같은 두 변이 아닌 남은 한 변의 길이는 정사각형의 한 변의 길이와 같아요.

8 42쪽 5번의 변형 심화 유형

접근 ≫ 이등변삼각형이 1개씩 늘어날 때 도형의 둘레의 길이가 늘어나는 규칙을 알아봅니다.

이등변삼각형 1개로 만든 도형의 둘레: $11+11+7=29$(cm)

이등변삼각형 2개로 만든 도형의 둘레: $11+11+7+7=36$(cm)

이등변삼각형 3개로 만든 도형의 둘레: $11+11+7+7+7=43$(cm)

이등변삼각형 4개로 만든 도형의 둘레: $11+11+7+7+7+7=50$(cm)

⋮

이등변삼각형 30개로 만든 도형의 둘레: $11+11+\underbrace{7+7+\cdots\cdots+7}_{30개}$

$=11+11+7\times30$

$=232$(cm)입니다.

해결 전략
이등변삼각형이 1개씩 늘어날 때마다 길이가 11 cm인 변의 수와 길이가 7 cm인 변의 수가 몇 개씩 늘어나는지 찾아요.

해결 전략
이등변삼각형의 개수와 7 cm인 변의 개수가 같아요.

서술형 9 접근 ≫ 길이가 같은 변을 찾아 구할 수 있는 각의 크기를 먼저 구해 봅니다.

예 (각 ㄱㄷㅅ)＝$60°$, (각 ㅅㄷㅂ)＝$(180°-120°)\div2=30°$,

(각 ㄷㄹㅂ)＝$180°-40°=140°$, (각 ㅂㄷㄹ)＝$(180°-140°)\div2=20°$,

(각 ㄱㄷㄴ)＝$180°-$(각 ㄱㄷㅅ)$-$(각 ㅅㄷㅂ)$-$(각 ㅂㄷㄹ)

$=180°-60°-30°-20°=70°$

채점 기준	배점
각 ㄱㄷㅅ, 각 ㅅㄷㅂ, 각 ㄷㄹㅂ, 각 ㅂㄷㄹ의 크기를 각각 구했나요?	4점
각 ㄱㄷㄴ의 크기를 구했나요?	1점

해결 전략
길이가 같은 변을 찾아 크기가 같은 각을 알아봐요.

10 접근 》 정삼각형을 그릴 수 있는 점을 찾아봅니다.

점 ㄴ, 점 ㄷ은 원의 중심이고,
삼각형 ㅁㄴㄷ은 (변 ㅁㄴ)＝(변 ㄴㄷ)＝(변 ㄷㅁ)인 정삼각형이므로
(각 ㅁㄴㄷ)＝(각 ㄴㅁㄷ)＝(각 ㅁㄷㄴ)＝60°입니다.
(각 ㄱㄴㅁ)＝128°－60°＝68°이고
삼각형 ㄱㄴㅁ은 (변 ㄱㄴ)＝(변 ㄴㅁ)인 이등변삼각형이므로
(각 ㄱㅁㄴ)＝(180°－68°)÷2＝56°입니다.
(각 ㄹㅁㄷ)＝180°－56°－60°＝64°이고
삼각형 ㅁㄷㄹ은 (변 ㅁㄷ)＝(변 ㄷㄹ)인 이등변삼각형이므로
㉠＝(각 ㄹㅁㄷ)＝64°입니다.

해결 전략
한 원에서의 반지름의 성질을 이용하여 정삼각형과 이등변삼각형을 찾아봐요.

경시 기출 문제 11 접근 》 찾을 수 있는 예각을 모두 찾아 표시합니다.

예각을 a, b, c, d······로 표시하면 모두 12개입니다.
삼각형 ㄱㄴㄷ에서 a＋b＋★＝180°이고,
★＋90°＝180°, ★＝90°이므로 a＋b＝90°입니다.
같은 방법으로 c＋d＝90°, e＋f＝90°, g＋h＝90°,
i＋j＝90°, k＋l＝90°입니다.
따라서 a＋b＋······＋k＋l＝90°×6＝540°입니다.

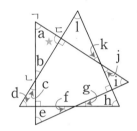

해결 전략
예각의 크기의 합을 구하는 것이므로 각각의 예각의 크기를 모두 구하지 않아도 돼요.

12 접근 》 만들 수 있는 이등변삼각형을 찾아 세어 봅니다.

이등변삼각형은 다음의 20개입니다.

3개

3개

3개

(4번째 그림)
3개

1개

1개

6개

보충 개념
정삼각형은 두 변의 길이가 같으므로 이등변삼각형이라고 할 수 있어요.

해결 전략
각 점에서 그을 수 있는 이등변삼각형을 그려 보고 중복되는 것은 제외해요.

①에서 그을 수 있는 이등변삼각형은 (①, ②, ③), (①, ②, ⑥), (①, ②, ⑦), (①, ③, ⑤),
(①, ③, ⑦), (①, ⑤, ⑦), (①, ⑤, ⑥), (①, ⑥, ⑦) 이에요.

1 9	**2** 20 cm	**3** 228 cm	**4** 150°	**5** 45°	**6** 97°
7 40개	**8** 28개				

1

접근 》 세 변의 길이가 주어졌을 때 삼각형을 만들 수 있는 조건을 알아봅니다.

삼각형에서 가장 긴 변의 길이는 남은 두 변의 길이의 합보다 작으므로 이 조건을 만족시키는 막대를 찾아보면 다음과 같습니다.

빨간 막대	파란 막대	노란 막대	삼각형 여부
7 cm	7 cm	6 cm	○
7 cm	7 cm	7 cm	○
7 cm	7 cm	10 cm	○
7 cm	9 cm	6 cm	○
7 cm	9 cm	7 cm	○
7 cm	9 cm	10 cm	○
15 cm	7 cm	6 cm	×
15 cm	7 cm	7 cm	×
15 cm	7 cm	10 cm	○
15 cm	9 cm	6 cm	×
15 cm	9 cm	7 cm	○
15 cm	9 cm	10 cm	○

> **해결 전략**
> 세 변의 길이가 같은 삼각형은 두 변의 길이가 같은 이등변삼각형이 될 수 있어요.

> **해결 전략**
> 가장 긴 변 15 cm가 남은 두 변의 합 $7+6=13$(cm)보다 더 길므로 삼각형을 만들 수 없어요.

㉠: (7 cm, 9 cm, 6 cm), (7 cm, 9 cm, 10 cm), (15 cm, 7 cm, 10 cm),
(15 cm, 9 cm, 7 cm), (15 cm, 9 cm, 10 cm) ➡ 5개

㉡: (7 cm, 7 cm, 6 cm), (7 cm, 7 cm, 7 cm), (7 cm, 7 cm, 10 cm),
(7 cm, 9 cm, 7 cm) ➡ 4개

따라서 ㉠+㉡=5+4=9입니다.

서술형 2

접근 》 짧은 변 ㄱㄴ의 길이를 □cm라 하여 식을 만들어 봅니다.

㉂ 짧은 변 ㄱㄴ의 길이를 □cm라고 하면, 긴 변의 길이는 짧은 변의 길이의 2배이므로 (변 ㄱㄷ)=(변 ㄴㄷ)=(□×2) cm입니다.
삼각형의 둘레의 길이는 □+(□×2)+(□×2)=50이고, □×5=50이므로 □=10입니다. 따라서 변 ㄴㄷ의 길이는 10×2=20(cm)입니다.

> **해결 전략**
> $□+(□×2)+(□×2)$
> $=□+(□+□)+(□+□)$
> $=□×5$

채점 기준	배점
□를 사용하여 삼각형의 둘레의 길이를 식으로 나타냈나요?	3점
변 ㄴㄷ의 길이를 구했나요?	2점

3 47쪽 8번의 변형 심화 유형

접근 ≫ 첫째 모양에서 색칠한 삼각형의 한 변의 길이를 먼저 구해 봅니다.

(삼각형 ㉠의 한 변의 길이)=48÷3=16(cm)

(삼각형 ㉡의 한 변의 길이)=16÷2=8(cm)

(삼각형 ㉢의 한 변의 길이)=8÷2=4(cm)

➡ (색칠한 삼각형들의 둘레의 길이의 합)

＝(㉠의 둘레의 길이)＋(㉡의 둘레의 길이)×3＋(㉢의 둘레의 길이)×9

＝48＋(8×3×3)＋(4×3×9)＝48＋72＋108＝228(cm)

해결 전략
정삼각형의 각 변의 한가운데를 연결하여 만들어지는 삼각형도 정삼각형이에요.

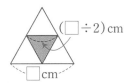

4 접근 ≫ 길이가 같은 선분을 찾아 각각의 삼각형이 어떤 삼각형인지 알아봅니다.

정삼각형에서 각 ㄱㄹㅇ의 크기는 60°이고, 정사각형에서 각 ㄱㄹㄷ의 크기는 90°이므로 (각 ㅇㄹㄷ)＝90°−60°＝30°입니다.

삼각형 ㄹㅇㄷ은 (변 ㄹㅇ)＝(변 ㄹㄷ)인 이등변삼각형이므로

(각 ㄹㅇㄷ)＝(180°−30°)÷2＝75°입니다.

위와 같은 방법으로 삼각형 ㄱㄴㅇ에서 (각 ㄴㄱㅇ)＝90°−60°＝30°이고

삼각형 ㄱㄴㅇ은 (변 ㄱㄴ)＝(변 ㄱㅇ)인 이등변삼각형이므로

(각 ㄱㅇㄴ)＝75°입니다.

따라서 (각 ㄴㅇㄷ)＝360°−60°−75°−75°＝150°입니다.

해결 전략
(변 ㄱㄹ)＝(변 ㄹㄷ),
(변 ㄱㄹ)＝(변 ㄹㅇ)이므로
(변 ㄹㅇ)＝(변 ㄹㄷ)이에요.

5 접근 ≫ 삼각형 ㄱㄹㅁ에서 남은 각들의 크기를 구해 봅니다.

삼각형 ㄱㄹㅁ은 이등변삼각형이므로 (각 ㄱㅁㄹ)＝(각 ㄱㄹㅁ)＝65°,

(각 ㅁㄱㄹ)＝180°−65°−65°＝50°, (각 ㄴㄱㅁ)＝90°＋50°＝140°입니다.

삼각형 ㄱㄴㅁ은 (변 ㄱㄴ)＝(변 ㄱㅁ)인 이등변삼각형이므로

(각 ㄱㄴㅁ)＝(각 ㄱㅁㄴ)＝(180°−140°)÷2＝20°입니다.

따라서 (각 ㄹㅁㅂ)＝(각 ㄱㅁㄹ)−(각 ㄱㅁㄴ)＝65°−20°＝45°입니다.

해결 전략
삼각형 ㄱㄹㅁ에서
(변 ㄱㄹ)＝(변 ㄱㅁ)이에요.

해결 전략
(변 ㄱㄴ)＝(변 ㄱㄹ),
(변 ㄱㄹ)＝(변 ㄱㅁ)이므로
(변 ㄱㄴ)＝(변 ㄱㅁ)이에요.

6 48쪽 10번의 변형 심화 유형

접근 ≫ 이등변삼각형을 찾아 각의 크기를 알아봅니다.

(각 ㄹㄷㄴ)＝60°＋46°＝106°

삼각형 ㄹㄴㄷ은 (변 ㄴㄷ)＝(변 ㄷㄹ)인 이등변삼각형이므로

(각 ㄴㄹㄷ)＝(180°−106°)÷2＝37°입니다.

(각 ㅁㄹㅂ)＝60°−37°＝23°이므로

삼각형 ㅁㄹㅂ에서 60°＋23°＋(각 ㅁㅂㄹ)＝180°, (각 ㅁㅂㄹ)＝97°입니다.

해결 전략
정삼각형 ㄱㄴㄷ을 회전시켜서 생긴 삼각형 ㄹㅁㄷ에서
(변 ㄴㄷ)＝(변 ㄷㄹ)이에요.

다른 풀이

(각 ㄹㄷㄴ)＝60°＋46°＝106°

삼각형 ㄹㄴㄷ은 (변 ㄴㄷ)＝(변 ㄷㄹ)인 이등변삼각형이므로

(각 ㄴㄹㄷ)＝(180°−106°)÷2＝37°입니다.

삼각형 ㄹㅂㄷ에서 한 꼭짓점에서 만들어지는 외각의 크기는 다른 두 꼭짓점의 내각의 크기의 합과 같으므로 (각 ㅁㅂㄹ)＝(각 ㅂㄹㄷ)＋(각 ㅂㄷㄹ)＝37°＋60°＝97°입니다.

7 48쪽 12번의 변형 심화 유형

접근 ≫ 길이가 같은 점과 점을 찾아 그릴 수 있는 이등변삼각형을 알아봅니다.

한 점에서 길이가 같은 두 선분을 그어 만든 이등변삼각형은 다음과 같습니다.

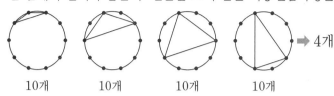

10개   10개   10개   10개 ➡ 4개

해결 전략
한 점에서 그릴 수 있는 이등변삼각형의 수를 10배해요.

따라서 10개의 점에서 길이가 같은 두 선분을 그어 만든 이등변삼각형은
(한 점에서 길이가 같은 두 선분을 그어 만든 이등변삼각형의 개수)$\times 10 = 4 \times 10$
$= 40$(개)입니다.

8 접근 ≫ 만들 수 있는 이등변삼각형의 규칙을 찾아봅니다.

만들 수 있는 이등변삼각형은 다음과 같습니다.

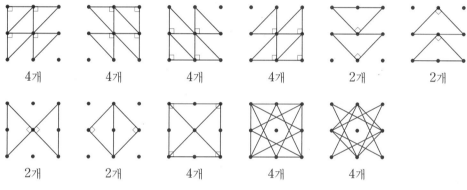

4개   4개   4개   4개   2개   2개

2개   2개   4개   4개   4개

해결 전략
두 변의 길이가 같은 이등변삼각형을 모두 찾은 후 직각삼각형을 찾아봐요.

이 중에서 직각삼각형은 $4 \times 5 + 2 \times 4 = 20 + 8 = 28$(개)입니다.

연필 없이 생각 톡 ❗   52쪽

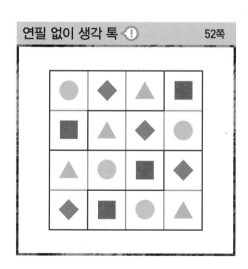

3 소수의 덧셈과 뺄셈

◉ BASIC TEST

1 소수의 이해
57쪽

1 (1) ㉠ 0.05 / ㉡ 0.17 (2) ㉠ 4.96 / ㉡ 5.13

2 7.162 / 칠점 일육이   **3** 53.76

4 (1) 0.47 (2) 5.098 (3) 14.809

5 ㉢, ㉡, ㉣, ㉠   **6** ㉠

1 (1) 0과 0.1, 0.1과 0.2 사이를 각각 10등분하면 작은 눈금 한 칸의 크기는 0.01입니다. 따라서 ㉠은 0에서 0.01씩 5번 뛰어 센 수이므로 0.05이고, ㉡은 0.1에서 0.01씩 7번 뛰어 센 수이므로 0.17입니다.

(2) 4.9와 5, 5와 5.1 사이를 각각 10등분하면 작은 눈금 한 칸의 크기는 0.01입니다. 따라서 ㉠은 4.9에서 0.01씩 6번 뛰어 센 수이므로 4.96이고 ㉡은 5.1에서 0.01씩 3번 뛰어 센 수이므로 5.13입니다.

2 소수 세 자리 수이므로 □.△○☆이라고 놓습니다.
7보다 크고 8보다 작으므로 일의 자리 수는 7입니다.
➡ 7.△○☆
소수 첫째 자리 수는 1입니다. ➡ 7.1○☆
소수 둘째 자리 수는 6입니다. ➡ 7.16☆
소수 셋째 자리 수는 2입니다. ➡ 7.162

3 주어진 수들의 소수 둘째 자리 수를 알아보면
0.47 ➡ 7, 2.075 ➡ 7, 53.76 ➡ 6,
8.574 ➡ 7입니다.
따라서 소수 둘째 자리 수가 나머지 셋과 다른 소수는 53.76입니다.

4 (1) 0.01이 47개인 수는 $\frac{1}{100}$이 47개이므로
$\frac{47}{100}$=0.47입니다.

(2) 0.001이 5098개인 수는 $\frac{1}{1000}$이 5098개이므로 $\frac{5098}{1000}$=5.098입니다.

(3)
$$\begin{array}{r} 1\text{이 }14\text{개} \rightarrow 14 \\ \frac{1}{10}(=0.1)\text{이 }8\text{개} \rightarrow 0.8 \\ +\,)\;\frac{1}{1000}(=0.001)\text{이 }9\text{개} \rightarrow 0.009 \\ \hline 14.809 \end{array}$$

보충 개념
0.01이 ■▲개인 수: 0.■▲
0.001이 ♥★●◆개인 수: ♥.★●◆

5 ㉠ 9.408 ➡ 9   ㉡ 7.193 ➡ 0.09
  └ 일의 자리   └ 소수 둘째 자리
㉢ 5.249 ➡ 0.009   ㉣ 0.955 ➡ 0.9
  └ 소수 셋째 자리   └ 소수 첫째 자리

6 ㉠ 5.734보다 0.01 큰 수는 소수 둘째 자리 수가 1 큰 5.744입니다.
㉡ 1이 6개이면 6, 0.1이 2개이면 0.2, 0.01이 4개이면 0.04, 0.001이 5개이면 0.005이므로 6.245입니다.
➡ 두 수의 소수 첫째 자리 수를 비교하면 7>2이므로 소수 첫째 자리 수가 더 큰 수는 ㉠입니다.

2 소수의 크기 비교, 소수 사이의 관계
59쪽

1 (1) 0.3, 0.03 (2) 1.27, 0.127

2 ㉢, ㉠, ㉡   **3** 1000배

4 서점, 은행, 학교

5 0.48, 0.3, 9.7, 6.2, 0.25

6 0.483

1 $\frac{1}{10}$은 소수점이 왼쪽으로 한 자리 이동하고 $\frac{1}{100}$은 소수점이 왼쪽으로 두 자리 이동합니다.
보충 개념
10배 하면 소수점이 오른쪽으로 한 자리 이동합니다.

2 자연수 부분, 소수 첫째 자리 수, 소수 둘째 자리 수, 소수 셋째 자리 수의 순서로 크기를 비교합니다.
➡ 6.07>0.67>0.607
  6>0   7>0

3 ㉠은 일의 자리 숫자이므로 5를 나타내고, ㉡은 소수 셋째 자리 숫자이므로 0.005를 나타냅니다.

따라서 5는 0.005의 1000배이므로 ㉠이 나타내는 수는 ㉡이 나타내는 수의 1000배입니다.

4 580 m＝0.58 km, 805 m＝0.805 km이므로 0.58＜0.805＜0.83입니다.
따라서 정훈이네 집에서 가까운 곳부터 순서대로 쓰면 서점, 은행, 학교입니다.

> **해결 전략**
> 1 km＝1000 m이므로
> $1\,m＝\dfrac{1}{1000}\,km$입니다.

5 1 cm＝0.01 m이므로 48 cm＝0.48 m,
30 cm＝0.3 m입니다.
1 mm＝0.1 cm이므로 97 mm＝9.7 cm입니다.
1 g＝0.001 kg이므로 6200 g＝6.2 kg입니다.
1 mL＝0.001 L이므로 250 mL＝0.25 L입니다.

6 3, 8, 0, 4로 만들 수 있는 소수 세 자리 수 중 소수 셋째 자리 수가 3인 수는 □.□□3입니다.
3을 제외한 수의 크기를 비교하면 0＜4＜8이므로 □.□□3의 일의 자리부터 작은 수를 차례로 넣으면 0.483입니다.

> **해결 전략**
> 자연수는 일의 자리가 가장 높은 자리일 때 0을 쓸 수 없지만 소수는 일의 자리에 0을 쓸 수 있습니다.

3 소수의 덧셈   61쪽

> **1** (1) 0.4, 0.4   (2) 0.7, 0.7   (3) 4.5, 4.5
> **2** 4.37   **3** 6.12 km
> **4** ㉢, ㉡, ㉣, ㉠   **5** 3.03
> **6** 예 ⑨.⑤③＋⑦.④① / 16.94

1 (1) 0.8은 0.1이 8개이므로 8을 2로 나누면 0.1이 4개씩인 0.4입니다.
(2) 1.4는 0.1이 14개이므로 14를 2로 나누면 0.1이 7개씩인 0.7입니다.
(3) 9는 0.1이 90개이므로 90을 2로 나누면 0.1이 45개씩인 4.5입니다.

> **다른 풀이**
> 자연수로 생각한 후 소수로 나타냅니다.
> (1) 4＋4＝8이므로 0.4＋0.4＝0.8입니다.
> (2) 7＋7＝14이므로 0.7＋0.7＝1.4입니다.
> (3) 45＋45＝90이므로 4.5＋4.5＝9입니다.

2 ㉠ 0.01이 10개이면 0.1이므로 0.01이 57개이면 0.57입니다.
㉡ 3.8

$$\begin{array}{r} \overset{1}{}0.57 \\ +\ 3.80 \\ \hline 4.37 \end{array}$$

3 2280 m＝2.28 km이므로
(집~백화점~은행)＝3.84＋2.28＝6.12(km)입니다.

> **다른 풀이**
> 3.84 km＝3840 m이므로
> (집~백화점~은행)＝3840＋2280＝6120(m)
> ➡ 6120 m＝6.12 km

4
㉠
$$\begin{array}{r} \overset{1}{}0.8 \\ +\ 0.7 \\ \hline 1.5 \end{array}$$
㉡
$$\begin{array}{r} \overset{1}{}0.31 \\ +\ 0.98 \\ \hline 1.29 \end{array}$$
㉢
$$\begin{array}{r} \overset{1}{}0.38 \\ +\ 0.28 \\ \hline 0.66 \end{array}$$
㉣
$$\begin{array}{r} \overset{1\ 1}{}0.43 \\ +\ 0.89 \\ \hline 1.32 \end{array}$$

➡ 0.66＜1.29＜1.32＜1.5이므로
㉢＜㉡＜㉣＜㉠입니다.

5 어떤 수를 □라고 하면 잘못 계산한 식은
□－1.275＝0.48이므로
□＝0.48＋1.275＝1.755입니다.
따라서 바르게 계산하면 1.755＋1.275＝3.03입니다.

> **주의**
> 소수 끝자리 0은 생략할 수 있으므로 0.48을 0.480으로 나타내어 소수점끼리 맞추어 계산합니다.

> **지도 가이드**
> 소수의 덧셈을 세로로 쓸 때 가장 많이 나타나는 오류는 소수점끼리 맞추지 않고 숫자끼리 맞추는 것입니다. 소수점을 맞춰야 하는 이유를 서로 다른 자릿수의 덧셈 과정에서 스스로 찾도록 지도합니다.

6 합이 가장 큰 덧셈식을 만들 때는 가장 큰 수 9와 둘째로 큰 수 7은 일의 자리에, 셋째로 큰 수 5와 넷째로 큰 수 4는 소수 첫째 자리에, 가장 작은 수 1과 둘째로 작은 수 3은 소수 둘째 자리에 놓으면 됩니다. 이때, 덧셈식은 $7.53+9.41$, $9.43+7.51$ 등 여러 가지가 나옵니다.

---

4 소수의 뺄셈 |63쪽

1 (1) 6.1 / 6 / 5.9 / 5.8 (2) 3.4 / 2.4 / 1.4 / 0.4

2
```
  0.46
- 0.2
------
  0.26
```
/ (예) 소수점의 위치를 잘못 맞추어 계산하였습니다. 소수점끼리 맞추어 쓴 다음 같은 자릿수끼리 뺍니다.

3 (1) 0.02 (2) 0.12   **4** 준형, 0.13 m

5 ㉠   **6** 3개

7 0.19 m

1 (1) 빼어지는 수는 모두 7.3이고 빼는 수가 0.1씩 커지므로 차는 0.1씩 작아집니다.

(2) 빼어지는 수는 모두 4.9이고 빼는 수가 1씩 커지므로 차는 1씩 작아집니다.

> **다른 풀이**
> (1) $7.3-1.2=6.1$, $7.3-1.3=6$, $7.3-1.4=5.9$, $7.3-1.5=5.8$
> (2) $4.9-1.5=3.4$, $4.9-2.5=2.4$, $4.9-3.5=1.4$, $4.9-4.5=0.4$

2 소수점끼리 맞추어 세로로 쓰고 소수 둘째 자리의 차부터 차례로 구합니다.

3 (1) $0.99+0.99=1+1-0.01-0.01$
$$=2-0.01-0.01$$
$$=2-0.02$$
(2) $0.9+0.98=1+1-0.1-0.02$
$$=2-0.1-0.02$$
$$=2-0.12$$

> **다른 풀이**
> (1) $0.99+0.99=1.98=2-0.02$
> (2) $0.9+0.98=1.88=2-0.12$

4 $138\,cm=1.38\,m$이므로 $1.38<1.51$입니다. 준형이가 $1.51-1.38=0.13(m)$ 더 큽니다.

> **해결 전략**
> 단위를 cm 또는 m로 통일하여 계산한 후 m로 나타냅니다.

> **다른 풀이**
> $1.51\,m=151\,cm$이므로 $138<151$입니다.
> 준형이가 $151-138=13(cm)$ → 0.13 m 더 큽니다.

5
```
       8 10
㉠   0.9 2
  - 0.2 8
  -------
    0.6 4
```
```
         10
㉡   1.0 8
  - 0.6
  -------
    0.4 8
```
```
     2 10 4 10
㉢   3.4 5
  - 2.8 3 2
  ---------
    0.6 1 8
```

➡ $0.64>0.618>0.48$이므로 계산 결과가 가장 큰 뺄셈식은 ㉠입니다.

6 $1.3-0.6=0.7$이므로 $0.7<0.□5$입니다. 따라서 □ 안에 들어갈 수 있는 수는 7, 8, 9로 모두 3개입니다.

7 (수정이가 사용하고 남은 철사의 길이)
$$=1.25-0.79=0.46(m)$$
(지우가 사용하고 남은 철사의 길이)
$$=0.46-0.27=0.19(m)$$

> **다른 풀이**
> (두 사람이 사용한 철사의 길이)$=0.79+0.27=1.06(m)$
> (남은 철사의 길이)$=1.25-1.06=0.19(m)$

MATH TOPIC 64~71쪽

1-1 2.456	**1-2** 7	**1-3** 7.83
2-1 9, 9, 0	**2-2** 3, 4, 5, 6	**2-3** ㉡, ㉠, ㉢
3-1 69, 0.69	**3-2** 200배	**3-3** 1004.5
4-1 3.88	**4-2** 1.86 m	**4-3** 2.05 km
5-1 2개	**5-2** 67.89	**5-3** 11
6-1 3.153	**6-2** 73.968, 73.698	
7-1 (위에서부터) 5, 2, 6, 5, 5		
7-2 (위에서부터) 7, 6, 4, 1, 8, 3		
심화**8** 0.001, 5.13, 5.13, 2.39 / 2.39, >, 2.39, 시내 도로 / 시내 도로		
8-1 192.28 km / 35.815 km		

1-1

2.45와 2.46 사이의 크기는 0.01이고, 0.01을 10등분하면 작은 눈금 한 칸의 크기는 0.001입니다. 따라서 □ 안에 알맞은 수는 2.45에서 0.001씩 6번 뛰어 센 수이므로 2.456입니다.

1-2

9.17과 9.18 사이의 크기는 0.01이고, 0.01을 10등분하면 작은 눈금 한 칸의 크기는 0.001입니다. 따라서 ㉠은 9.17에서 0.001씩 8번 뛰어 센 수인 9.178이므로 소수 첫째 자리 숫자는 1, 소수 셋째 자리 숫자는 8입니다. ➡ $8-1=7$

다른 풀이
㉠은 9.18에서 0.001씩 거꾸로 2번 뛰어 센 수인 9.178로 구할 수도 있습니다.

1-3

3.8과 3.9 사이와 3.9와 4 사이의 크기는 각각 0.1이고, 0.1을 10등분하면 작은 눈금 한 칸의 크기는 0.01입니다.
따라서 ㉠은 3.8에서 0.01씩 8번 뛰어 센 수인 3.88, ㉡은 3.9에서 0.01씩 5번 뛰어 센 수인 3.95입니다.
➡ ㉠+㉡$=3.88+3.95=7.83$

2-1 ■.041>8.0▲2>8.●85에서
8.0▲2>8.●85이므로 8.●85의 ●는 0보다 큰 수가 될 수 없으므로 ●=0입니다.
8.0▲2>8.085에서 8.●85의 소수 셋째 자리 수가 8.0▲2보다 크므로 ▲는 8보다 큰 수인 ▲=9입니다.
■.041>8.092에서 ■는 8보다 큰 수이어야 하므로 ■=9입니다.

2-2 ㉠ 25.□95<25.782에서 소수 둘째 자리 수가 9>8이므로 □ 안에는 7보다 작은 수인 6, 5, 4, 3, 2, 1, 0이 들어갈 수 있습니다.

㉡ 5.7□4>5.725에서 소수 셋째 자리 수가 4<5이므로 □ 안에는 2보다 큰 수인 3, 4, 5, 6, 7, 8, 9가 들어갈 수 있습니다.
따라서 □ 안에 공통으로 들어갈 수 있는 수는 3, 4, 5, 6입니다.

2-3 □ 안에 가장 작은 수인 0을 넣으면
㉠ 50.286, ㉡ 50.003, ㉢ 59.450이 되므로 ㉡<㉠<㉢입니다.
□ 안에 가장 큰 수인 9를 넣으면
㉠ 59.286, ㉡ 50.093, ㉢ 59.459가 되므로 ㉡<㉠<㉢입니다. 따라서 □ 안에 어떤 수를 넣더라도 ㉡<㉠<㉢이 됩니다.

해결 전략
□ 안에 가장 작은 수인 0과 가장 큰 수인 9를 넣어서 소수의 크기를 비교합니다.

3-1 1이 5개, 0.1이 19개인 수는 $5+1.9=6.9$입니다. 따라서 6.9의 10배인 수는 소수점이 오른쪽으로 한 자리 옮긴 69이고, $\frac{1}{10}$인 수는 소수점이 왼쪽으로 한 자리 옮긴 0.69입니다.

보충 개념
0.1이 10개인 수는 1입니다.
따라서 0.1이 19개인 수는
(0.1이 10개인 수)+(0.1이 9개인 수)$=1+0.9=1.9$
입니다.

3-2 소수 첫째 자리 숫자 4는 0.4를 나타내고, 소수 셋째 자리 숫자 2는 0.002를 나타냅니다.
따라서 0.002 0.02 0.2이므로 0.2는
10배 10배
0.002의 100배이고, 0.4는 0.2의 2배이므로 0.4는 0.002의 $100×2=200$(배)입니다.

3-3
$$\begin{array}{r} 1\text{이 }10\text{개이면 }10 \\ +\ 0.001\text{이 }45\text{개이면 }\ 0.045 \\ \hline 10.045 \end{array}$$

따라서 어떤 수의 $\frac{1}{100}$인 수가 10.045이므로 어떤 수는 10.045의 100배인 1004.5입니다.

보충 개념
0.001이 10개이면 0.01이므로 0.001이 40개이면
0.04입니다.
따라서 0.001이 45개인 수는
(0.001이 40개인 수)+(0.001이 5개인 수)
=0.04+0.005=0.045입니다.

4-1 (㉮에서 ㉯까지의 거리)
=4.67+6.9−□=7.69이므로
11.57−□=7.69,
□=11.57−7.69=3.88(m)입니다.

해결 전략
덧셈과 뺄셈의 관계를 이용하여 □의 값을 구합니다.

4-2

1.39+□=0.85+2.4, 1.39+□=3.25,
□=3.25−1.39=1.86(m)
따라서 정민이와 성근이는 1.86 m 떨어져 있습니다.

다른 풀이
(미혜~정민)=1.39−0.85=0.54(m),
(정민~성근)=2.4−0.54=1.86(m)

4-3 (병원~공원)=0.87+5.27=6.14(km)
(현서네 집~서점)
= (병원~공원)−(병원~현서네 집)−(서점~공원)
=6.14−2.6−1.49
=3.54−1.49=2.05(km)

다른 풀이
(병원~공원)=0.87+5.27=6.14(km)
(병원~현서네 집)+(서점~공원)
=2.6+1.49=4.09(km)
(현서네 집~서점)=6.14−4.09=2.05(km)

5-1 9.32−4.596=4.724이므로 4.□08>4.724
입니다.
일의 자리 수가 같고 소수 둘째 자리 수는 0<2로
작은 수가 더 크므로 □ 안에는 7보다 큰 수인 8, 9
가 들어갈 수 있습니다.

해결 전략
오른쪽 식을 먼저 계산한 후 왼쪽과 오른쪽 두 소수의 각
자리 수를 비교합니다.

5-2 2.78+4.22−1.637=7−1.637=5.363이
므로 5.363<5.3□9입니다.

일의 자리 수와 소수 첫째 자리 수가 같고 소수 셋
째 자리 수는 3<9로 큰 수가 더 크므로 □ 안에는
6이거나 6보다 큰 수 6, 7, 8, 9가 들어갈 수 있습
니다. 따라서 6, 7, 8, 9를 모두 한 번씩 사용하여
만들 수 있는 가장 작은 소수 두 자리 수는 67.89
입니다.

5-3 ㉠ 5.294+1.86=7.154이므로
7.154<7.1□6입니다.
일의 자리 수와 소수 첫째 자리 수가 같고 소수
셋째 자리 수가 4<6이므로 □ 안에는 5이거나
5보다 큰 5, 6, 7, 8, 9가 들어갈 수 있습니다.
㉡ 7.51−3.649+4.82=3.861+4.82
=8.681이므로 8.681>8.□79입니다.
일의 자리 수가 같고 소수 둘째 자리 수가 8>7
이므로 □ 안에는 6이거나 6보다 작은 0, 1, 2,
3, 4, 5, 6이 들어갈 수 있습니다.
따라서 □ 안에 공통으로 들어갈 수 있는 수는 5, 6
이므로 두 수의 합은 5+6=11입니다.

6-1 일의 자리 수는 1, 2, 3, 4, 5 중 3으로 나누어떨어
지는 수이므로 3입니다. ┌일의 자리 수가 1인 소수 세 자리
소수 첫째 자리 수는 1, 소수 둘째 자리 수는 └수는 1.□△○이므로 1보다 큽니다.
1×5=5, 소수 셋째 자리 수는 5−2=3입니다.
따라서 조건을 모두 만족하는 소수 세 자리 수는
3.153입니다.

보충 개념
1×(어떤 수)=(어떤 수), (어떤 수)×1=(어떤 수)

6-2 73과 74 사이의 소수 세 자리 수는 73.□□□입
니다. 두 수의 합이 15가 되는 한 자리 수의 쌍은
(6, 9), (7, 8)입니다. ┌(7, 8)로 만든 소수는 73.878,
└73.788이므로 가장 큰 수와 가
장 작은 수가 아닙니다.
가장 큰 수는 소수 첫째 자리 수가 9, 소수 둘째 자
리 수가 6, 소수 셋째 자리 수가 3+5=8이므로
73.968입니다.
가장 작은 수는 소수 첫째 자리 수가 6, 소수 둘째
자리 수가 9, 소수 셋째 자리 수가 3+5=8이므
로 73.698입니다.

7-1

$$
\begin{array}{r}
5\ \ 11\ \ 9\ \ 10 \\
\fbox{㉠}\ 6\ .\ \overset{\diagdown}{2} \\
-\ 1\ \fbox{㉡}\ .6\ \fbox{㉢}\ 5 \\
\hline
4\ 3\ .\ \fbox{㉣}\ 3\ \fbox{㉤}
\end{array}
$$

- 소수 셋째 자리 수는 $10-5=$ ㉤, ㉤$=5$입니다.
- 소수 둘째 자리 수는 소수 셋째 자리 수로 받아내림이 있으므로 $10-1-$㉢$=3$, ㉢$=6$입니다.
- 소수 첫째 자리 수는 소수 둘째 자리 수로 받아내림이 있으므로 $10+2-1-6=$㉣에서 ㉣$=5$입니다.
- 일의 자리 수는 소수 첫째 자리 수로 받아내림이 있으므로 $6-1-$㉡$=3$에서 ㉡$=2$입니다.
- 십의 자리 수는 ㉠$-1=4$에서 ㉠$=5$입니다.

해결 전략
받아내림을 먼저 알아보고, 받아내림이 있으면 1을 뺍니다.

7-2

$$
\begin{array}{r}
\fbox{㉠}\ .\ \fbox{㉡}\ \fbox{㉢} \\
-\ \fbox{㉣}\ .\ \fbox{㉤}\ \fbox{㉥} \\
\hline
5\ .\ 8\ \ 1
\end{array}
$$

- 소수 둘째 자리 수에서 ㉢$-$㉥$=1$이 되는 (㉢, ㉥)은 (4, 3), (7, 6), (8, 7) 중 하나입니다.
- 소수 첫째 자리 수 ㉡$-$㉤$=8$이 되는 두 수가 주어진 수 중에서는 없으므로 받아내림하여
$$\underbrace{10+㉡-㉤=8, ㉤-㉡=2}_{10+㉡=8+㉤,\ 10-8=㉤-㉡}$$ 가 되는 (㉡, ㉤)은 (6, 8), (4, 6), (1, 3) 중의 하나입니다.
- 일의 자리 수는 소수 첫째 자리 수로 받아내림이 있으므로 ㉠$-1-$㉣$=5$에서 ㉠$-$㉣$=6$이 되는 (㉠, ㉣)은 (7, 1)입니다.

따라서 ㉠, ㉡, ㉢, ㉣, ㉤, ㉥이 모두 다른 수가 되어야 하므로 (㉠, ㉣)은 (7, 1), (㉢, ㉥)은 (4, 3), (㉡, ㉤)은 (6, 8)입니다.

8-1 (경기 시작부터 지금까지 온 거리)
= (수영을 한 거리)+(사이클을 탄 거리)
+ (마라톤에서 달린 거리)
= $3.9+182+6.38=192.28$(km)
(남은 거리)= (마라톤 전체 거리)−(달린 거리)
= $42.195-6.38$
= 35.815(km)

◆ LEVEL UP TEST

1 640.2, 0.246	**2** 2.607 m	**3** 1.1	**4** 3개	**5** 4.62 L	**6** 1.665 km
7 3.27 kg	**8** 8.28	**9** 100개	**10** 9.36	**11** 40.69 kg	**12** 8개
13 0.32 m	**14** 814	**15** 21.6 m	**16** 4.62 / 4.68	**17** 5, 4, 7, 6	**18** 0.964 kg

1 접근 ≫ 만들 수 있는 가장 큰 소수와 가장 작은 소수의 형태를 생각해 봅니다.

가장 큰 소수는 □□□.□ 형태이므로 백의 자리부터 큰 수를 차례로 놓으면 642.0이 되는데 조건에서 소수 오른쪽 끝자리에는 0이 오지 않는다고 했으므로 2와 0의 자리를 바꾸어 쓰면 640.2입니다.
가장 작은 소수는 □.□□□ 형태이므로 일의 자리부터 작은 수를 차례로 놓으면 0.246입니다.

해결 전략
수 카드 4장을 사용하여 만들 수 있는 가장 큰 소수는 소수 한 자리 수이고, 가장 작은 소수는 소수 세 자리 수예요.

주의
가장 큰 소수와 가장 작은 소수를 6.402, 0.246 또는 640.2, 204.6과 같이 같은 자리의 소수로 만들면 안 돼요.

2 접근 ≫ 지율이의 키와 동생의 키를 m로 나타내 봅니다.

$151.7\,cm = 1.517\,m$, $1\,m\,9\,cm = 109\,cm = 1.09\,m$입니다.

(두 사람의 키의 합)$= 1.517 + 1.09 = 2.607(m)$

보충 개념
$1\,m = 100\,cm$
$1\,cm = 0.01\,m$
➡ $1\,m\,9\,cm = 1\,m + 9\,cm$
$= 100\,cm + 9\,cm$
$= 109\,cm = 1.09\,m$

다른 풀이
$1\,m\,9\,cm = 109\,cm$이므로
(두 사람의 키의 합)$= 151.7 + 109 = 260.7(cm)$입니다.
따라서 $260.7\,cm = 2.607\,m$입니다.

3 접근 ≫ 1칸 뛰어 셀 때 얼마씩 커지는지 알아봅니다.

4.82에서 2번 뛰어 세어 7.3이 되었으므로 수를 2번 뛰어 세어 $7.3 - 4.82 = 2.48$
만큼 커졌습니다.
$2.48 = 1.24 + 1.24$이므로 수를 1.24씩 뛰어 센 것입니다.
따라서 ★에 알맞은 수는 4.82에서 1.24씩 거꾸로 3번 뛰어 센 수이므로
★$= 4.82 - 1.24 - 1.24 - 1.24 = 1.1$입니다.

해결 전략
7.3은 4.82에서 몇 번 뛰어 센 수인지 알아봐요.

4 68쪽 5번의 변형 심화 유형
접근 ≫ 소수의 덧셈을 먼저 계산해 봅니다.

$0.3 + 0.8 < \square < 0.67 + 0.74$에서
$0.3 + 0.8 = 1.1$, $0.67 + 0.74 = 1.41$이므로 $1.1 < \square < 1.41$입니다.
따라서 $\square$ 안에 들어갈 수 있는 소수 한 자리 수는 1.1보다 크고 1.41보다 작은 1.2,
1.3, 1.4로 모두 3개입니다.

해결 전략
1.1보다 크므로 1.2부터 1.41보다 작으므로 1.4까지의 소수 한 자리 수를 구해요.

주의
$\square$ 안에 들어갈 수 있는 수 중 1.4는 1.41보다 작으므로 1.4를 빠뜨리지 않도록 해요.

서술형 5 접근 ≫ 사용하고 남은 물의 양을 먼저 구해 봅니다.

예 (사용하고 남은 물의 양)$= 4.83 - 1.95 = 2.88(L)$이므로
(더 부어야 하는 물의 양)$=$ (물통의 들이)$-$ (남은 물의 양)
$= 7.5 - 2.88 = 4.62(L)$입니다.

채점 기준	배점
사용하고 남은 물의 양을 구했나요?	2점
더 부어야 하는 물의 양을 구했나요?	3점

해결 전략

$$\begin{array}{r} {\scriptstyle 3\ 17\ 10} \\ 4.8\,3 \\ -\ 1.9\,5 \\ \hline 2.8\,8 \end{array}$$

$$\begin{array}{r} {\scriptstyle 6\ 14\ 10} \\ 7.5 \\ -\ 2.8\,8 \\ \hline 4.6\,2 \end{array}$$

6 접근 ≫ 영은이네 집과 문구점 사이의 거리를 □ km라 하여 식을 만들어 봅니다.

$1\,m = 0.001\,km$이므로 $999\,m = 0.999\,km$입니다.
영은이네 집과 문구점 사이의 거리를 □ km라고 하면
$1.332 + 0.999 + □ = 3.996$, $1.332 + □ = 3.996 - 0.999$,
$1.332 + □ = 2.997$, $□ = 2.997 - 1.332 = 1.665 (km)$입니다.
따라서 영은이네 집과 문구점 사이의 거리는 $1.665\,km$입니다.

해결 전략
□ 단위가 서로 다르므로 'km' 단위로 고쳐서 계산하거나 'm' 단위로 고쳐서 계산한 후 'km' 단위로 나타내요.

7 접근 ≫ 혜수의 몸무게를 먼저 구해 봅니다.

(혜수의 몸무게) = (보라의 몸무게) + 0.88 = 34.75 + 0.88 = 35.63(kg)
(지현이의 몸무게) = (세 사람의 몸무게) − (보라의 몸무게) − (혜수의 몸무게)
$\qquad = 109.28 - 34.75 - 35.63 = 74.53 - 35.63 = 38.9(kg)$
따라서 지현이와 혜수의 몸무게의 차는 $38.9 - 35.63 = 3.27(kg)$입니다.

보충 개념
세 소수의 뺄셈은 앞에서부터 차례로 계산해요.

해결 전략
혜수의 몸무게를 먼저 구한 후 지현이의 몸무게를 구해요.

8 접근 ≫ 두 소수를 ㉠, ㉡(㉠ > ㉡)이라 하여 식을 만들어 봅니다.

두 소수 중 큰 수를 ㉠, 작은 수를 ㉡이라고 하면
㉠ + ㉡ = 15.75, ㉠ − ㉡ = 0.81입니다.
(㉠ + ㉡) + (㉠ − ㉡) = 15.75 + 0.81 = 16.56, ㉠ + ㉠ = 16.56
$\qquad$ (㉠ + ㉡) + (㉠ − ㉡) = ㉠ + ㉠
16.56 = 8.28 + 8.28이므로 ㉠ = 8.28입니다.

지도 가이드
㉠ + ㉠ = 16.56, ㉠ = 8.28은 소수의 나눗셈을 이용하여 해결할 수 있지만 이 방법은 5학년에서 학습할 내용입니다. 아직 학습하기 전이므로 8.28을 2번 더하면 16.56이 나오는 방법으로 해결할 수 있도록 지도합니다.

해결 전략
어떤 수를 2번 더해야 하는지 알아볼 때 자연수 부분과 소수 부분을 따로 떼어 각각 2로 나누어 봐요.
$\qquad\qquad \underline{16.56}$
$16 \div 2 = 8$ $\quad$ $56 \div 2 = 28$
➡ $8.28 + 8.28$

서술형 **9** 접근 ≫ 주어진 조건을 만족하는 소수 세 자리 수의 형태를 생각해 봅니다.

㉠ 일의 자리 수가 7, 소수 셋째 자리 수가 5인 수 중에서 가장 작은 수는 7.005이고 가장 큰 수는 7.995입니다.
따라서 소수 첫째 자리 수와 소수 둘째 자리 수가 7.⬚0⬚05부터 7.⬚9⬚95까지인 수이므로 모두 100개입니다.

해결 전략
일의 자리 수가 7, 소수 셋째 자리 수가 5인 소수 세 자리 수는 7.⬚⬚5예요.

보충 개념
●에서 ▲까지의 수의 개수
= (▲ − ● + 1)개
㉠ 5에서 16까지의 수의 개수
= 16 − 5 + 1 = 12(개)

채점 기준	배점
일의 자리 수가 7, 소수 셋째 자리 수가 5인 소수 세 자리 수 중 가장 작은 수를 구했나요?	1점
일의 자리 수가 7, 소수 셋째 자리 수가 5인 소수 세 자리 수 중 가장 큰 수를 구했나요?	1점
일의 자리 수가 7, 소수 셋째 자리 수가 5인 소수 세 자리 수 중 8보다 작은 수가 몇 개인지 구했나요?	3점

10 접근 ≫ 어떤 수를 □라 하여 식을 만들어 봅니다.

어떤 수를 □라고 하면 □＋4.68＝10.732이므로

□＝10.732－4.68＝6.052입니다.

따라서 바르게 계산하면 6.052－4.68＝1.372이므로

바르게 계산한 값과 잘못 계산한 값의 차는 10.732－1.372＝9.36입니다.

다른 풀이
바르게 계산한 값은 잘못 계산한 값에서 4.68을 두 번 뺀 것과 같습니다.
(바르게 계산한 값)＝10.732－4.68－4.68＝1.372

해결 전략
어떤 수를 먼저 구한 후 바르게 계산한 값을 구해요.

11 접근 ≫ 4학년이 되기 전 규민이의 몸무게를 □kg이라 하여 식을 만들어 봅니다.

1 g＝0.001 kg이므로 2800 g＝2.8 kg입니다.

4학년이 되기 전 규민이의 몸무게를 □kg이라고 하면 □＋5.63－2.8＝43.52,

□＝43.52＋2.8－5.63＝46.32－5.63＝40.69(kg)입니다.

따라서 4학년이 되기 전 규민이의 몸무게는 40.69 kg입니다.

해결 전략
단위가 서로 다르므로 'kg' 단위로 고쳐서 계산해요.

서술형 12 접근 ≫ 0.1이 35개인 수를 먼저 구해 봅니다.

예 0.1이 35개인 수는 3.5이므로 3.5보다 작은 소수 세 자리 수는 일의 자리에 1 또는 3이 오는 수입니다.

- 일의 자리 수가 1일 때: 1.358, 1.385, 1.538, 1.583, 1.835, 1.853 ➡ 6개
- 일의 자리 수가 3일 때: 3.158, 3.185 ➡ 2개

따라서 3.5보다 작은 소수 세 자리 수를 모두 8개 만들 수 있습니다.

채점 기준	배점
0.1이 35개인 수를 구했나요?	1점
3.5보다 작은 소수 세 자리 수를 빠짐없이 구했나요?	3점
3.5보다 작은 소수 세 자리 수의 개수를 구했나요?	1점

해결 전략
0.1이 10개인 수는 1이에요.

보충 개념
0.1이 ■▲개인 수 ＝■.▲

해결 전략
일의 자리 수가 3일 때 3.5보다 작으려면 소수 첫째 자리 수가 5보다 작아야 해요.

13 접근 ≫ 겹쳐진 부분의 길이의 합을 구해 봅니다.

(색 테이프 3개의 길이)＝1.74＋1.74＋1.74＝5.22(m)이므로

(겹쳐진 2군데의 길이)＝5.22－4.58＝0.64(m)입니다.

$$\begin{array}{r} 1.74+1.74+1.74 \\ =3.48+1.74=5.22 \end{array}$$

따라서 0.64＝0.32＋0.32이므로 겹쳐진 한 부분의 길이는 0.32 m입니다.

해결 전략
그림을 그려 알아봐요.

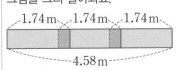

보충 개념
색 테이프 ■개를 이어 붙이면 겹쳐지는 부분은 (■－1) 군데예요.

주의
겹쳐진 부분의 길이를 모두 구하는 것이 아니라 겹쳐진 한 부분의 길이를 구하는 것이에요.

14 접근 » 소수가 얼마씩 커졌는지 알아봅니다.

이웃한 두 소수의 차를 알아보면

$1.247-1.124=0.123$, $1.37-1.247=0.123$, $1.493-1.37=0.123$,

$1.616-1.493=0.123$으로 차가 모두 같습니다.

0.123씩 10번 커지면 1.23만큼 커지는 것이므로 30번 커지면

$1.23+1.23+1.23=3.69$만큼 커집니다.

따라서 31째 소수는 $1.124+3.69=4.814$이고, 세 자리 수 ⓛ©@은 814입니다.

보충 개념

$●×10=●$의 10배$=\underbrace{●+●+\cdots\cdots+●+●}_{10번}$

해결 전략

(뒤의 수)$-$(앞의 수)를 계산하여 규칙을 찾아봐요.

해결 전략

(처음 수)에서 0.123 커지면 둘째 수가 되고

(처음 수)에서

$0.123+0.123$ 커지면 셋째 수가 되고

⋮

(처음 수)에서 0.123씩 10번 커지면 11째 수가 돼요.

15 접근 » 화단의 세로를 먼저 구해 봅니다.

(화단의 세로)$=5.32-0.085=5.235$(m)

(화단의 둘레)$=5.32+5.235+5.32+5.235$

$\qquad\qquad\qquad=10.555+10.555=21.11$(m)

(울타리를 치기 전 끈의 길이)

$=$(화단의 둘레)$+$(남은 끈의 길이)$=21.11+0.49=21.6$(m)

해결 전략

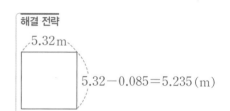

5.32 m

$5.32-0.085=5.235$(m)

16
64쪽 1번의 변형 심화 유형

접근 » **4.6과 4.7 사이를 몇 등분한 것인지를 알아봅니다.**

㉠, ㉡, ㉢, ㉣은 4.6과 4.7 사이를 5등분하는 점입니다.

다음과 같이 4.6과 4.7 사이를 다시 10등분하면 작은 눈금 한 칸의 크기는 0.01입니다.

따라서 ㉠은 4.6에서 0.01씩 2번 뛰어 센 수이므로 4.62이고 ㉣은 4.6에서

0.01씩 8번 뛰어 센 수이므로 4.68입니다.

해결 전략

전체를 똑같이 5로 나누고 다시 똑같이 2로 나누면 전체를 똑같이 10으로 나눈 것과 같아요.

해결 전략

• $●$와 $▲$ 사이에 일정한 간격으로 두 수 ㉠, ㉡을 놓으면

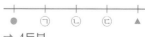

$●$ ㉠ ㉡ $▲$

➡ 3등분

• $●$와 $▲$ 사이에 일정한 간격으로 세 수 ㉠, ㉡, ㉢을 놓으면

$●$ ㉠ ㉡ ㉢ $▲$

➡ 4등분

17 70쪽 7번의 변형 심화 유형

접근 》 소수 셋째 자리 계산부터 알아봅니다.

덧셈식에서 소수 셋째 자리 수의 값이 없는 것은 ㉡+㉣이 10으로 받아올림한 것이고, ㉡－㉣의 값이 8이 되는 경우 (㉡, ㉣)은 (4, 6), (9, 1)입니다.

그런데 뺄셈식의 소수 둘째 자리 계산에서 17－9＝8이 아니고 7인 것은 소수 셋째 자리로 받아내림한 수가 있는 것이므로 ㉡＝9, ㉣＝1은 될 수 없습니다.

㉡＝4, ㉣＝6이면 10＋㉡－㉣＝10＋4－6＝8이므로 ㉡＝4, ㉣＝6입니다.

덧셈식의 소수 첫째 자리 계산에서 1＋5＋㉢＝13이므로 ㉢＝7이고, 일의 자리 계산에서 1＋㉠＋2＝8이므로 ㉠＝5입니다.

따라서 ㉠＝5, ㉡＝4, ㉢＝7, ㉣＝6입니다.

다른 풀이

덧셈식에서 ㉡＋㉣＝10 ⋯ ①

뺄셈식에서 10＋㉡－㉣＝8 ⋯ ②

①＋② ➡ ㉡＋㉣＋10＋㉡－㉣＝10＋8, ㉡＋10＋㉡＝18, ㉡＋㉡＝8, ㉡＝4이고 ㉣＝6입니다.

뺄셈식에서 5－㉢＝7인 것은 받아내림이 있는 것이므로 5－1－㉢＋10＝7, ㉢＝7입니다.

일의 자리에서 소수 첫째 자리에 받아내림했으므로 ㉠－1－2＝2, ㉠＝5입니다.

따라서 ㉠＝5, ㉡＝4, ㉢＝7, ㉣＝6입니다.

해결 전략
먼저 ㉡과 ㉣이 될 수 있는 수를 모두 알아본 후 그중에서 ㉡과 ㉣의 값을 찾아요.

해결 전략
받아올림과 받아내림 알아보기

• 5＋●＝3이면 5에 ●을 더해서 더 작은 수 3이 되었으므로 받아올림이 있는 것이에요. ➡ 5＋●＝13

• 5－●＝7이면 5에서 ●을 뺐는데 더 큰 수 7이 되었으므로 받아내림이 있는 것이에요. ➡ 10＋5－●＝7

18 접근 》 책 7권의 무게부터 구해 봅니다.

(책 7권의 무게)＝18.764－12.534＝6.23(kg) ➡ 6230 g이므로

(책 1권의 무게)＝6230÷7＝890(g)입니다.

책 1권의 무게가 890 g이므로 (책 20권의 무게)＝890×20＝17800(g) ➡ 17.8 kg입니다.

따라서 (빈 상자의 무게)＝18.764－17.8＝0.964(kg)입니다.

다른 풀이

책 1권의 무게가 890 g이므로 책 13권의 무게는 890×13＝11570(g) ➡ 11.57 kg입니다.

따라서 책 13권이 들어 있는 상자의 무게는 12.534 kg이므로 빈 상자의 무게는 12.534－11.57＝0.964(kg)입니다.

해결 전략
책 7권의 무게를 이용하여 책 1권의 무게를 구해요.

▲▲ HIGH LEVEL
78~80쪽

1 ②	**2** 0.95 m	**3** 4.995	**4** 2.27 kg	**5** 13 cm	**6** 13.634 km
7 4개	**8**				

8

```
    7  2 . 4
 -  3  8 . 5
    3  3 . 9
```

1 접근 》 0부터 4까지의 수를 이용해 가장 작은 소수를 각각 만들어 봅니다.

십의 자리와 오른쪽 끝자리에 0을 제외한 작은 수부터 높은 자리에 차례로 놓습니다.

① 윤아 : 1 2 .034   ② 수영 : 10.2 4 3   ③ 유리 : 2 1 .034

④ 태연 : 10. 3 24   ⑤ 서현 : 12.3 0 4

따라서 $10.243 < 10.324 < 12.034 < 12.304 < 21.034$이므로 수영이가 가장 작은 소수를 만들 수 있습니다.

주의
십의 자리와 오른쪽 끝자리에는 0이 올 수 없어요.

해결 전략
가장 작은 소수 세 자리 수는 높은 자리에 0을 제외한 가장 작은 수를 놓아요.

서술형

2 접근 》 정삼각형 모양을 만드는 데 사용한 철사의 길이를 먼저 구해 봅니다.

예 (정삼각형 모양을 만드는 데 사용한 철사의 길이)
$= 0.84 + 0.84 + 0.84 = 2.52$(m)
(정사각형 모양을 만드는 데 사용한 철사의 길이) $= 8 - 2.52 - 1.68 = 3.8$(m)
3.8 m $= 380$ cm이므로 정사각형의 한 변의 길이를 □ cm라고 하면
□ + □ + □ + □ $= 380$, □ $\times 4 = 380$, □ $= 380 \div 4 = 95$(cm)이므로 0.95 m
입니다.
따라서 민준이가 만든 정사각형 모양의 한 변의 길이는 0.95 m입니다.

해결 전략
정삼각형은 세 변의 길이가 같고 정사각형은 네 변의 길이가 같아요.

해결 전략
(전체 길이) − (정삼각형 모양을 만든 길이) − (남은 철사의 길이)

채점 기준	배점
정삼각형 모양을 만드는 데 사용한 철사의 길이를 구했나요?	2점
정사각형 모양을 만드는 데 사용한 철사의 길이를 구했나요?	2점
정사각형 모양의 한 변의 길이를 구했나요?	1점

---

3 접근 》 같은 자릿수끼리의 합을 각각 구해 봅니다.

$1 + 2 + 3 + \cdots\cdots + 9 = 45$이므로 주어진 식을 소수 첫째 자리 수, 소수 둘째 자리 수, 소수 셋째 자리 수끼리 합으로 구하면
(0.1이 45개인 수) + (0.01이 45개인 수) + (0.001이 45개인 수)
$= 4.5 + 0.45 + 0.045 = 4.995$입니다.

해결 전략
각각의 자릿수끼리의 합은 1부터 9까지의 합이에요.

보충 개념
$0.111 + 0.222 + 0.333 + \cdots\cdots + 0.777 + 0.888 + 0.999$
$= (0.1 + 0.2 + \cdots\cdots + 0.8 + 0.9) + (0.01 + 0.02 + \cdots\cdots + 0.08 + 0.09)$
$\quad + (0.001 + 0.002 + \cdots\cdots + 0.008 + 0.009)$
$= (0.1$이 1개 $+ 0.1$이 2개 $+ \cdots\cdots + 0.1$이 8개 $+ 0.1$이 9개$)$
$\quad + (0.01$이 1개 $+ 0.01$이 2개 $+ \cdots\cdots + 0.01$이 8개 $+ 0.01$이 9개$)$
$\quad + (0.001$이 1개 $+ 0.001$이 2개 $+ \cdots\cdots + 0.001$이 8개 $+ 0.001$이 9개$)$
$= (0.1$이 45개$) + (0.01$이 45개$) + (0.001$이 45개$)$
$= 4.5 + 0.45 + 0.045 = 4.995$

4 74쪽 7번의 변형 심화 유형

접근 ≫ (참외＋멜론＋수박)의 무게를 구해 봅니다.

$$
\begin{array}{r}
(참외)＋(멜론)＝1.6\,kg \\
(멜론)＋(수박)＝3.87kg \\
＋)\;(수박)＋(참외)＝3.21\,kg \\
\hline
(참외)＋(멜론)＋(멜론)＋(수박)＋(수박)＋(참외)＝8.68\,kg
\end{array}
$$

➡ (참외＋멜론＋수박)＋(참외＋멜론＋수박)＝8.68 kg

8.68＝4.34＋4.34이므로 (참외＋멜론＋수박)＝4.34 kg입니다.

따라서 (수박)＝(참외＋멜론＋수박)－(참외＋멜론)＝4.34－1.6＝2.74(kg),

(참외)＝(참외＋멜론＋수박)－(멜론＋수박)＝4.34－3.87＝0.47(kg)입니다.

따라서 (수박)－(참외)＝2.74－0.47＝2.27(kg)입니다.

해결 전략
(참외)＋(멜론)＋(수박)의 무게를 알아보기 위해 주어진 과일의 무게를 모두 더해 봐요.

5 76쪽 13번의 변형 심화 유형

접근 ≫ 매듭을 묶는 데 사용한 끈의 길이를 먼저 구해 봅니다.

(매듭을 묶는 데 사용한 끈의 길이)＝15.3＋15.3＝30.6(cm)

(전체 끈의 길이)＝(가로)×2＋(세로)×4＋(높이)×6＋(매듭의 길이)

$$= (20.3＋20.3)＋(14.2＋14.2＋14.2＋14.2)$$
$$＋(㉠×6)＋30.6$$
$$=40.6＋56.8＋(㉠×6)＋30.6＝128＋(㉠×6)$$

길이가 2.06 m＝206 cm인 끈을 모두 사용하였으므로

128＋(㉠×6)＝206, ㉠×6＝78, ㉠＝13입니다.

따라서 ㉠의 길이는 13 cm입니다.

해결 전략
$$
\begin{array}{r}
20.3\;cm짜리 \quad ●개 \\
14.2\;cm짜리 \quad ▲개 \\
㉠의 길이 \quad ■개 \\
＋\;매듭의 길이 \quad ★개 \\
\hline
2.06\;m＝206\;cm
\end{array}
$$

주의
㉠과 길이가 같은 부분이 모두 6개임을 생각하지 못하여 틀리기 쉬워요.

6 73쪽 6번의 변형 심화 유형

접근 ≫ 두 자동차가 각각 1시간 동안 달린 거리를 구해 봅니다.

20분＋20분＋20분＝60분＝1시간이므로

(㉮ 자동차가 1시간 동안 달린 거리)＝17.522＋17.522＋17.522
$$＝52.566(km)$$

15분＋15분＋15분＋15분＝60분＝1시간이므로

(㉯ 자동차가 1시간 동안 달린 거리)
$$＝13.45＋13.45＋13.45＋13.45＝53.8(km)$$

따라서 (1시간 후 두 자동차 사이의 거리)

＝120－(㉮ 자동차가 1시간 동안 달린 거리)－(㉯ 자동차가 1시간 동안 달린 거리)

＝120－52.566－53.8＝67.434－53.8＝13.634(km)

해결 전략
그림을 그려 알아봐요.

㉮ 자동차가 1시간 동안 달린 거리 ㉯ 자동차가 1시간 동안 달린 거리

두 자동차 사이의 거리

해결 전략
$$
\begin{array}{r}
11\;\;9\;9\;9\;10 \\
1\!\!\!/\,2\;0 \\
-\;\;\;5\,2.5\,6\,6 \\
\hline
6\,7.4\,3\,4
\end{array}
$$

7

77쪽 17번의 변형 심화 유형

접근 》 소수 둘째 자리의 계산부터 알아봅니다.

소수 둘째 자리의 계산에서 ㉣＝3입니다.

① ㉠＝6인 경우: ㉡－1－㉢＝1에서 ㉡－㉢＝2이고 1, 2, 4, 5, 7, 8, 9 중에서 이를 만족하는 (㉡, ㉢)은 (4, 2), (7, 5), (9, 7)로 3가지입니다.

② ㉠＝7인 경우: 10＋㉡－1－㉢＝1, 10＋㉡－㉢＝2, ㉢－㉡＝8이고 1, 2, 4, 5, 6, 8, 9 중에서 이를 만족하는 (㉡, ㉢)은 (1, 9)로 1가지입니다.

따라서 구하는 식은

$$
\begin{array}{r} 6.4 \\ -\ 0.23 \\ \hline 6.17 \end{array},\quad
\begin{array}{r} 6.7 \\ -\ 0.53 \\ \hline 6.17 \end{array},\quad
\begin{array}{r} 6.9 \\ -\ 0.73 \\ \hline 6.17 \end{array},\quad
\begin{array}{r} 7.1 \\ -\ 0.93 \\ \hline 6.17 \end{array}
$$

로 모두 4개입니다.

> **해결 전략**
> 소수 둘째 자리로 받아내림한 수를 빼줘요.

> **주의**
> 10＋㉡－㉢＝2일 때
> ㉡＝9, ㉢＝1이면
> 10＋9－1＝18이 돼요.

8

접근 》 소수 첫째 자리의 계산부터 알아봅니다.

$$
\begin{array}{r} \square\ \square\ .\ ㉠ \\ -\ \square\ \square\ .\ ㉡ \\ \hline 3\ 3\ .\ 9 \end{array}
$$

10＋㉠－㉡＝9인 경우는 (㉠＝2, ㉡＝3), (㉠＝3, ㉡＝4), (㉠＝4, ㉡＝5), (㉠＝7, ㉡＝8)로 4가지입니다.

① ㉠＝2, ㉡＝3인 경우:

$$
\begin{array}{r} 8\ 5\ .\ 2 \\ -\ 4\ 7\ .\ 3 \\ \hline 3\ 7\ .\ 9 \end{array}\quad
\begin{array}{r} 8\ 7\ .\ 2 \\ -\ 5\ 4\ .\ 3 \\ \hline 3\ 2\ .\ 9 \end{array}\quad
\begin{array}{r} 7\ 8\ .\ 2 \\ -\ 4\ 5\ .\ 3 \\ \hline 3\ 2\ .\ 9 \end{array}
$$

남은 수 카드는 8, 4, 7, 5이고 이 중에서 두 수의 차가 3 또는 4가 되는 (8, 4), (8, 5), (7, 4)을 넣어도 계산 결과가 33.9가 나오지 않습니다.

② ㉠＝3, ㉡＝4인 경우:

$$
\begin{array}{r} 8\ 7\ .\ 3 \\ -\ 5\ 2\ .\ 4 \\ \hline 3\ 4\ .\ 9 \end{array}\quad
\begin{array}{r} 5\ 8\ .\ 3 \\ -\ 2\ 7\ .\ 4 \\ \hline 3\ 0\ .\ 9 \end{array}
$$

남은 수 카드는 8, 7, 2, 5이고 이 중에서 두 수의 차가 3이 되는 (8, 5), (5, 2)를 넣어도 계산 결과가 33.9가 나오지 않습니다.

③ ㉠＝4, ㉡＝5인 경우:

$$
\begin{array}{r} 7\ 2\ .\ 4 \\ -\ 3\ 8\ .\ 5 \\ \hline 3\ 3\ .\ 9 \end{array}
$$

남은 수 카드는 8, 3, 7, 2이고 이 중에서 두 수의 차가 4인 7과 3을 넣으면 계산 결과가 33.9가 나옵니다.

④ ㉠＝7, ㉡＝8인 경우:

$$
\begin{array}{r} 5\ 4\ .\ 7 \\ -\ 2\ 3\ .\ 8 \\ \hline 3\ 0\ .\ 9 \end{array}
$$

남은 수 카드는 3, 4, 2, 5이고 이 중에서 두 수의 차가 3인 5와 2를 넣어도 계산 결과가 33.9가 나오지 않습니다.

> **해결 전략**
> 주어진 수 카드로 소수 첫째 자리 수가 될 수 있는 수를 모두 찾아요.

4 사각형

◉ BASIC TEST

1 수선
85쪽

1 (1) 직선 마 (2) 직선 가, 직선 나

2 나, 바

3
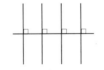

4 은지 **5** 3쌍

6 17°

1 (1) 직선 나와 직각으로 만나는 직선은 직선 마입니다.
(2) 직선 마와 수직인 직선은 직선 가, 직선 나입니다.

2 두 직선이 만나서 이루는 각이 직각일 때, 두 직선은 서로 수직이라고 합니다. 삼각자의 직각 부분이나 각도기를 사용하여 직접 직각으로 만나는 곳을 찾아 봅니다.

> **해결 전략**
> 도형에서 수직인 곳에 ⌐ 표시를 합니다.

3 점 ㄱ을 지나면서 직선 가와 수직으로 만나는 직선을 긋습니다.

> **보충 개념**
> 한 점을 지나면서 주어진 직선과 수직인 직선은 1개뿐입니다.

4 한 직선에 대한 수선은 셀 수 없이 많이 그을 수 있으므로 잘못 말한 사람은 은지입니다.

5 만나서 이루는 각이 직각인 두 직선은 직선 가와 직선 바, 직선 나와 직선 마, 직선 다와 직선 마로 모두 3쌍입니다.

6 일직선에 놓이는 각의 크기는 180°이므로
73°+(각 ㄷㅇㅂ)=(각 ㄷㅇㅂ)+(각 ㅂㅇㄹ)에서
(각 ㅂㅇㄹ)=73°입니다. 직선 ㄱㄴ과 직선 ㄷㄹ이

서로 수직이므로 (각 ㄴㅇㄹ)=90°입니다.
따라서 (각 ㄴㅇㅂ)+(각 ㅂㅇㄹ)=90°에서
(각 ㄴㅇㅂ)+73°=90°,
(각 ㄴㅇㅂ)=90°−73°=17°입니다.

> **다른 풀이**
> 각 ㄹㅇㅂ과 각 ㄷㅇㅁ은 맞꼭지각이므로
> (각 ㄹㅇㅂ)=(각 ㄷㅇㅁ)=73°입니다.
> 따라서 (각 ㄹㅇㄴ)=90°이므로
> (각 ㄴㅇㅂ)=90°−73°=17°입니다.

2 평행선
87쪽

1 직선 나와 직선 라, 직선 다와 직선 마

2 (1) 3쌍 (2) 4쌍

3
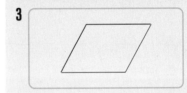

4 18쌍 **5** 13 cm

6 67°

1 직선 나와 직선 라는 직선 바에 수직이므로 서로 평행합니다. 직선 다와 직선 마는 직선 가에 수직이므로 서로 평행합니다.

> **해결 전략**
>
> 가 나
>
> 직선 가와 직선 나는 서로 평행합니다.

2 (1) 마주 보는 3쌍의 변이 서로 평행합니다.

(2) 마주 보는 4쌍의 변이 서로 평행합니다.

3 각각의 선분과 평행한 선분을 그어 사각형을 완성합니다.

4 선분 ㄱㄴ과 평행 ➡ 선분 ㄹㄷ, 선분 ㅇㅅ,
　　　　　　　　　　　선분 ㅁㅂ ⎫
선분 ㄹㄷ과 평행 ➡ 선분 ㅇㅅ, 선분 ㅁㅂ ⎬ 6쌍
선분 ㅇㅅ과 평행 ➡ 선분 ㅁㅂ ⎭
선분 ㄱㄹ, 선분 ㄴㄷ, 선분 ㅂㅅ과 평행한 선분: 6쌍
선분 ㄴㅂ, 선분 ㄷㅅ, 선분 ㄹㅇ과 평행한 선분: 6쌍
따라서 평행한 선분은 모두 $6 \times 3 = 18$(쌍)입니다.

> **보충 개념**
> 선분 ㄱㄴ과 평행한 선분: 선분 ㄹㄷ, 선분 ㅇㅅ,
> 　　　　　　　　　　　　　선분 ㅁㅂ ⎫
> 선분 ㄹㄷ과 평행한 선분: 선분 ㅇㅅ, 선분 ㅁㅂ ⎬➡ 6쌍
> 선분 ㅇㅅ과 평행한 선분: 선분 ㅁㅂ ⎭
> 선분 ㄱㄹ과 평행한 선분: 선분 ㄴㄷ, 선분 ㅂㅅ,
> 　　　　　　　　　　　　　선분 ㅁㅇ ⎫
> 선분 ㄴㄷ과 평행한 선분: 선분 ㅂㅅ, 선분 ㅁㅇ ⎬➡ 6쌍
> 선분 ㅂㅅ과 평행한 선분: 선분 ㅁㅇ ⎭
> 선분 ㄴㅂ과 평행한 선분: 선분 ㄷㅅ, 선분 ㄹㅇ,
> 　　　　　　　　　　　　　선분 ㄱㅁ ⎫
> 선분 ㄷㅅ과 평행한 선분: 선분 ㄹㅇ, 선분 ㄱㅁ ⎬➡ 6쌍
> 선분 ㄹㅇ과 평행한 선분: 선분 ㄱㅁ ⎭
> 평행한 선분은 모두 $6 + 6 + 6 = 18$(쌍)입니다.

5 변 ㄱㅂ과 변 ㄹㅁ, 변 ㄹㅁ과 변 ㄴㄷ이 각각 서로 평행합니다. 따라서 변 ㄱㅂ과 변 ㄴㄷ은 평행하므로 두 평행선 사이의 거리는 $4 + 9 = 13$(cm)입니다.

6 평행한 두 직선이 한 직선과 만날 때 생기는 같은 쪽의 각의 크기는 같으므로 $65° + ⊙ = 132°$, $⊙ = 132° - 65° = 67°$입니다.

3 여러 가지 사각형(1) 　　　　　　　　　89쪽

1 가, 라　　　　　　　　**2** (위에서부터) 50, 130

3 예

4 사다리꼴입니다.
　예 마름모에는 평행한 변이 두 쌍 있기 때문입니다.
5 6 cm　　　　**6** 65°

1 잘랐을 때 생기는 조각 중에서 마주 보는 한 쌍의 변이 서로 평행한 사각형은 가, 라입니다.

2 일직선에 놓이는 각의 크기는 $180°$이므로
(각 ㄴㄷㄹ)$= 180° - 50° = 130°$입니다.
각 ㄱㄹㄷ과 각 ㄴㄷㄹ은 이웃하는 각이므로
$130° + $(각 ㄱㄹㄷ)$= 180°$,
(각 ㄱㄹㄷ)$= 50°$입니다.

> **해결 전략**
> 평행사변형에서 이웃하는 두 각의 크기의 합은 180°입니다.

3 주어진 선분을 사용하여 네 변의 길이가 모두 같은 사각형을 만듭니다.

> **해결 전략**
> 마름모에서 네 변의 길이가 같게 되는 한 꼭짓점을 찾아봅니다.

4 사다리꼴은 평행한 변이 한 쌍 또는 두 쌍이 있기만 하면 됩니다. 따라서 마름모는 평행한 변이 두 쌍 있으므로 사다리꼴이 될 수 있습니다.

5 마름모 모양을 만드는 데 사용한 철사의 길이는
$(4 \times 4) + (7 \times 4) = 16 + 28 = 44$(cm)입니다.
따라서 (남은 철사의 길이)$= 50 - 44 = 6$(cm)입니다.

6 마름모는 마주 보는 각의 크기가 같으므로
(각 ㄱㄹㄷ)$=$(각 ㄱㄴㄷ)$= 50°$입니다.
삼각형 ㄱㄹㄷ은 (변 ㄱㄹ)$=$(변 ㄹㄷ)인 이등변삼각형이므로 $⊙ = (180° - 50°) \div 2 = 65°$입니다.

> **해결 전략**
> 마름모의 성질을 이용하여 각 ㄱㄹㄷ의 크기를 찾고 삼각형 ㄱㄹㄷ이 어떤 삼각형인지 알아봅니다.

> **다른 풀이**
> 삼각형 ㄱㄴㄷ은 (변 ㄱㄴ)$=$(변 ㄴㄷ)인 이등변삼각형이므로 (각 ㄱㄷㄴ)$= (180° - 50°) \div 2 = 65°$입니다.
> 마름모는 이웃한 두 각의 크기의 합이 180°이므로
> (각 ㄴㄷㄹ)$= 180° - 50° = 130°$입니다.
> 따라서 $⊙ = 130° - 65° = 65°$입니다.

4 여러 가지 사각형(2)　　　　　　　　91쪽

1 ㉢　　　　　　　　　　**2** 25°
3 32 cm
4 ㉢, ㉣ / ㉡, ㉢, ㉣, ㉤ / ㉣, ㉤
5 평행사변형 / 정사각형

1 ㉢ 직사각형은 네 변의 길이가 모두 같은 것이 아니므로 정사각형이 아닙니다.

해결 전략

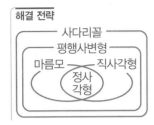

2 직사각형은 네 각이 모두 직각이므로
(각 ㄴㄷㄹ)=90°입니다.
삼각형 ㄴㄷㄹ의 세 각의 크기의 합은 180°이므로
(각 ㄴㄹㄷ)=180°−30°−90°=60°입니다.
따라서 (각 ㄴㄹㅁ)=60°−35°=25°입니다.

다른 풀이
평행한 두 직선이 한 직선과 만날 때 생기는 반대쪽의 각의 크기는 같으므로 (각 ㄱㄹㄴ)=(각 ㄷㄴㄹ)=30°입니다.
따라서 (각 ㄴㄹㅁ)=90°−30°−35°=25°입니다.

3

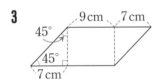

삼각형은 한 각이 직각인 이등변삼각형이므로 직사각형의 세로는 7 cm입니다.
또, 직사각형의 가로는 16−7=9(cm)이므로 네 변의 길이의 합은 9+7+9+7=32(cm)입니다.

4

	사다리꼴	평행사변형	직사각형	정사각형	마름모
한 쌍의 마주 보는 변이 평행	○	○	○	○	○
두 쌍의 마주 보는 변이 평행	×	○	○	○	○
네 변의 길이가 같음	×	×	×	○	○
네 각의 크기가 같음	×	×	○	○	×
네 변의 길이와 네 각의 크기가 각각 같음	×	×	×	○	×

5 사다리꼴에서 다른 한 쌍의 변이 평행하면 평행사변형이 되므로 ㉠에 알맞은 사각형은 평행사변형입니다.
마름모와 직사각형의 성질을 모두 가지고 있으므로 ㉡에 알맞은 사각형은 정사각형입니다.

보충 개념
마름모이면서 직사각형인 사각형은 정사각형입니다.

MATH TOPIC 92~99쪽

1-1 100°	**1-2** 35°	**1-3** 30°
2-1 39 cm	**2-2** 62 cm	**2-3** 90 cm
3-1 24 cm	**3-2** 22 cm	**3-3** 65 cm
4-1 18개	**4-2** 21개	**4-3** 4개
5-1 117°	**5-2** 16°	**5-3** 90°
6-1 82°	**6-2** 117°	**6-3** 84°
7-1 58°	**7-2** 64°	**7-3** 46°

심화 **8** 50, 70 / 50, 70 / 70, 60, 60, 120, 50, 50, 80, 70, 70, 40 / 120, 40, 120 / 120

1-1 직선 가와 직선 나가 만나서 이루는 각은 90°이므로 ㉠+32°=90°에서
㉠=90°−32°=58입니다.
48°+㉡=90°에서
㉡=90°−48°=42입니다.
따라서 ㉠+㉡=58°+42°=100°입니다.

1-2 ㉠+㉡=90°, ㉡−㉠=20°입니다. 두 식을 더하면 ㉡+㉡=110°, 110°=55°+55°이므로 ㉡=55°입니다. 따라서 ㉠=90°−55°=35°입니다.

1-3 ㉢=㉣×5이고 ㉢+㉣=90°이므로
㉣×5+㉣=90°, ㉣×6=90°,
㉣=90°÷6=15°입니다.
따라서 ㉢=㉣×4=15°×4=60°이므로
㉠+㉢=90°에서
㉠=90°−㉢=90°−60°=30°입니다.

2-1 사각형 ㄱㄹㄷㅁ은 변 ㄱㄹ과 변 ㅁㄷ, 변 ㄱㅁ과 변 ㄹㄷ이 각각 서로 평행하므로 평행사변형이고
(변 ㄱㅁ)=(변 ㄹㄷ)=18 cm,
(변 ㅁㄷ)=(변 ㄱㄹ)=16 cm입니다.
따라서 (선분 ㄴㅁ)=(선분 ㄴㄷ)−(선분 ㅁㄷ)
=25−16=9(cm)이므로
(삼각형 ㄱㄴㅁ의 세 변의 길이의 합)
=12+18+9=39(cm)입니다.

해결 전략
한 쌍의 변이 평행한 사다리꼴에서 다른 한 쌍의 변도 평행하면 평행사변형이 됩니다.

2-2 평행사변형은 마주 보는 변의 길이가 같으므로

(변 ㄱㄴ)=(변 ㄴㄷ)=(변 ㄹㅁ)=(변 ㅁㅂ)

=8 cm, (변 ㄱㅂ)=(변 ㄷㄹ)=15 cm입니다.

따라서 (도형의 둘레의 길이)

=8+8+15+8+8+15=62(cm)입니다.

2-3 마름모는 네 변의 길이가 같으므로

(변 ㄱㄴ)=(변 ㄴㄷ)=(변 ㄷㄹ)=(변 ㄹㄱ)

=18 cm입니다.

(각 ㄴㄱㄹ)=(각 ㄴㄷㄹ)=120°이므로

(각 ㅁㄱㄴ)=180°−120°=60°입니다.

└── 일직선에 놓이는 각의 크기

(변 ㅁㄴ)=(변 ㄱㄴ)이면

(각 ㄴㅁㄱ)=(각 ㅁㄱㄴ)=60°이고

(변 ㄱㅁ)=(변 ㄱㄴ)이면

(각 ㄱㅁㄴ)=(각 ㄱㄴㅁ)=60°이므로

삼각형 ㅁㄴㄱ은 세 각의 크기가 모두 60°인 정삼각형입니다.

따라서 (변 ㅁㄴ)=(변 ㅁㄱ)=(변 ㄱㄴ)=18 cm

이므로 도형 ㅁㄴㄷㄹ의 네 변의 길이의 합은

18×5=90(cm)입니다.

> **해결 전략**
> 마름모에서 마주 보는 각의 크기는 같다는 성질을 이용합니다.

3-1 직선 가와 직선 나 사이의 수선의 길이가 12 cm이므로 평행선 사이의 거리는 12 cm입니다. 직선 나와 직선 다 사이의 수선의 길이가 12 cm이므로 평행선 사이의 거리는 12 cm입니다.

(직선 가와 직선 다의 평행선 사이의 거리)

=(직선 가와 직선 나의 평행선 사이의 거리)

  +(직선 나와 직선 다의 평행선 사이의 거리)

=12+12=24(cm)

3-2 직선 가와 직선 나의 수선의 길이가 8 cm이므로 평행선 사이의 거리는 8 cm입니다.

직선 나와 직선 다의 수선의 길이가 14 cm이므로 평행선 사이의 거리는 14 cm입니다.

(직선 가와 직선 다의 평행선 사이의 거리)

=(직선 가와 직선 나의 평행선 사이의 거리)

  +(직선 나와 직선 다의 평행선 사이의 거리)

=8+14=22(cm)

3-3 변 ㄱㄴ과 변 ㄹㄷ 사이의 평행선 사이의 거리는 두 변 사이의 수선의 길이의 합과 같으므로

23+16+8+18=65(cm)입니다.

4-1

작은 사각형 1개로 된 사다리꼴:

①, ②, ③, ④, ⑤, ⑥ ➡ 6개

작은 사각형 2개로 된 사다리꼴:

(①, ②), (③, ④), (⑤, ⑥), (①, ③), (②, ④),

(③, ⑤), (④, ⑥) ➡ 7개

작은 사각형 3개로 된 사다리꼴: (①, ③, ⑤),

(②, ④, ⑥) ➡ 2개

작은 사각형 4개로 된 사다리꼴: (①, ②, ③, ④),

(③, ④, ⑤, ⑥) ➡ 2개

작은 사각형 6개로 된 사다리꼴:

(①, ②, ③, ④, ⑤, ⑥) ➡ 1개

따라서 찾을 수 있는 크고 작은 사다리꼴은 모두

6+7+2+2+1=18(개)입니다.

> **해결 전략**
> 평행한 변이 한 쌍 또는 두 쌍이 되는 사각형을 모두 찾습니다.

4-2

작은 삼각형 2개로 된 마름모:

(①, ②), (②, ③), (③, ④), (④, ⑤), (⑤, ⑥),

(⑥, ⑦), (⑦, ⑧), (⑨, ⑩), (⑩, ⑪), (⑪, ⑫),

(⑫, ⑬), (⑬, ⑭), (⑭, ⑮), (⑮, ⑯), (③, ⑩),

(⑤, ⑫), (⑦, ⑭) ➡ 17개

작은 삼각형 8개로 된 마름모:

(②, ③, ④, ⑤, ⑩, ⑪, ⑫, ⑬),

(④, ⑤, ⑥, ⑦, ⑫, ⑬, ⑭, ⑮),

(③, ④, ⑤, ⑥, ⑨, ⑩, ⑪, ⑫),

(⑤, ⑥, ⑦, ⑧, ⑪, ⑫, ⑬, ⑭) ➡ 4개

따라서 찾을 수 있는 크고 작은 마름모는 모두

17+4=21(개)입니다.

4-3

작은 삼각형의 개수(개)	2	4	8	합계
평행사변형의 개수(개)	4	5	1	10

작은 삼각형의 개수(개)	2	4	8	합계
마름모의 개수(개)	4	1	1	6

따라서 평행사변형과 마름모의 개수의 차는
$10-6=4$(개)입니다.

다른 풀이

평행사변형:

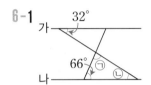
➡ 10개

마름모:

➡ 6개

따라서 평행사변형과 마름모의 개수의 차는
$10-6=4$(개)입니다.

5-1 변 ㄴㅁ과 변 ㄷㄹ이 평행하므로
(각 ㄱㄴㅁ)=(각 ㄴㄷㄹ)=$63°$입니다.
$\underline{\hspace{1cm}}$ 동위각

평행사변형에서 이웃하는 두 각의 크기의 합이
$180°$이므로 (각 ㄱㄴㅁ)+(각 ㄴㅁㅂ)=$180°$,
(각 ㄴㅁㅂ)=$180°-63°=117°$입니다.

해결 전략
평행한 두 직선이 한 직선과 만날 때 생기는 같은 쪽의 각은 크기가 같습니다. 따라서 변 ㄴㅁ과 변 ㄷㄹ이 평행하므로 (각 ㄱㄴㅁ)=(각 ㄴㄷㄹ)입니다.

5-2 마름모 ㄱㄴㄷㄹ에서 (변 ㄱㄴ)=(변 ㄱㄹ),
정사각형 ㄱㄹㅁㅂ에서 (변 ㄱㄹ)=(변 ㄱㅂ)이므로
삼각형 ㄱㄴㅂ은 (변 ㄱㄴ)=(변 ㄱㅂ)인 이등변삼
각형입니다.
마름모 ㄱㄴㄷㄹ에서
(각 ㄴㄱㄹ)=$180°-122°=58°$이므로
(각 ㄴㄱㅂ)=$58°+90°=148°$입니다.
따라서 이등변삼각형 ㄱㄴㅂ에서
(각 ㄱㄴㅂ)=$(180°-148°)\div2=16°$입니다.

5-3 (각 ㅂㅁㅇ)=$180°-60°=120°$입니다.
(각 ㅇㅁㄹ)=(각 ㅂㅁㄱ)이므로
㉠=$(180°-120°)\div2=30°$입니다.

(각 ㅁㅇㅅ)=(각 ㅁㅂㅅ)=$60°$,
(각 ㅁㅇㄹ)=(각 ㅅㅇㄷ)이므로
㉡=$(180°-60°)\div2=60°$입니다.
➡ ㉠+㉡=$30°+60°=90°$

해결 전략
마름모에서 이웃하는 두 각의 크기는 $180°$이고 마주 보는 각의 크기는 같습니다.

6-1

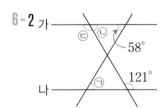

평행한 두 직선이 한 직선과 만날 때 생기는 반대쪽
의 각의 크기는 같으므로 ㉡=$32°$입니다.
삼각형의 세 각의 크기의 합은 $180°$이므로
㉠=$180°-66°-32°=82°$입니다.

해결 전략
●와 ▲는 평행한 두 직선이 한 직선과 만날 때 생기는 반대쪽의 각으로 크기가 같습니다.

6-2

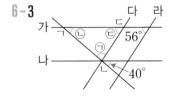

평행한 두 직선이 한 직선과 만날 때 생기는 반대쪽
의 각의 크기는 같으므로 ㉠=$58°$이고, ㉢=$121°$
입니다.
따라서 ㉡=$180°-121°=59°$이므로
㉠+㉡=$58°+59°=117°$입니다.

6-3

평행한 두 직선이 한 직선과 만날 때 생기는 같은
쪽의 각의 크기는 같으므로 ㉡=$40°$, ㉢=$56°$입
니다.
따라서 삼각형의 세 각의 크기의 합은 $180°$이므로
삼각형 ㄱㄴㄷ에서
㉠=$180°-40°-56°=84°$입니다.

해결 전략
직선 가와 직선 나가 서로 평행할 때와 직선 다와 직선 라가 서로 평행할 때를 따로 생각합니다.

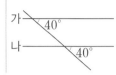 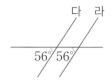

7-1

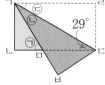

평행한 두 직선이 한 직선과 만날 때 생기는 반대쪽의 각의 크기는 같으므로 ㉢=(각 ㄱㄷㄴ)=29°이고, 접은 각의 크기는 같으므로
㉡=㉢=(각 ㄱㄷㄴ)=29°입니다.
선분 ㄱㄹ과 선분 ㄴㄷ은 서로 평행하므로
㉠=㉡+㉢=29°+29°=58°입니다.

다른 풀이
(각 ㄹㄷㄱ)=90°−29°=61°
㉡=㉢=180°−90°−61°=29°
(각 ㄴㄱㅂ)=90°−29°−29°=32°
따라서 ㉠=180°−32°−90°=58°입니다.

7-2 접은 각의 크기는 같으므로
(각 ㄹㅁㅅ)=(각 ㄷㅁㄹ)=32°입니다.
(각 ㄷㅁㅅ)=(각 ㄷㅁㄹ)+(각 ㄹㅁㅅ)
　　　　　=32°+32°=64°

평행한 두 직선이 한 직선과 만날 때 생기는 같은 쪽의 각의 크기는 같으므로
㉠=(각 ㄷㅁㅅ)=64°입니다.

다른 풀이
(각 ㄷㄹㅁ)=180°−90°−32°=58°
접은 각의 크기는 같으므로
(각 ㄹㅁㅅ)=(각 ㄷㅁㄹ)=32°,
(각 ㅁㄹㅅ)=(각 ㄷㄹㅁ)=58°입니다.
(각 ㅂㄹㅁ)=90°−58°=32°
따라서 (각 ㄷㄹㅂ)=58°−32°=26°이므로
㉠=180°−90°−26°=64°입니다.

7-3 접은 각의 크기는 같으므로
(각 ㄹㅁㄷ)=(각 ㅅㅁㄹ)=34°입니다.
(각 ㅅㅁㄷ)=34°+34°=68°이므로
㉠=(각 ㅅㅁㄷ)=68°입니다.
　　　　　　엇각
삼각형 ㅅㅂㄹ에서 (각 ㅅㅂㄹ)=㉠=68°이므로
　　　　　　　　맞꼭지각
㉡=180°−68°−90°=22°입니다.
따라서 ㉠과 ㉡의 각도의 차는 68°−22°=46°입니다.

해결 전략
평행한 두 직선이 한 직선과 만날 때 생기는 반대쪽의 각은 크기가 같습니다.

◆◆ LEVEL UP TEST 100~104쪽

1 4쌍	**2** ㅂ, ㅌ	**3** 14°	**4** 9 cm	**5** 100 cm	**6** 84 cm
7 ㄹ, ㅁ, ㅂ	**8** 85°	**9** 116°	**10** 64°	**11** 10개	**12** 45°
13 17개	**14** 48 cm	**15** 20°			

1 접근 » 서로 만나지 않는 두 직선을 찾아봅니다.

서로 평행한 직선은 직선 나와 직선 다, 직선 나와 직선 라, 직선 다와 직선 라, 직선 마와 직선 사로 모두 4쌍입니다.

해결 전략
서로 만나지 않는 두 직선의 관계를 평행하다고 하고 평행한 두 직선을 평행선이라고 해요.

2 접근 ≫ 각 자모에서 서로 수직인 선분과 서로 평행한 선분을 각각 찾아 세어 봅니다.

ㄷ : 수직 ㄱ ㄴ ➡ 2쌍, 평행 ニ ➡ 1쌍

ㅂ : 수직 ㅏ ㄴ ㅓ ㅗ ➡ 4쌍, 평행 ㅣㅣ ㅡ ➡ 2쌍

ㅌ : 수직 ㄱ ㅏ ㄴ ➡ 3쌍, 평행 ㅡ ニ ㅡ ➡ 3쌍

ㅑ : 수직 ㅏ ㅏ ➡ 2쌍, 평행 ㅡ ➡ 1쌍

해결 전략
두 직선이 만나서 이루는 각이 직각일 때 두 직선은 서로 수직이에요.

서술형 **3** 92쪽 1번의 변형 심화 유형
접근 ≫ ㉠과 ㉡의 각도를 각각 구해 봅니다.

㉮ 선분 ㅁㅂ이 직선 ㄱㄴ에 대한 수선이므로 (각 ㄱㅂㅁ)＝90°입니다.

따라서 38°＋㉠＝90°에서 ㉠＝90°－38°＝52°입니다.

각 ㄱㅂㄷ과 각 ㄴㅂㄹ은 서로 마주 보는 각이므로 ㉡＝38°입니다.

따라서 ㉠－㉡＝52°－38°＝14°입니다.

해결 전략
선분 ㅁㅂ이 직선 ㄱㄴ에 대한 수선임을 이용해 ㉠과 ㉡의 각도를 각각 구해요.

채점 기준	배점
㉠의 각도를 구했나요?	2점
㉡의 각도를 구했나요?	2점
㉠과 ㉡의 각도의 차를 구했나요?	1점

다른 풀이
일직선에 놓이는 각의 크기는 180°이므로 ㉠＝180°－90°－38°＝52°,
㉡＝180°－90°－52°＝38°입니다.
따라서 ㉠－㉡＝52°－38°＝14°입니다.

4 94쪽 3번의 변형 심화 유형
접근 ≫ 직선 나와 직선 다의 평행선 사이의 거리를 구하는 방법을 알아봅니다.

직선 가와 직선 라의 평행선 사이의 거리는 45 cm, 직선 가와 직선 다의 평행선 사이의 거리는 28 cm, 직선 나와 직선 라의 평행선 사이의 거리는 26 cm입니다.

(직선 나와 직선 다의 평행선 사이의 거리)
＝(직선 가와 직선 다의 평행선 사이의 거리)＋(직선 나와 직선 라의 평행선 사이의 거리)－(직선 가와 직선 라의 평행선 사이의 거리)
＝28＋26－45＝9(cm)

주의
직선 가와 직선 다의 평행선 사이의 거리와 직선 나와 직선 라의 평행선 사이의 거리의 차를 구하지 않도록 해요.

보충 개념
평행선 사이의 거리는 어디에서 재어도 모두 같아요.

해결 전략
직선 나와 다 사이의 거리는 직선 가와 다 사이의 거리와 직선 나와 라 사이의 거리에서 겹쳐진 부분이에요.

다른 풀이
직선 가와 직선 라의 평행선 사이의 거리는 45 cm, 직선 가와 직선 다의 평행선 사이의 거리는 28 cm, 직선 나와 직선 라의 평행선 사이의 거리는 26 cm입니다.
(직선 다와 직선 라의 평행선 사이의 거리)＝45－28＝17(cm),
(직선 나와 직선 다의 평행선 사이의 거리)＝26－17＝9(cm)

5 접근 ≫ 구할 수 있는 각의 크기에 따른 변의 길이를 알아봅니다.

평행사변형은 마주 보는 변의 길이가 같으므로 (변 ㄱㄴ)=(변 ㄹㄷ)=25 cm입니다.
(각 ㄹㄱㄷ)=(각 ㄱㄷㄴ)=70°, (각 ㄹㄷㄱ)=(각 ㄴㄱㄷ)=70°이므로
삼각형 ㄱㄴㄷ은 (변 ㄱㄴ)=(변 ㄴㄷ)인 이등변삼각형이고, 삼각형 ㄱㄷㄹ도
(변 ㄱㄹ)=(변 ㄷㄹ)인 이등변삼각형입니다.
따라서 평행사변형의 네 변의 길이가 모두 25 cm로 같으므로
(네 변의 길이의 합)=25×4=100(cm)입니다.

다른 풀이
평행사변형은 마주 보는 변의 길이가 같으므로 (변 ㄱㄴ)=(변 ㄹㄷ)=25 cm입니다.
평행사변형에서 이웃한 두 각의 크기의 합이 180°이므로
(각 ㄱㄴㄷ)=180°−(각 ㄹㄱㄴ)
= 180°−140°=40°
삼각형 ㄱㄴㄷ에서 (각 ㄱㄴㄷ)=180°−70°−40°=70°이므로
삼각형 ㄱㄴㄷ은 이등변삼각형입니다.
(변 ㄱㄴ)=(변 ㄴㄷ)=(변 ㄹㄷ)=25 cm, (변 ㄱㄹ)=(변 ㄴㄷ)=25 cm입니다.
따라서 평행사변형의 네 변의 길이의 합은 25×4=100(cm)입니다.

6 접근 ≫ 알 수 있는 변의 길이를 찾아봅니다.

평행사변형은 마주 보는 변의 길이가 같으므로 (변 ㄴㄷ)=(변 ㅁㄹ)=18 cm이고,
(변 ㄴㅁ)=(변 ㄷㄹ)=(60−18−18)÷2=12(cm)입니다.
마름모는 네 변의 길이가 모두 같으므로 한 변의 길이는 12 cm입니다.
따라서 (도형의 둘레의 길이)=(18×2)+(12×4)=36+48=84(cm)입니다.

다른 풀이
평행사변형은 마주 보는 변의 길이가 같으므로 (변 ㄴㄷ)=(변 ㅁㄹ)=18 cm입니다.
변 ㄴㅁ의 길이를 □ cm라 하면 평행사변형 ㄴㄷㄹㅁ에서
□+□+18+18=60, □+□+36=60, □+□=24, □=12입니다.
따라서 (도형의 둘레의 길이)=12+12+18+12+18+12=84(cm)입니다.

7 접근 ≫ 만들어지는 도형의 네 변의 길이를 생각해 봅니다.

직사각형을 두 번 접어 점선을 따라 자르면 네 변의 길이가 같은 마름모가 만들어집니다.

 ➡ 마름모는 평행사변형, 사다리꼴이라고 할 수 있습니다.

8 접근 » 평행선 사이에 수직인 선분을 변으로 하는 사각형을 만들어 봅니다.

점 ㄱ에서 직선 나에 수직인 선분을 긋습니다.

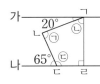

수직이 이루는 각도는 90°이므로
ⓛ=90°−20°=70°, ⓒ=180°−65°=115°입니다.
사각형의 네 각의 크기의 합은 360°이므로
ⓞ=360°−70°−115°−90°=85°입니다.

해결 전략
보조선을 그어 사각형을 만들어 사각형의 네 각의 크기의 합을 이용해요.

다른 풀이

점 ㄱ을 지나고 직선 가와 평행한 직선을 긋습니다.
평행한 두 직선이 한 직선과 만날 때 생기는 반대쪽의 각의 크기는 같으므로 ⓛ=20°, ⓒ=65°입니다.
따라서 ⓞ=ⓛ+ⓒ=20°+65°=85°입니다.

9 접근 » 각 ㄱㄹㄷ의 크기를 구해 봅니다.

평행사변형에서 이웃하는 두 각의 크기의 합은 180°이므로
(각 ㄱㄹㄷ)=(각 ㄱㄴㅁ)=180°−52°=128°입니다.
따라서 (각 ㄱㄴㅁ)=(각 ㅁㄹㄷ)=128°÷2=64°이므로 사각형 ㄱㄴㅁㄹ에서
(각 ㄴㅁㄹ)=360°−52°−128°−64°=116°입니다.
└─ 각 ㄱㄴㅁ은 각 ㄱㄹㄷ과 마주 보는 각으로 같습니다.

보충 개념
· 평행사변형에서 이웃한 두 각의 크기의 합은 180°예요.
· 평행사변형에서 마주 보는 두 각의 크기가 같아요.

해결 전략
사각형의 네 각의 크기의 합은 360°임을 이용해요.

서술형 10 97쪽 6번의 변형 심화 유형
접근 » 평행한 두 직선이 한 직선과 만날 때 생기는 같은 쪽의 각의 크기를 찾아봅니다.

ⓔ 평행한 두 직선이 한 직선과 만날 때 생기는 같은 쪽의 각의 크기는 같으므로 ⓛ=48°이고, ⓞ+ⓛ=112°입니다.
따라서 ⓞ+48°=112°에서 ⓞ=112°−48°=64°입니다.

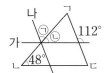

채점 기준	배점
ⓛ의 각도를 구했나요?	2점
ⓞ의 각도를 구했나요?	3점

해결 전략
평행선과 한 직선이 만날 때 생기는 같은 쪽의 각의 크기는 같아요.

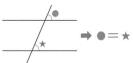

다른 풀이

두 직선이 만날 때 서로 마주 보고 있는 각의 크기는 같으므로
(각 ㄹㅁㄷ)=112°, (각 ㄴㄹㅂ)=ⓞ입니다.
사각형 ㄹㅂㄷㅁ은 마주 보는 두 쌍의 변이 서로 평행하므로
평행사변형이고, 평행사변형에서 마주 보는 두 각의 크기는 같으므로
(각 ㄹㅂㄷ)=(각 ㄹㅁㄷ)=112°입니다.
삼각형 ㄹㄴㅂ에서 한 꼭짓점에서 만들어지는 외각의 크기는 다른
두 꼭짓점의 내각의 크기의 합과 같음을 이용하면 ⓞ+48°=112°,
ⓞ=112°−48°=64°입니다.

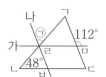

해결 전략
(각 ㄴㅂㄹ)
=180°−112°=68°이므로
삼각형 ㄹㄴㅂ에서
(각 ㄴㄹㅂ)
=180°−48°−68°=64°,
ⓞ=(각 ㄴㄹㅂ)=64°예요.

11

접근 ≫ 규칙을 찾아 한 쌍의 변만 평행한 서로 다른 사각형을 그려 봅니다.

한 쌍의 변만 평행한 서로 다른 사각형은 다음의 10개입니다.

해결 전략
두 쌍의 변이 평행인 사각형
은 조건에 맞지 않아요.

12

접근 ≫ 각 ㅁㄴㄷ과 각 ㅁㄷㄴ의 크기의 합을 먼저 구해 봅니다.

삼각형 ㅁㄴㄷ에서 (각 ㅁㄴㄷ)+(각 ㅁㄷㄴ)=180°−75°=105°이고

사각형 ㄱㄴㄷㄹ의 네 각의 크기의 합은 360°이므로

㉠+㉡=360°−90°−120°−105°=45°입니다.

해결 전략
㉠과 ㉡의 합을 구하는 것이
므로 ㉠, ㉡ 각각의 각의 크기
를 구하지 않아도 돼요.

13

95쪽 4번의 변형 심화 유형

접근 ≫ 직각이 있는 작은 삼각형을 포함하는 사다리꼴의 개수를 세어 봅니다.

①을 포함하는 사다리꼴: (①, ④), (①, ④, ③), (①, ④, ③, ⑧),
(①, ④, ⑤), (①, ③, ④, ⑤, ⑧, ⑨) ➡ 5개

②를 포함하는 사다리꼴: (②, ⑦, ⑥), (②, ③, ④), (②, ③, ④, ⑤)
➡ 3개

③을 포함하는 사다리꼴: (③, ④), (③, ⑧), (③, ④, ⑤), (③, ④, ⑧) ➡ 4개

④를 포함하는 사다리꼴: (④, ⑤) ➡ 1개

⑤를 포함하는 사다리꼴: (⑤, ⑨, ⑩) ➡ 1개

⑥을 포함하는 사다리꼴: (⑥, ⑦) ➡ 1개

⑧을 포함하는 사다리꼴: (⑧, ⑨, ⑩) ➡ 1개

⑨를 포함하는 사다리꼴: (⑨, ⑩) ➡ 1개

따라서 구하는 사다리꼴의 개수는 모두 5+3+4+1+1+1+1+1=17(개)입니다.

해결 전략
평행사변형, 마름모, 직사각형,
정사각형도 사다리꼴이예요.

다른 풀이
작은 삼각형 2칸: (①, ④), (③, ④), (③, ⑧), (④, ⑤), (⑥, ⑦), (⑨, ⑩) ➡ 6개
작은 삼각형 3칸: (①, ④, ③), (①, ④, ⑤), (②, ③, ④), (②, ⑦, ⑥), (③, ④, ⑤), (④, ③, ⑧),
(⑤, ⑨, ⑩), (⑧, ⑨, ⑩) ➡ 8개
작은 삼각형 4칸: (①, ④, ③, ⑧), (②, ③, ④, ⑤) ➡ 2개
작은 삼각형 6칸: (①, ③, ④, ⑤, ⑧, ⑨) ➡ 1개
➡ 6+8+2+1=17(개)

14 접근 ≫ 평행사변형의 짧은 변의 길이를 □cm라 하여 식을 만들어 봅니다.

평행사변형의 짧은 변의 길이를 □cm라고 하면 긴 변의 길이는 (□×3) cm이므로
(□×3+□)×2=32, (□×4)×2=32, □×8=32, □=4입니다.
따라서 마름모의 한 변의 길이는 평행사변형의 긴 변의 길이인 4×3=12(cm)이므
로 네 변의 길이의 합은 12×4=48(cm)입니다.

> **해결 전략**
> (□×3+□)×2
> =(□+□+□+□)×2
> ――――――――
> (□×4)×2
> =(□+□+□+□)
> +(□+□+□+□)
> =□×8

15 접근 ≫ 직선 가에 평행하면서 64°를 지나는 직선과 ㉠을 지나며 직선 나와 평행한 직선을 그어 봅니다.

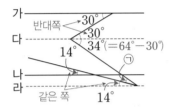

직선 가와 직선 나에 평행한 직선 다와 직선 라를 그으
면 평행한 두 직선이 한 직선과 만날 때 생기는 반대쪽
의 각의 크기는 같으므로 ㉠+14°=34°,
㉠=34°−14°=20°입니다.

> **해결 전략**
> 직선 가와 나 사이에 있지 않
> 는 ㉠의 각도를 알아보려면
> 직선 나와 평행하면서 ㉠을
> 지나는 보조선을 그어야 해요.

▲▲ HIGH LEVEL   105~107쪽

| **1** 110° | **2** 16 cm, 16개 | **3** 126° | **4** 19° | **5** 39° | **6** 140° |
| **7** 18° | **8** 9개 | | | | |

---

1 접근 ≫ 도형에서 길이가 같은 선분을 찾아봅니다.

정사각형은 한 각의 크기가 90°이고,
삼각형 ㄴㅂㄷ은 (변 ㄷㅂ)=(변 ㄴㄷ)인 이등변삼각형이므로
(각 ㄷㄴㅂ)=(각 ㄷㅂㄴ)=155°−90°=65°이고,
(각 ㄴㄷㅂ)=180°−65°−65°=50°입니다.
(각 ㄹㄷㅂ)=90°+50°=140°이고,
삼각형 ㄹㅂㄷ은 (변 ㄷㄹ)=(변 ㄷㅂ)인 이등변삼각형이므로
(각 ㄷㄹㅂ)=(각 ㄷㅂㄹ)=(180°−140°)÷2=20°입니다.
따라서 삼각형 ㄷㅁㅂ에서 ㉮=180°−50°−20°=110°입니다.

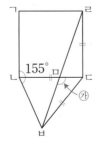

> **해결 전략**
> (변 ㄷㅂ)=(변 ㄴㄷ),
> (변 ㄷㅂ)=(변 ㄷㄹ)을 이용
> 해 이등변삼각형을 찾아요.

2

접근 » 주어진 모양 조각을 이용하여 가장 작은 정사각형을 만들어 봅니다.

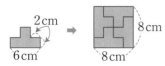

주어진 모양 조각을 4개 이어 붙이면 한 변이 8 cm인 가장 작은 정사각형을 만들 수 있습니다. 따라서 둘째로 작은 정사각형은 한 변이 8 cm인 정사각형을 가로로 2개, 세로로 2개 놓으면 되므로 한 변의 길이는 $8 \times 2 = 16$(cm)이고 필요한 모양 조각은 모두 $4 \times 4 = 16$(개)입니다.

> **해결 전략**
> 가장 작은 정사각형 모양으로 정사각형을 만들 때 필요한 개수 알아보기
>
>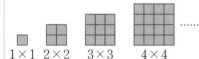
>
> 1×1 2×2 3×3 4×4 ……

서술형 **3** 102쪽 8번의 변형 심화 유형

접근 » 점 ㅅ을 지나고 직선 ㄱㄴ과 평행한 직선을 그어 봅니다.

예 점 ㅅ을 지나고 직선 ㄱㄴ과 평행한 직선을 긋습니다.
평행한 두 직선이 한 직선과 만날 때 생기는 반대쪽과 같은 쪽의 각의 크기는 각각 같으므로
(각 ㅋㅅㅇ)=(각 ㄷㅇㅅ)=39°,
(각 ㅁㅂㅈ)=(각 ㅂㅅㅋ)=90°−39°=51°입니다.
따라서 (각 ㅁㅈㅂ)=180°−75°−51°=54°이므로
(각 ㅁㅈㄴ)=180°−54°=126°입니다.

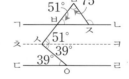

> **해결 전략**
> 세 직선 가, 나, 다가 각각 서로 평행할 때
> ●=●, ★=★이예요.
>
>

채점 기준	배점
각 ㅁㅂㅈ의 크기를 구했나요?	3점
각 ㅁㅈㅂ의 크기를 구했나요?	1점
각 ㅁㅈㄴ의 크기를 구했나요?	1점

4

접근 » 기울어진 탑과 지면이 이루는 각도를 먼저 구해 봅니다.

탑이 중심축으로부터 5.5° 기울어졌으므로
(각 ㄹㄴㄷ)=90°−5.5°=84.5°입니다.
평행한 두 직선이 한 직선과 만날 때 생기는 같은 쪽의 각의 크기는 같으므로 ㉢=(각 ㄹㄴㄷ)=84.5°입니다.
일직선에 놓이는 각의 크기는 180°이므로
㉠=180°−60°−84.5°=35.5°입니다.
변 ㄱㄴ과 변 ㄱㄷ이 서로 수직이므로

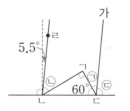

> **해결 전략**
> 지면과 수직인 직선과 탑 사이의 각도는 5.5°예요.
>
>
>
> 지면 →

(각 ㄴㄱㄷ)=90°이고, 삼각형의 세 각의 크기의 합은 180°이므로

(각 ㄱㄴㄷ)=180°−90°−60°=30°입니다.

따라서 ㉡=84.5°−30°=54.5°이므로 ㉡−㉠=54.5°−35.5°=19°입니다.

5 접근 » 마름모를 접었을 때 크기가 같은 각을 찾아봅니다.

(각 ㄱㄴㄷ)=(각 ㄱㄹㄷ)=117°이므로

(각 ㄹㄱㄴ)=(각 ㄹㄷㄴ)=180°−117°=63°입니다.
└ 마름모에서 이웃한 두 각의 크기의 합은 180°입니다.

(각 ㄱㄹㅁ)=117°÷3=39°이므로 삼각형 ㄱㄹㅁ에서

(각 ㄱㅁㄹ)=180°−39°−63°=78°입니다.

(각 ㅂㅁㅅ)=78°, (각 ㅁㅂㅅ)=(각 ㄹㄷㄴ)=63°이므로 삼각형 ㅁㅂㅅ에서
└ 두 직선이 한 점에서 만날 때 생기는 서로 마주 보는 각의 크기는 같습니다.

(각 ㅁㅅㅂ)=180°−78°−63°=39°입니다.

따라서 각 ㅁㅅㅂ과 각 ㄴㅅㅇ은 서로 마주 보는 각으로 크기가 같으므로

(각 ㄴㅅㅇ)=(각 ㅁㅅㅂ)=39°입니다.

해결 전략
(각 ㅂㄹㅇ)=(각 ㅇㄹㄷ),
(각 ㅂㄹㅇ)=(각 ㄱㄹㅂ)
➡ (각 ㄱㄹㅂ)=(각 ㅂㄹㅇ)
=(각 ㅇㄹㄷ)

다른 풀이
(각 ㄱㄹㅂ)=(각 ㅂㄹㅇ)=(각 ㄷㄹㅇ)=117°÷3=39°
(각 ㄹㄱㄴ)=(각 ㄹㄷㄴ)=180°−117°=63°
(각 ㄹㅂㅇ)=(각 ㄹㄷㄴ)=63°
삼각형 ㄹㅂㅇ에서 (각 ㄹㅇㅂ)=(각 ㄹㅇㄷ)=180°−63°−39°=78°
(각 ㅅㅇㄴ)=180°−78°−78°=24°
└ (각 ㄹㅇㄷ)=(각 ㄹㅇㅂ)
(각 ㄱㄴㄷ)=117°이므로 삼각형 ㄴㅅㅇ에서 (각 ㄴㅅㅇ)=180°−117°−24°=39°입니다.

6 접근 » 이등변삼각형을 먼저 찾아봅니다.

삼각형 ㅁㄷㄹ은 이등변삼각형이므로

(각 ㄹㅁㄷ)=(각 ㅁㄹㄷ)=(180°−44°)÷2=68°입니다.

각 ㅂㅁㄷ의 크기는 각 ㄱㅁㅂ의 크기의 3배이므로

(각 ㄱㅁㅂ)=(180°−68°)÷4=28°이고,

(각 ㅂㅁㄷ)=28°×3=84°입니다. 평행사변형은 마주 보는 각의 크기가 같으므로

(각 ㄱㄴㄷ)=(각 ㄱㄹㄷ)=68°이고, 이웃한 두 각의 크기의 합은 180°이므로

(각 ㄹㄷㄴ)=180°−68°=112°입니다. ➡ (각 ㅁㄷㄴ)=112°−44°=68°

따라서 (각 ㅁㅂㄴ)=360°−84°−68°−68°=140°입니다.

해결 전략
(각 ㄱㅁㅂ)=□,
(각 ㅂㅁㄷ)=□×3이므로
(각 ㄱㅁㄷ)
=□+(□×3)
=□×4예요.
따라서 (각 ㄱㅁㅂ)
=(각 ㄱㅁㄷ)÷4와 같아요.

다른 풀이
(각 ㄹㄱㄴ)=180°−68°=112°
삼각형 ㄱㅂㅁ에서 (각 ㄱㅂㅁ)=180°−28°−112°=40°
따라서 일직선에 놓이는 각의 크기는 180°이므로 (각 ㅁㅂㄴ)=180°−40°=140°입니다.

7
104쪽 15번의 변형 심화 유형

접근 ≫ 구할 수 있는 각의 크기를 먼저 찾아봅니다.

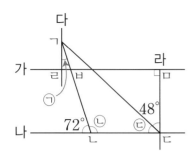

ⓒ=180°−72°=108°

ⓔ=90°−48°=42°

삼각형 ㄱㄴㄷ에서

(각 ㄴㄱㄷ)=180°−108°−42°=30°입니다.

평행한 두 직선이 한 직선과 만날 때 생기는 반대쪽
의 각의 크기는 같으므로 ㉠+30°=48°에서

㉠=48°−30°=18°입니다.

다른 풀이

평행한 두 직선이 한 직선과 만날 때 생기는 반대쪽의 각의 크기는 같으므로
(각 ㄱㄹㅁ)=(각 ㄹㅁㄷ)=90°입니다.

평행한 두 직선이 한 직선과 만날 때 생기는 같은 쪽의 각의 크기는 같으므로
(각 ㄱㅂㄹ)=72°입니다.

따라서 삼각형 ㄱㄹㅂ에서 ㉠=180°−90°−72°=18°입니다.

해결 전략

그림에서 표시된 두 각은 평
행한 두 직선이 한 직선과 만
날 때 생기는 반대쪽의 각으
로 크기가 같아요.

8
103쪽 11번의 변형 심화 유형

접근 ≫ 사다리꼴 안에 점이 없고 평행한 변이 1쌍뿐인 사다리꼴을 그려 봅니다.

내부에 점이 없고, 평행사변형이 아닌 사다리꼴은 다음의 9개입니다.

해결 전략

사다리꼴은 평행한 변이 한
쌍 또는 두 쌍 있는 사각형이
고 평행사변형은 평행한 변이
두 쌍 있는 사각형이에요.

➡ 사다리꼴

➡ 평행사변형, 사다리꼴

연필 없이 생각 톡 ❗ 108쪽

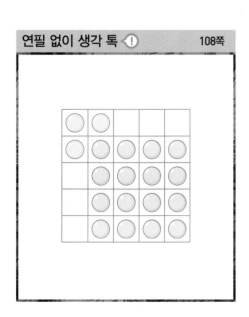

5 꺾은선그래프

1 꺾은선그래프　　　　　　　　　113쪽

1 오후 2시, 오전 11시　　**2** 약 15 ℃

3 오후 1시와 2시 사이

4 예 2018년보다 줄어들 것입니다.

5 (나) 그래프　　　　　　**6** 2 kg, 2 kg

7 9월과 10월 사이, 2 kg　**8** 약 23 kg

---

1 선이 가장 높이 올라간 때는 오후 2시이고, 가장 낮게 내려간 때는 오전 11시입니다.

2 오후 2시의 기온은 17 ℃이고, 오후 3시의 기온은 13 ℃입니다. 따라서 오후 2시 30분의 기온은 13 ℃와 17 ℃의 중간값인 약 15 ℃입니다.

> **보충 개념**
> 꺾은선그래프에서는 조사하지 않은 중간의 값을 예상할 수 있습니다.

3 선의 기울기가 가장 큰 때는 오후 1시와 2시 사이입니다.

> **해결 전략**
> 기온의 변화가 가장 큰 때는 선의 기울기가 가장 큰 때입니다.

4 초등학생 수가 계속 줄어들고 있으므로 2020년의 초등학생 수는 2018년도보다 줄어들 것으로 예상할 수 있습니다.

5 물결선을 사용한 꺾은선그래프의 세로 눈금 칸이 넓어서 자료 값을 잘 알 수 있습니다.

> **보충 개념**
> 꺾은선그래프를 그릴 때 자료 값이 없는 부분을 물결선으로 그려 세로 눈금의 칸을 넓게 하면 변화의 정도를 더 뚜렷하게 알 수 있습니다.

6 (가), (나) 두 그래프의 세로 눈금 5칸이 10 kg을 나타내므로 세로 눈금 한 칸은 2 kg을 나타냅니다.
$$10 \div 5 = 2\text{(kg)}$$

7 몸무게가 줄어든 때는 선의 기울기가 오른쪽 아래로 내려간 때이므로 9월과 10월 사이입니다.

9월의 몸무게는 30 kg이고, 10월의 몸무게는 28 kg이므로 30 − 28 = 2(kg)이 줄었습니다.

8 6월 15일의 몸무게는 22 kg이고, 7월 15일의 몸무게는 24 kg입니다. 따라서 6월 30일의 몸무게는 22 kg과 24 kg의 중간값인 약 23 kg입니다.

> **해결 전략**
> 6월 30일의 몸무게는 6월 15일의 몸무게와 7월 15일의 몸무게의 중간값입니다.

2 꺾은선그래프로 나타내기　　　　　　115쪽

1 요일 / 시간　　　　　　**2** 1분

3

4 금요일

5

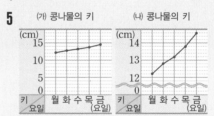

6 0과 60 사이

7

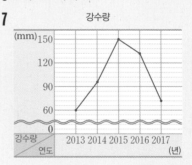

---

1 가로에는 요일을, 세로에는 자료 값인 시간을 나타내는 것이 좋습니다.

2 휴대전화 사용 시간이 4분부터 14분까지이므로 세로 눈금 한 칸의 크기는 1분으로 하는 것이 좋습니다.

4 선이 가장 많이 기울어진 때를 찾아보면 금요일입니다.

5 (가)는 세로 눈금 한 칸이 1 cm를 나타내고, (나)는 세로 눈금 한 칸이 0.2 cm를 나타냅니다.

6 0과 60 사이에 자료 값이 없으므로 0과 60 사이에 물결선을 넣는 것이 좋습니다.

7 세로 눈금 5칸을 30 mm로 나타내면 한 칸은 30÷5＝6(mm)를 나타내게 그리면 됩니다.

MATH TOPIC
116~121쪽

1-1 150명   **1-2** 900

2-1 약 13 ℃   **2-2** 약 14.5 ℃

3-1

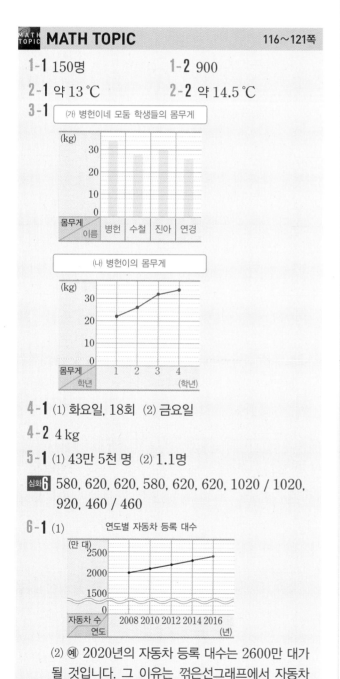

4-1 (1) 화요일, 18회 (2) 금요일

4-2 4 kg

5-1 (1) 43만 5천 명 (2) 1.1명

심화6 580, 620, 620, 580, 620, 620, 1020 / 1020, 920, 460 / 460

6-1 (1)

연도별 자동차 등록 대수

(2) 예 2020년의 자동차 등록 대수는 2600만 대가 될 것입니다. 그 이유는 꺾은선그래프에서 자동차 등록 대수는 2년마다 100만 대씩 늘어나기 때문입니다.

1-1 세로 눈금 4칸이 20명을 나타내므로 세로 눈금 한 칸은 20÷4＝5(명)을 나타냅니다.
입장한 사람의 수는 오전 10시에 30명, 오전 11시에 55명, 낮 12시에 20명, 오후 1시에 10명, 오후 2시에 35명이므로 오후 2시까지 입장한 사람은 모두 30＋55＋20＋10＋35＝150(명)입니다.

> **주의**
> 세로 눈금 0부터 20까지 몇 칸인지 세어 한 칸의 크기를 구합니다.

1-2 세로 눈금 3＋6＋7＋11＋9＝36(칸)이 2160 kg을 나타내므로 세로 눈금 한 칸은 2160÷36＝60(kg)을 나타냅니다.
따라서 ㉠＝60×5＝300, ㉡＝60×10＝600 이므로 ㉠＋㉡＝300＋600＝900입니다.

> **해결 전략**
> 그래프에서 각각의 점까지의 세로 눈금 전체 칸수를 세어 봅니다.

2-1 오전 11시의 온도는 10 ℃이고, 낮 12시의 온도는 16 ℃입니다.
따라서 오전 11시 30분의 온도는 10 ℃와 16 ℃의 중간값인 약 13 ℃입니다.

2-2 오전 11시의 기온은 오전 9시의 기온 7 ℃와 오후 1시의 기온 17 ℃의 중간값인 12 ℃이므로 낮 12시의 기온은 오전 11시의 기온 12 ℃와 오후 1시의 기온 17 ℃의 중간값인 14.5 ℃입니다.

> **해결 전략**
> 자연수 1과 2 사이의 중간값은 1.5입니다.
>
>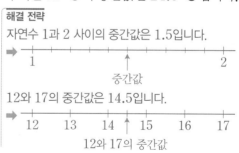
>
> 12와 17의 중간값은 14.5입니다.

3-1 (나) 병헌이의 몸무게는 시간에 따른 변화를 나타내는 꺾은선그래프가 알맞고 (가) 병헌이네 모둠 학생들의 몸무게는 여러 학생들의 몸무게를 알아보기 좋은 막대그래프가 알맞습니다.

4-1 (1) 두 그래프에서 두 점 사이의 간격이 가장 큰 때는 화요일입니다. 화요일에 선예의 기록은 34회

이고 지현이의 기록은 16회이므로 그 차이는 $34-16=18$(회)입니다.

다른 풀이
두 점 사이의 간격이 가장 큰 때인 화요일의 두 점 사이의 세로 눈금이 9칸이고 한 칸은 2회이므로 $2 \times 9 = 18$(회)입니다.

(2) 지현이의 점이 선예의 점보다 위에 있는 요일은 금요일입니다.

4-2 경훈이의 몸무게가 가장 많이 변화한 때는 선의 기울기가 가장 큰 3학년과 4학년 사이입니다. 이때의 종호의 3학년 몸무게는 $27\,kg$이고, 4학년 몸무게는 $31\,kg$이므로 종호의 몸무게는 $31-27=4(kg)$ 늘었습니다.

해결 전략
먼저 경훈이의 몸무게의 변화를 나타내는 선의 기울기가 가장 많이 기울어진 곳을 찾습니다.

5-1 (1) (가) 그래프를 보면 자녀 출산 연령이 처음으로 32세에 도달한 해는 2014년입니다.
(나) 그래프에서 2014년의 신생아 수를 나타내는 막대를 보면 43만 5천 명입니다.

(2) 신생아 수가 전년도에 비해 가장 많이 줄어든 해는 (나) 그래프에서 ┌막대그래프 막대의 길이가 전년도에 비해 가장 많이 짧아진 2013년입니다. ┌꺾은선그래프
2012년의 학급당 초등학생 수: 24.3명,
2013년의 학급당 초등학생 수: 23.2명
따라서 2013년의 학급당 초등학생 수는 2012년보다 $24.3-23.2=1.1$(명) 줄었습니다.

6-1 (1) 2008년은 자동차 등록 대수가 2000만 대이므로 2016년의 자동차 등록 대수는 $2000만+400만=2400만$(대)입니다.

(2) 자동차 등록 대수를 살펴보면

$$\underset{(2008년)}{2000만} \xrightarrow{2년} \underset{(2010년)}{2100만} \xrightarrow{2년} \underset{(2012년)}{2200만}$$

$$\xrightarrow{2년} \underset{(2014년)}{2300만} \xrightarrow{2년} \underset{(2016년)}{2400만} \xrightarrow{2년} \underset{(2018년)}{2500만}$$

$$\xrightarrow{2년} \underset{(2020년)}{2600만}으로 늘어납니다.$$

해결 전략
일정한 시간이 지날 때마다 자동차 등록 대수가 몇 대씩 늘어나는지 알아봅니다.

✦✦ LEVEL UP TEST
122~125쪽

1 (앞에서부터) 9, 13, 18 /

운동장의 기온

2 8칸

3 오후 3시, 8 ℃

4 약 2 kg

5 2분과 3분 사이, 50 L

6 (다) 지역, 120 mm

7 5시간 20분

8 9000000원

9 1800 m

10 100대

例 운동장의 기온은 오후 4시보다 더 낮아질 것입니다.

11 누적되어 쌓인 눈의 양

1 접근 ≫ 세로 눈금 한 칸이 몇 °C를 나타내는지 알아봅니다.

세로 눈금 한 칸이 1°C를 나타내므로 오전 11시의 기온은 9°C, 낮 12시의 기온은 13°C, 오후 1시의 기온은 18°C입니다.
꺾은선그래프에 오후 2시는 21°C, 오후 3시는 16°C, 오후 4시는 12°C인 곳에 점을 찍은 후 선분으로 잇습니다. 꺾은선그래프에서 오후 2시 이후부터 운동장의 기온이 계속 내려갔으므로 오후 5시에는 오후 4시보다 기온이 내려갈 것으로 예상할 수 있습니다.

해결 전략
표의 정보를 그래프로, 그래프의 정보를 표로 옮겨요.

서술형
2 접근 ≫ 세로 눈금 한 칸의 크기가 몇 kg을 나타내는지 알아봅니다.

⟨예⟩ 세로 눈금 한 칸의 크기가 2 kg이므로 정호의 몸무게는 3월에 32 kg, 4월에 36 kg이고, 몸무게의 차는 $36-32=4$(kg)입니다. 이때 세로 눈금 한 칸의 크기를 1 kg으로 하면 눈금 수의 차는 4칸이고 세로 눈금 한 칸의 크기를 0.5 kg으로 하면 눈금 수의 차는 $4×2=8$(칸)입니다.

해결 전략
세로 눈금 한 칸의 크기가 달라지면 눈금 수도 달라져요.

채점 기준	배점
정호의 3월과 4월의 몸무게의 차를 구했나요?	2점
그래프를 다시 그릴 때 3월과 4월의 몸무게를 나타낸 세로 눈금 수의 차를 구했나요?	3점

해결 전략
한 칸이 1일 때와 0.5일 때 칸의 수

119쪽 4번의 변형 심화 유형
3 접근 ≫ 교실 안과 밖의 온도를 나타내는 두 점 사이의 간격으로 온도 차가 가장 큰 때를 찾아봅니다.

온도 차가 가장 큰 때는 교실 안과 밖의 온도를 나타내는 두 점 사이의 간격이 가장 큰 때이므로 오후 3시입니다. 오후 3시의 교실 밖의 온도는 32°C이고 교실 안의 온도는 24°C이므로 온도 차는 $32-24=8$(°C)입니다.

다른 풀이
세로 눈금 5칸이 10°C를 나타내므로 세로 눈금 한 칸은 2°C를 나타냅니다. 오후 3시의 교실 안과 밖의 온도 차는 세로 눈금 4칸이므로 $2×4=8$(°C)입니다.

해결 전략
• 온도 차가 가장 큰 때: 교실 안과 교실 밖의 온도를 나타내는 두 점 사이의 간격이 가장 큰 때
• 온도 차가 가장 작은 때: 교실 안과 교실 밖의 온도를 나타내는 두 점 사이의 간격이 가장 작은 때

4 117쪽 2번의 변형 심화 유형

접근 » 그래프를 보고 2016년 1월 1일과 2017년 1월 1일의 중간값을 예상해 봅니다.

진혜: 2016년 1월 1일의 몸무게는 36 kg, 2017년 1월 1일의 몸무게는 42 kg이므로 2016년 7월 1일의 몸무게는 36 kg과 42 kg의 중간값인 약 39 kg입니다.
민수: 2016년 1월 1일의 몸무게는 36 kg, 2017년 1월 1일의 몸무게는 38 kg이므로 2016년 7월 1일의 몸무게는 36 kg과 38 kg의 중간값인 약 37 kg입니다.
따라서 두 사람의 몸무게의 차는 약 $39-37=2$(kg)입니다.

> **해결 전략**
> 2016년 7월 1일은 2016년 1월 1일과 2017년 1월 1일의 중간이에요.

5 **접근 »** 선의 기울기로 물을 가장 많이 사용한 때를 찾아봅니다.

선의 기울기가 가장 심한 때를 찾으면 2분과 3분 사이이므로 물을 가장 많이 사용한 때는 2분과 3분 사이입니다.
세로 눈금 한 칸은 $50 \div 5 = 10$(L)를 나타냅니다.
따라서 2분과 3분 사이에 물을 $10 \times 5 = 50$(L) 사용했습니다.

> **해결 전략**
> 물을 가장 많이 사용한 때는 선의 기울기가 오른쪽으로 가장 많이 기울어진 때예요.

6 **접근 »** 각 그래프의 세로 눈금 한 칸의 크기를 알아봅니다.

세로 눈금 한 칸의 크기가 ㈎ 그래프는 20 mm, ㈏ 그래프는 10 mm, ㈐ 그래프는 30 mm입니다.
강수량이 가장 많았던 해와 가장 적었던 해의 강수량의 차는
㈎ 지역은 $240-140=100$(mm), ㈏ 지역은 $170-80=90$(mm),
㈐ 지역은 $270-150=120$(mm)입니다.
따라서 강수량이 가장 많았던 해와 가장 적었던 해의 강수량의 차가 가장 큰 지역은 ㈐ 지역이고 그 차는 120 mm입니다.

> **해결 전략**
> ㈎, ㈏, ㈐ 그래프의 세로 눈금 한 칸의 크기가 같지 않으므로 세로 눈금 한 칸의 크기를 알아보면 ㈎ $100 \div 5$, ㈏ $50 \div 5$, ㈐ $150 \div 5$예요.

7 **접근 »** 6월 어느 한 주의 가장 긴 낮의 길이와 12월 어느 한 주의 가장 짧은 낮의 길이를 각각 알아봅니다.

한 시간이 세로 눈금 6칸이므로 세로 눈금 한 칸은 $60 \div 6 = 10$(분)을 나타냅니다.
6월 어느 한 주의 가장 긴 낮의 길이는 목요일의 낮의 길이인 14시간 40분입니다.
12월 어느 한 주의 가장 짧은 낮의 길이는 금요일의 낮의 길이인 9시간 20분입니다.
따라서 낮의 길이의 차가 가장 긴 시간은 14시간 40분 − 9시간 20분 = 5시간 20분입니다.

> **해결 전략**
> 낮의 길이의 차가 가장 긴 시간인 6월 어느 한 주의 가장 긴 낮의 시간에서 12월 어느 한 주의 가장 짧은 낮의 시간을 빼요.

8 **접근 »** 판매량의 합계로 5월의 판매량을 먼저 구해 봅니다.

세로 눈금 5칸은 1000상자이므로 세로 눈금 한 칸은 $1000 \div 5 = 200$(상자)를 나타냅니다.

(3월부터 7월까지 판매량의 합)

$=1200+2000+$(5월의 판매량)$+1800+2000=9600$이므로

(5월의 판매량)$=9600-7000=2600$(상자)입니다.

(4월과 5월의 판매량의 차)$=2600-2000=600$(상자)이므로

(과자를 판매한 값의 차)$=15000×600=9000000$(원)입니다.

해결 전략
(과자를 판매한 값의 차)
$=$(과자 한 상자의 가격)
$×$(과자 판매량의 차)

다른 풀이

4월과 5월의 세로 눈금의 차가 3칸인 600상자이므로 과자를 판매한 값의 차는

$15000×600=9000000$(원)입니다.

9 접근 》 현우가 러닝머신에서 걸은 시간과 거리의 규칙을 찾아봅니다.

세로 눈금 5칸이 250 m이므로 한 칸은 $250÷5=50$(m)를 나타냅니다. 2분마다 걸은 거리는 세로 눈금 5칸, 4칸, 5칸, 4칸이므로 250 m, 200 m를 번갈아 가며 걷는 규칙입니다.

따라서 (16분 동안 걸은 거리)$=$(10분 동안 걸은 거리)$+200+250+200$

$=1150+200+250+200=1800$(m)입니다.

해결 전략
10분 동안 걸은 전체 거리는 그래프에서 찾아요.

다른 풀이

2분마다 250 m, 200 m, 250 m, 200 m를 번갈아 걷고 있으므로 4분마다

$250+200=450$(m)를 걷고 있습니다.

따라서 (16분 동안 걸은 거리)$=$(4분 동안 걸은 거리)$×4=450×4=1800$(m)입니다.

해결 전략

시간(분)	0	2	4	6	8	10
거리(m)	0	250	450	700	900	1150

$+250$ $+200$ $+250$ $+200$ $+250$

서술형 10 접근 》 화, 수, 목, 금요일의 세탁기 판매량을 각각 구해 봅니다.

예 (월요일의 판매량)$=80$대, (화요일의 판매량)$=120-80=40$(대),

(수요일의 판매량)$=220-120=100$(대),

(목요일의 판매량)$=280-220=60$(대),

(금요일의 판매량)$=300-280=20$(대)

따라서 세탁기를 가장 많이 판매한 요일은 수요일이고, 100대를 팔았습니다.

해결 전략
(화요일의 판매량)$=$(화요일의 누적 판매량)$-$(월요일의 판매량)

채점 기준	배점
각 요일별 세탁기 판매량을 구했나요?	3점
세탁기를 가장 많이 판 요일의 판매량을 구했나요?	2점

다른 풀이

예 월요일의 판매량은 80대이고

화요일에는 월요일보다 세로 눈금 2칸 더 올라갔으므로 판매량이 $20×2=40$(대),

수요일은 화요일보다 세로 눈금 5칸 더 올라갔으므로 판매량이 $20×5=100$(대),

목요일은 수요일보다 세로 눈금 3칸 더 올라갔으므로 판매량이 $20×3=60$(대),

금요일은 목요일보다 세로 눈금 1칸 더 올라갔으므로 판매량이 $20×1=20$(대)입니다.

따라서 판매량이 가장 많은 요일은 수요일이고 100대를 팔았습니다.

11 접근 ≫ 누적되어 쌓인 눈의 양을 먼저 알아봅니다.

쌓인 눈의 양이 모두 19 cm이고 ㉠=㉡×2이므로

㉠+5+㉡+4+1=19에서 ㉡×2+5+㉡+4+1=19,

㉡×3+10=19, ㉡×3=9, ㉡=3입니다.

따라서 오전 9~10시에 내린 눈의 양이 3 cm이므로

오전 7~8시에 내린 눈의 양은 3×2=6(cm)입니다.

누적되어 쌓인 눈의 양은 오전 8시에 6 cm, 오전 9시에 6+5=11(cm),

오전 10시에 11+3=14(cm), 오전 11시에 14+4=18(cm),

낮 12시에 18+1=19(cm)입니다.

해결 전략

㉡×2+5+㉡+4+1
=㉡×2+㉡+10
=(㉡+㉡)+㉡+10
=㉡×3+10

주의

누적되어 쌓인 눈의 양을 그래프로 나타내는 것이므로 각 시간별 내린 눈의 양으로 그래프를 그리지 않도록 주의해요.

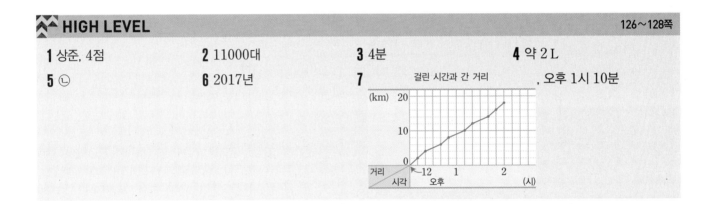

HIGH LEVEL
126~128쪽

1 상준, 4점　　**2** 11000대　　**3** 4분　　**4** 약 2 L

5 ㉡　　**6** 2017년　　**7** , 오후 1시 10분

1 접근 ≫ 은별이의 영어 성적의 합을 먼저 구해 봅니다.

(은별이의 영어 성적)=75+83+80+88+86+87+85=584(점)이므로

(상준이의 영어 성적)=1172-584=588(점)입니다.

따라서 상준이의 영어 성적은 85+80+82+85+(7월)+84+82=588(점)이고 (7월)=588-498=90(점)이므로 7월의 성적은 상준이가 90-86=4(점) 더 높습니다.

해결 전략

은별이의 영어 성적의 합을 이용하여 상준이의 7월 영어 성적을 구할 수 있어요.

2 124쪽 8번의 변형 심화 유형
접근 ≫ ㉯ 회사의 6월 생산량과 ㉮ 회사의 10월 생산량을 먼저 알아봅니다.

㉮ 회사의 7월 생산량은 12000대이므로 ㉯ 회사의 6월 생산량은 12000대이고,

㉯ 회사의 9월 생산량은 5000대이므로 ㉮ 회사의 10월 생산량은 5000대입니다.

생산량의 차가 가장 큰 달은 세로 눈금의 차가 가장 큰 10월이고, 10월의 두 그래프 사이의 간격이 세로 눈금 6칸이므로 생산량의 차는 6000대입니다.

생산량의 차가 둘째로 큰 달은 세로 눈금의 차가 둘째로 큰 3월이고, 3월의 두 그래프 사이의 간격이 세로 눈금 5칸이므로 생산량의 차는 5000대입니다.

➡ 6000+5000=11000(대)

해결 전략

두 그래프에서 같은 달의 점과 점 사이의 세로 눈금의 차가 가장 큰 것이 생산량의 차가 가장 커요.

3
접근 ≫ **태연이가 뛴 거리와 뛴 시간으로 1분 동안 뛴 거리를 구해 봅니다.**

태연이는 $20-8=12$(분) 동안 $1280-320=960$(m)를 뛰었으므로
(태연이가 1분 동안 뛴 거리)$=960\div12=80$(m)입니다.
따라서 태연이가 처음부터 뛰어 간다면 학교에 도착하는 데 $1280\div80=16$(분)이
걸리므로 은혁이보다 $20-16=4$(분) 먼저 도착합니다.

보충 개념
(걸린 시간)$=$(뛴 거리)$\div$(1분 동안 뛴 거리) ➡ (1분 동안 뛴 거리)$=$(뛴 거리)$\div$(걸린 시간)

해결 전략
태연이는 출발하여 8분 동안 걷다가 그 후로 뛰어갔으므로 8분 후의 꺾은선그래프에서 태연이가 1분 동안 뛴 거리를 구해요.

4
접근 ≫ **두 자동차가 7시간 동안 달린 거리를 알아봅니다.**

(세로 눈금 한 칸의 크기)$=100\div5=20$(km)
A 자동차가 7시간 동안 달린 거리는 6시간 동안 달린 200 km와 8시간 동안 달린 280 km의 중간값인 약 240 km입니다.
B 자동차가 7시간 동안 달린 거리는 6시간 동안 달린 거리 140 km와 8시간 동안 달린 거리 200 km의 중간값인 약 170 km입니다.
(A 자동차가 사용한 휘발유의 양)$=240\div16=15$(L)
(B 자동차가 사용한 휘발유의 양)$=170\div10=17$(L)
따라서 두 자동차가 사용한 휘발유 양의 차는 약 $17-15=2$(L)입니다.

보충 개념
• 1 L로 달릴 수 있는 거리를 연비라고 하고 단위는 km/L로 표시해요.
• (전체 사용한 휘발유의 양)$=$(전체 거리)$\div$(1 L로 달릴 수 있는 거리)

해결 전략
6시간 동안 달린 거리와 8시간 동안 달린 거리의 중간값으로 7시간 동안 달린 거리를 구해요.

5
접근 ≫ **점 ㅇ이 점 ㄱ에서 점 ㄴ까지 가는 데 몇 초가 걸리는지 알아봅니다.**

문제 분석 │ 길이가 40 cm인 선분 ㄱㄴ 사이를 일정한 빠르기로 계속 왕복하는 점 ㅇ이 있습니다. 다음은 시간에 따라 점 ㄱ과 점 ㅇ 사이의 거리를 조사 ❶ 하여 나타낸 꺾은선그래프입니다. 점 ㄱ에서 출발하여 1분 12초 후의 ❷ 점 ㅇ의 위치를 찾아 기호를 쓰시오. ❸

❶ 점 ㄱ에서 점 ㄴ까지 왕복 시간을 구합니다.
꺾은선그래프를 살펴보면 점 ㅇ은 일정한 빠르기로 움직이고 점 ㄱ에서 점 ㄴ까지 가는 데 5초, 점 ㄴ에서 점 ㄱ으로 다시 돌아가는 데 5초가 걸리므로 점 ㅇ이 점 ㄱ에서 출발하여 점 ㄴ까지 갔다가 다시 돌아오는 데 걸리는 시간은 10초입니다.
❷ 1분 12초는 10초씩 몇 번이 되고 몇 초가 남는지 구합니다.
1분 12초$=72$초$=\underbrace{10초+10초+\cdots\cdots+10초}_{7번}+2$초이므로

1분 12초는 10초씩 7번이 되고 2초가 남습니다.

해결 전략
5초 동안 40 cm를 이동하므로 1초에 $40\div5=8$(cm) 이동합니다.

❸ 1분 12초 후의 점 ㅇ의 위치를 찾습니다.

1분 12초 후의 점 ㅇ의 위치는 2초 후의 점 ㅇ의 위치와 같습니다.

점 ㅇ은 일정한 빠르기로 움직이므로 점 ㄱ에서 출발하여 1초 후에는 ㉠에, 2초 후에는 ㉡에, 3초 후에는 ㉣에, 4초 후에는 ㉤에 위치합니다.

따라서 1분 12초 후의 점 ㅇ은 ㉡에 위치합니다.

> **보충 개념**
> 그림에서 선분 ㄱㄴ을 10등분 했으므로 한 칸의 길이는 40÷10=4(cm)입니다.

6 접근 ≫ 2014년 지진 발생 횟수를 □회라 하여 식을 만들어 봅니다.

2014년의 지진 발생 횟수를 □회라 하면 2013년의 지진 발생 횟수는 (□+44)회, 2012년의 지진 발생 횟수는 (□+7)회이므로

(□+7)+(□+44)+□+44+252+224=718, 571+□×3=718,

□×3=147, □=49입니다.

지진 발생 횟수는 2014년이 49회, 2013년이 49+44=93(회), 2012년이 49+7=56(회)입니다.

연도(년)	2012	2013	2014	2015	2016	2017
유감지진 횟수(회)	4	11	7	5	55	98
지진 발생 횟수(회)	56	93	49	44	252	224
차	52	82	42	39	197	126

따라서 지진 발생 횟수와 유감지진 횟수의 차가 둘째로 큰 해는 차가 126회인 2017년입니다.

> **해결 전략**
> 2012년의 지진 발생 횟수는 2013년보다 지진 발생 횟수가 37회 더 적은 것이므로 □+44−37=□+7이에요.

다른 풀이

2012년부터 2014년까지 지진 발생 횟수는 718−(44+252+224)=198(회)입니다.

2013년의 지진 발생 횟수는 □회라 하면 2014년의 지진 발생 횟수는 (□−44)회, 2012년의 지진 발생 횟수는 (□−37)회이므로 (□−37)+□+(□−44)=198,

□+□+□=198+37+44, □+□+□=279, □=93입니다.

지진 발생 횟수는 2012년에는 93−37=56(회), 2013년에는 93회,

2014년에는 93−44=49(회)입니다.

7 접근 ≫ 왼쪽 그림에서 가로, 세로의 한 칸은 각각 몇 km를 나타내는지 알아봅니다.

가로, 세로로 한 칸은 각각 2 km를 나타내고, 가로로 한 칸을 가는 데 10분, 세로로 한 칸을 가는 데 20분 걸립니다.

C 지점은 A 지점에서 가로로는 2 km씩 3번이므로 30분이 걸리고

세로로는 2 km씩 2번이므로 40분이 걸리므로

C 지점을 통과한 시각은 낮 12시+30분+40분=오후 1시 10분입니다.

> **해결 전략**
> 12 km를 가는 데 1시간(60분)이 걸리므로 12÷6=2(km)를 가는 데 60÷6=10(분)이 걸려요.

> **해결 전략**
> 6 km를 가는 데 1시간(60분)이 걸리므로 6÷3=2(km)를 가는 데 60÷3=20(분)이 걸려요.

6 다각형

⦿ BASIC TEST

1 다각형과 정다각형　133쪽

> **1** ⑩ 선분으로 둘러싸여 있지 않고 끊어져 있기 때문입니다.
>
> **2** ⑩ 할 수 없습니다. 네 각의 크기가 모두 같지 않기 때문입니다.
>
> **3** 70 m　　　**4** 정십삼각형　　**5** ⑤
>
> **6** 구각형

1 다각형은 선분으로 둘러싸인 도형입니다.

2 주어진 다각형은 마름모로 변의 길이는 모두 같지만 각의 크기가 다르므로 정다각형이 아닙니다.

> **보충 개념**
> 정다각형은 변의 길이가 모두 같고 각의 크기도 모두 같은 다각형입니다.

3 정십각형은 변의 수가 10개이고 변의 길이가 모두 같은 다각형입니다.
따라서 울타리의 둘레는 $7 \times 10 = 70$(m)입니다.

4 (도형의 변의 수)$= 52 \div 4 = 13$
따라서 민주가 만든 도형은 변의 수가 13인 정다각형이므로 정십삼각형입니다.

> **보충 개념**
> 변과 꼭짓점이 각각 ■개인 정다각형을 정■각형이라고 합니다.

5 ⑤ 5개의 변의 길이가 같은 정오각형은 주어진 점 종이의 점끼리 선분으로 연결하여 그릴 수 없습니다.

6
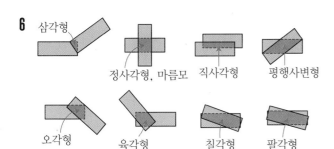

삼각형　정사각형, 마름모　직사각형　평행사변형
오각형　육각형　칠각형　팔각형

따라서 만들 수 없는 다각형은 구각형입니다.

2 대각선과 다각형의 각의 크기　135쪽

> **1** ⑤　　　**2** 14개　　　**3** 30 cm
>
> **4** 281°　　**5** 132°　　**6** 60°

1 ① 마름모의 두 대각선은 수직으로 만나지만 길이는 다릅니다.

> **보충 개념**
> 두 대각선의 길이가 같은 다각형: 직사각형, 정사각형
> 두 대각선이 서로 수직인 다각형: 마름모, 정사각형
> 두 대각선의 길이가 같고 서로 수직인 다각형: 정사각형
> 한 대각선이 다른 대각선을 똑같이 반으로 나누는 다각형: 평행사변형, 직사각형, 마름모, 정사각형

2 서로 이웃하지 않는 두 꼭짓점을 선분으로 이어 중복되지 않게 대각선의 수를 셉니다.

> **다른 풀이**
> 꼭짓점이 7개이므로 한 꼭짓점에서 그을 수 있는 대각선은 $7 - 3 = 4$(개)이고 각각의 대각선은 2번씩 겹쳐지므로 대각선은 $4 \times 7 \div 2 = 14$(개)입니다.

3 직사각형은 마주 보는 변의 길이가 같으므로
(변 ㄱㄴ)$=$(변 ㄹㄷ)$= 5$ cm,
(변 ㄴㄷ)$=$(변 ㄱㄹ)$= 12$ cm입니다.
직사각형의 두 대각선의 길이는 서로 같으므로
(선분 ㄱㄷ)$=$(선분 ㄴㄹ)$= 13$ cm입니다.
따라서 삼각형 ㄱㄴㄷ의 세 변의 길이의 합은
$5 + 12 + 13 = 30$(cm)입니다.

> **해결 전략**
> 직사각형에서 길이가 같은 두 변을 찾고 대각선의 성질을 이용합니다.

4 팔각형의 내각의 크기의 합은 $180° \times 6 = 1080°$입니다.
$100° + 136° + 131° + 140° + \text{ⓒ} + 143° + 149° + \text{ⓐ} = 1080°$에서
ⓐ$+$ⓒ
$= 1080° - 100° - 136° - 131° - 140° - 143° - 149°$
$= 281°$입니다.

> **보충 개념**
> 팔각형은 삼각형 $8 - 2 = 6$(개)로 나누어지므로 내각의 크기의 합은 $180° \times 6 = 1080°$입니다.

5 (정오각형의 한 각의 크기)$=(180°×3)÷5=108°$
(정육각형의 한 각의 크기)$=(180°×4)÷6=120°$
따라서 ㉠$=360°-(120°+108°)=132°$입니다.

> **보충 개념**
> 정오각형은 삼각형 3개, 정육각형
> 은 삼각형 4개로 나눌 수 있습니
> 다.
>
> 정오각형   정육각형

6 정육각형은 사각형 2개로 나눌 수
있으므로 모든 각의 크기의 합은
$360°×2=720°$입니다.
➡ ㉡$=720°÷6=120°$, ㉠$=180°-120°=60°$

3 여러 가지 모양 만들기 137쪽

1 (예)

2 10개, 5개 **3** 12개

4 (예)

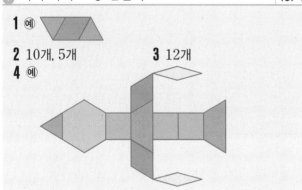

5 (예) 정오각형의 한 각의 크기가 108°이므로 한 점에서
3개의 꼭짓점이 만나면 남는 부분이 생기고, 4개의 꼭
짓점이 만나면 겹치게 됩니다.

6 ㉢

1 평행사변형은 마주 보는 두 쌍의 변이 서로 평행하도
록 만듭니다.

(예)  등

2

> **해결 전략**
> ②번 조각은 ①번 조각 2개로 만들 수 있습니다.

3 △ 모양 조각 3개를 사용하여 ▽△▽ 모양을 만들
수 있으므로 △ 모양 조각은 모두 $3×4=12$(개)
필요합니다.

4 ①번 조각: 1개, ②번 조각: 2개, ③번 조각: 2개,
④번 조각: 1개, ⑤번 조각: 3개, ⑥번 조각: 2개로
채울 수 있습니다.

> **다른 풀이**
> ①번 조각: 17개, ⑤번 조각: 3개, ⑥번 조각: 2개로 채울 수
> 있습니다.

5
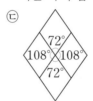
➡ 36°의 빈틈이 생깁니다.

6 ㉠ 원은 곡선으로 되어 있으므로 곡선끼리 이어 붙였
을 때 빈틈이 생깁니다.
㉡ 정팔각형은 한 각의 크기가 135°이므로 한 점에
모이는 각의 합이 360°가 될 수 없습니다.
㉢

MATH TOPIC 138~143쪽

1-1 30°	1-2 36°	1-3 60°
2-1 14개	2-2 십일각형	2-3 8개
3-1 63°	3-2 4 cm	3-3 21 cm
4-1 정삼각형	4-2 360°	4-3 27°
5-1 500개	5-2 98개	5-3 8개
심화6 8, 37 / 8, 37		6-1 ㉠, ㉡, ㉢

1-1 정육각형의 여섯 각의 크기의 합은 720°이므로 한
각의 크기는 $720°÷6=120°$입니다. 정육각형은
모든 변의 길이가 같으므로 삼각형 ㄱㄴㅂ은
(변 ㄱㄴ)$=$(변 ㄱㅂ)인 이등변삼각형입니다.
따라서 (각 ㄱㄴㅂ)$=(180°-120°)÷2=30°$입
니다.

해결 전략
정육각형은 삼각형 4개로 나누어지므로 여섯 각의 크기의 합은 $180° \times 4 = 720°$입니다.

1-2 정오각형의 다섯 각의 크기의 합은 $540°$이므로 한 각의 크기는 $540° \div 5 = 108°$입니다.
삼각형 ㄱㄴㄷ은 (변 ㄴㄱ)=(변 ㄴㄷ)인 이등변삼각형입니다.
➡ (각 ㄴㄷㄱ)=$(180° - 108°) \div 2 = 36°$
삼각형 ㄷㄹㅁ은 (변 ㄹㄷ)=(변 ㄹㅁ)인 이등변삼각형입니다.
➡ (각 ㅁㄷㄹ)=$(180° - 108°) \div 2 = 36°$
따라서 (각 ㄱㄷㅁ)=(각 ㄴㄷㄹ)-(각 ㄴㄷㄱ)
-(각 ㅁㄷㄹ)=$108° - 36° - 36° = 36°$입니다.

해결 전략
정오각형은 모든 변의 길이와 각의 크기가 각각 같습니다.

1-3 정육각형의 여섯 각의 크기의 합은 $720°$이고, 한 각의 크기는 $720° \div 6 = 120°$입니다. 정육각형의 모든 변의 길이가 같으므로 접은 삼각형은 두 변의 길이가 같은 이등변삼각형입니다.
ⓛ의 각도는 $(180° - 120°) \div 2 = 30°$이고, 접은 각의 크기는 펼쳤을 때의 각의 크기와 같으므로 ⑤의 각도는 $120° - 30° - 30° = 60°$입니다.

2-1 다각형의 꼭짓점의 수를 □라 하면 한 꼭짓점에서 대각선을 그었을 때 생기는 삼각형은 (□-2)개이므로 □-2=5, □=7입니다.
따라서 이 다각형은 칠각형이고, 칠각형에 그을 수 있는 대각선은 모두 $(7-3) \times 7 \div 2 = 14$(개)입니다.

보충 개념
■각형의 한 꼭짓점에서 대각선을 그었을 때 생기는 삼각형은 (■-2)개입니다.

해결 전략
■각형의 꼭짓점, 변, 각은 각각 ■개입니다.
⑩ 꼭짓점이 7개이면 칠각형입니다.

2-2 대각선이 44개인 다각형의 꼭짓점의 수를 □라 하면 (□-3)×□÷2=44,
(□-3)×□=44×2, (□-3)×□=88
곱이 88인 두 수 (1, 88), (2, 44), (4, 22), (8, 11) 중에서 차가 3인 두 수는 (8, 11)이므로 □=11입니다.
따라서 대각선이 44개인 다각형은 변이 11개이므로 십일각형입니다.

2-3 대각선이 20개인 다각형의 꼭짓점의 수를 □라 하면 (□-3)×□÷2=20, (□-3)×□=40입니다.
곱이 40인 두 수 (1, 40), (2, 20), (4, 10), (5, 8) 중 차가 3인 두 수는 (5, 8)이므로 □=8입니다.
따라서 대각선이 20개인 다각형은 변이 8개인 팔각형이므로 성냥개비는 적어도 8개 필요합니다.

3-1 직사각형의 두 대각선은 길이가 같고 한 대각선은 다른 대각선을 똑같이 반으로 나누므로
삼각형 ㄱㅁㄹ은 (변 ㅁㄱ)=(변 ㅁㄹ)인 이등변삼각형입니다.
따라서 (각 ㄱㄹㅁ)=$(180° - 126°) \div 2 = 27°$이므로 삼각형 ㄱㄴㄹ에서
⑤=$180° - 90° - 27° = 63°$입니다.

다른 풀이
삼각형 ㄱㅁㄴ은 (변 ㅁㄱ)=(변 ㅁㄴ)인 이등변삼각형입니다.
(각 ㄱㅁㄴ)=$180° - 126° = 54°$이므로
⑤=$(180° - 54°) \div 2 = 63°$입니다.

3-2 삼각형 ㄱㄴㄷ에서 (변 ㄱㄴ)=(변 ㄴㄷ)이므로
(각 ㄴㄱㄷ)=(각 ㄴㄷㄱ)=$(180° - 60°) \div 2 = 60°$
삼각형 ㄱㄴㄷ은 세 각이 모두 $60°$인 정삼각형이므로 (변 ㄱㄷ)=(변 ㄱㄴ)=8 cm입니다. 마름모의 한 대각선은 다른 대각선을 똑같이 반으로 나누므로 선분 ㄱㅁ의 길이는 8 cm의 반인 4 cm입니다.

해결 전략
삼각형의 세 각의 크기를 각각 구해 어떤 삼각형인지 알아봅니다.

3-3 (각 ㄹㅁㄷ)=$180° - 120° = 60°$
직사각형은 두 대각선의 길이가 같고 한 대각선은

다른 대각선을 똑같이 반으로 나누므로
(선분 ㅁㄹ)＝(선분 ㅁㄷ)＝14÷2＝7(cm)입니다.
삼각형 ㄹㅁㄷ에서 (선분 ㅁㄹ)＝(선분 ㅁㄷ)이므로
(각 ㅁㄹㄷ)＝(각 ㅁㄷㄹ)＝(180°－60°)÷2＝60°
입니다.
삼각형 ㄹㅁㄷ은 정삼각형이므로
(변 ㄹㄷ)＝7 cm입니다.
따라서 삼각형 ㄹㅁㄷ의 세 변의 길이의 합은
7＋7＋7＝21(cm)입니다.

4-1 정육각형의 여섯 각의 크기의 합은 720°이고,
한 각의 크기는 720°÷6＝120°이므로
(각 ㄹㅁㅅ)＝(각 ㅁㅂㅅ)＝180°－120°＝60°,
(각 ㅁㅅㄹ)＝180°－60°－60°＝60°입니다.
따라서 삼각형 ㅁㅂㅅ은 세 각의 크기가 모두 60°
인 정삼각형입니다.

4-2 일직선에 놓이는 각의 크기는 180°이므로 일직선
6개의 각의 크기는 180°×6＝1080°입니다. 정
육각형의 여섯 각의 크기의 합은 삼각형 4개의 각
의 크기의 합과 같으므로 180°×4＝720°입니다.
따라서 ㉠, ㉡, ㉢, ㉣, ㉤, ㉥의 크기의 합은
1080°－720°＝360°입니다.

> **보충 개념**
> 다각형의 외각의 크기의 합은 항상 360°입니다.
>
>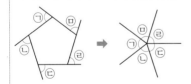
>
> **주의**
> ㉠, ㉡, ㉢, ㉣, ㉤, ㉥의 각도를 각각 구하지 않습니다.

4-3 정오각형의 한 각의 크기는
(180°×3)÷5＝108°이고, 정육각형의 한 각의
크기는 (180°×4)÷6＝120°입니다.
(각 ㄹㅊㅂ)＝180°－15°－120°＝45°이고,
(각 ㄱㅊㅁ)＝(각 ㄹㅊㅂ)＝45°이므로
　　　　　　　　　└── 마주 보는 각
(각 ㅁㄱㅊ)＝180°－108°－45°＝27°입니다.

> **해결 전략**
> 두 직선이 한 점에서 만날 때 생기는 4개의 각 중에서 서
> 로 마주 보는 각의 크기는 같습니다.
>
> ➡ ㉠＝㉢, ㉡＝㉣

5-1 1 m＝100 cm이므로 직사각형 모양 조각을 가로
에 100÷5＝20(개), 세로에 100÷4＝25(개)
놓아야 합니다. 따라서 한 변이 1 m인 정사각형을
만들기 위해 필요한 모양 조각은 모두
20×25＝500(개)입니다.

5-2 삼각형 모양 조각 2개로 오른쪽과 같
이 한 변이 5 cm인 정사각형을 만들
수 있습니다. 따라서 한 변이 35 cm
인 정사각형을 만들려면 한 변이 5 cm인 정사각형
이 가로, 세로에 각각 35÷5＝7(개)씩 필요하므
로 삼각형 모양 조각은 모두 7×7×2＝98(개)
필요합니다.

5-3 삼각형 모양 조각 3개로 사다리꼴
모양 조각 1개를 만들 수 있습니
다. 따라서 삼각형 모양 조각 24개
로 만든 정육각형을 사다리꼴 모양 조각으로 만들
려면 사다리꼴 모양 조각은 모두 24÷3＝8(개)
필요합니다.

6-1 각 정다각형의 한 각의 크기는 다음과 같습니다.
　㉠ 정삼각형: 180°÷3＝60°
　㉡ 정사각형: 360°÷4＝90°
　㉢ 정오각형: 540°÷5＝108°
　㉣ 정육각형: 720°÷6＝120°
　㉤ 정팔각형: 1080°÷8＝135°
테셀레이션이 가능하려면 한 점에서 모이는 도형들
의 각의 크기의 합이 360°가 되어야 합니다.
　㉠ 정삼각형: 60°×6＝360°
　㉡ 정사각형: 90°×4＝360°
　㉣ 정육각형: 120°×3＝360°이므로 테셀레이션
이 가능한 도형은 ㉠, ㉡, ㉣입니다.

1 21	**2** ③	**3** 2 cm	**4** 102°	**5** 20개
6 예 두 대각선의 길이가 같습니다.		**7** 72°	**8** 108°	**9** 50°
10 1260°	**11** 6개	**12** 75°		

1 접근 ≫ 십각형과 칠각형의 각각의 한 꼭짓점에서 그을 수 있는 대각선의 수를 알아봅니다.

(십각형의 대각선의 수)＝(10－3)×10÷2＝35

(칠각형의 대각선의 수)＝(7－3)×7÷2＝14

따라서 십각형의 대각선의 수와 칠각형의 대각선의 수의 차는 35－14＝21입니다.

> 해결 전략
> (■각형의 대각선의 수)
> ＝(■－3)×■÷2

2 142쪽 5번의 변형 심화 유형

접근 ≫ 각 모양 조각 몇 개로 직사각형의 가로와 세로의 길이가 될 수 있을지 알아봅니다.

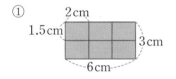

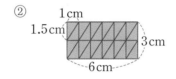

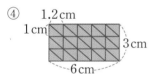

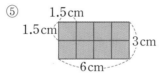

> 해결 전략
> 모양 조각을 겹치지 않게 이어 붙였을 때 가로 6 cm, 세로 3 cm가 될 수 없는 모양 조각을 찾아요.

3 접근 ≫ 한 각이 직각인 삼각형으로 가장 작은 직사각형을 만들어 봅니다.

밑변이 4 cm, 높이가 ㉠이고 한 각이 직각인 삼각형 모양 조각 2개로 가로가 4 cm, 세로가 ㉠인 직사각형을 만들 수 있습니다.

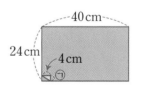

따라서 이 직사각형의 가로에는 직사각형 모양 조각을 40÷4＝10(개) 놓아야 하므로 세로에는 120÷10＝12(개) 놓아야 합니다.

따라서 ㉠＝24÷12＝2(cm)입니다.

> 해결 전략
> 한 각이 직각인 삼각형으로 가장 작은 직사각형을 만들어 봐요.

> 해결 전략
> 직사각형 1개가 한 각이 직각인 삼각형 2개이므로 240÷2＝120(개)로 가장 작은 직사각형을 만들어 봐요.

다른 풀이

밑변이 4 cm, 높이가 ㉠이고 한 각이 직각인 삼각형 모양 조각 2개로 가로가 ㉠, 세로가 4 cm인 직사각형을 만들 수 있습니다.

이 직사각형을 세로에는 24÷4＝6(개) 놓아야 하므로 가로에는 120÷6＝20(개) 놓아야 합니다.

따라서 ㉠＝40÷20＝2(cm)입니다.

4 _{141쪽 4번의 변형 심화 유형}
접근 ≫ 각 도형의 한 각의 크기를 구해 봅니다.

정사각형의 네 각의 크기의 합은 $360°$이므로 한 각의 크기는 $360°÷4=90°$,

정삼각형의 세 각의 크기의 합은 $180°$이므로 한 각의 크기는 $180°÷3=60°$,

정오각형의 다섯 각의 크기의 합은 $540°$이므로 한 각의 크기는 $540°÷5=108°$입니다.

따라서 ㉠의 각도는 $360°$에서 정사각형, 정삼각형, 정오각형의 한 각의 크기를 **빼면** 되므로 $360°-90°-60°-108°=102°$입니다.

> **해결 전략**
> 정오각형은 삼각형 3개로 나누어져요.

5 _{139쪽 2번의 변형 심화 유형}
접근 ≫ 서로 이웃하지 않은 두 기둥을 끈으로 이은 것이 대각선임을 알아봅니다.

서로 이웃하지 않은 두 기둥을 끈으로 이으므로 필요한 끈의 개수는 팔각형의 대각선의 수와 같습니다.

따라서 팔각형의 대각선은 $(8-3)×8÷2=20$(개)이므로 필요한 끈은 모두 20개입니다.

> **해결 전략**
> 팔각형의 대각선 수를 구해요.

6 **접근 ≫ 사각형 ㄱㅁㅂㅅ이 어떤 사각형인지 알아봅니다.**

마름모의 두 대각선은 서로 수직이므로 (각 ㄱㅁㄹ)$=90°$입니다.

사각형 ㄱㅁㅂㅅ은 평행사변형이고, 평행사변형은 마주 보는 각의 크기가 같으므로 (각 ㄱㅅㅂ)$=$(각 ㄱㅁㄹ)$=90°$,

평행사변형의 이웃한 각의 크기의 합은 $180°$이므로 (각 ㅁㄱㅅ)$=$(각 ㅁㅂㅅ)$=180°-90°=90°$입니다.

따라서 평행사변형 ㄱㅁㅂㅅ은 네 각의 크기가 모두 $90°$이므로 직사각형입니다. 직사각형은 두 대각선의 길이가 같고 한 대각선은 다른 대각선을 똑같이 반으로 나눕니다.

> **해결 전략**
> 변 ㄱㅁ과 변 ㅅㅂ, 변 ㄱㅅ과 변 ㅁㅂ이 각각 서로 평행하므로 사각형 ㄱㅁㅂㅅ은 평행사변형이 될 수 있어요.

7 **접근 ≫ 정오각형의 한 각의 크기를 알아봅니다.**

오각형은 3개의 삼각형으로 나눌 수 있으므로 오각형의 다섯 각의 크기의 합은 $180°×3=540°$이고, 정오각형의 다섯 각의 크기는 서로 같으므로 한 각의 크기는 $540°÷5=108°$입니다.

정오각형의 모든 변의 길이는 같으므로 삼각형 ㄱㄴㄷ은 이등변삼각형이고, (각 ㄱㄷㄴ)$=(180°-108°)÷2=36°$입니다.

따라서 ㉠의 각도는 정오각형의 한 각에서 각 ㄱㄷㄴ을 뺀 것과 같으므로 ㉠$=108°-36°=72°$입니다.

> **해결 전략**
> ㉠$=$(정오각형의 한 각의 크기)$-$(각 ㄱㄷㄴ)

8

접근 》 **삼각형 ㄴㄷㄹ과 삼각형 ㅁㄹㄷ에서 크기가 같은 각을 찾아봅니다.**

㉠ 정오각형의 모든 각의 크기의 합은 $180° × 3 = 540°$이므로

(각 ㄴㄷㄹ)=(각 ㅁㄹㄷ)=$540° ÷ 5 = 108°$입니다.

삼각형 ㄴㄷㄹ과 삼각형 ㅁㄹㄷ은 이등변삼각형이므로

(각 ㅁㄷㄹ)=(각 ㄴㄹㄷ)=$(180° - 108°) ÷ 2 = 36°$입니다.

따라서 삼각형 ㄷㅂㄹ에서 (각 ㄷㅂㄹ)=$180° - 36° - 36° = 108°$이므로

(각 ㄴㅂㅁ)=(각 ㄷㅂㄹ)=$108°$입니다.

> 삼각형 ㄴㄷㄹ과 삼각형 ㅁㄹㄷ에서 (각 ㄴㄷㄹ)=(각 ㅁㄹㄷ)이므로 남은 네 각의 크기가 같습니다.

해결 전략
삼각형 ㄴㄷㄹ과 삼각형 ㅁㄹㄷ은 어떤 삼각형인지 알아봐요.

해결 전략

➡ ㉠=ㄷ, ㉡=ㄹ

채점 기준	배점
각 ㅁㄷㄹ과 각 ㄴㄹㄷ의 크기를 구했나요?	2점
각 ㄷㅂㄹ의 크기를 구했나요?	2점
각 ㄴㅂㅁ의 크기를 구했나요?	1점

9

접근 》 **정구각형은 삼각형 몇 개로 나누어지는지 알아 한 각의 크기를 구해 봅니다.**

정구각형의 내각의 크기의 합은 $180° × (9 - 2) = 1260°$이고, 한

각의 크기는 $1260° ÷ 9 = 140°$입니다.

정삼각형의 한 각의 크기는 $60°$이므로 ㉡=$140° - 60° = 80°$이고

삼각형 ㄴㄷㄹ은 변 ㄴㄷ과 변 ㄷㄹ의 길이가 같은 이등변삼각형이

므로 ㉠=$(180° - 80°) ÷ 2 = 50°$입니다.

해결 전략
다각형 안에서 나눌 수 있는 삼각형의 수는
(■각형)=(■ - 2)개예요.

해결 전략
정삼각형 ㄱㄴㄷ에서
(변 ㄱㄷ)=(변 ㄴㄷ),
정구각형에서
(변 ㄱㄷ)=(변 ㄷㄹ)
➡ (변 ㄴㄷ)=(변 ㄷㄹ)

10

접근 》 **도형을 삼각형과 사각형으로 나누어 봅니다.**

도형을 삼각형 1개와 사각형 3개로 나누어 각의 크기의 합을 구합

니다. 삼각형의 세 각의 크기의 합은 $180°$이고, 사각형의 네 각의

크기의 합은 $360°$이므로 표시한 각의 크기의 합은

$360° × 3 + 180° = 1260°$입니다.

해결 전략
내각의 크기의 합을 알 수 있는 도형으로 나누어 생각해 봐요.

11

접근 》 **보기의 모양을 돌리거나 뒤집어 봅니다.**

보기 의 조각 4개로 만들 수 있는 모양은 다음 6개입니다.

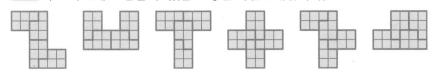

12 접근 » 사다리꼴에서 평행이 아닌 두 변을 길게 늘린 삼각형을 알아봅니다.

두 변의 길이가 같은 사다리꼴의 두 변을 길게 늘리면 이등변삼각형이 만 들어집니다.

이등변삼각형의 ㉡이 12개 모여 $360°$를 이루므로 $㉡=360°÷12=30°$ 입니다. 이등변삼각형에서 ㉠은 서로 같으므로

————— 사다리꼴 12개로 만든
고리 모양의 중심입니다.

$㉠=(180°-30°)÷2=75°$입니다.

해결 전략
사다리꼴의 두 변을 길게 늘려 만든 삼각형의 꼭짓점 12개가 모인 각의 합은 $360°$가 돼요.

다른 풀이 1

사다리꼴 12개를 이어 붙이면 바깥쪽 선을 변으로 하는 정십이각형이 만들어집니다. 정십이각형의 내각의 크기의 합은 $180°×10=1800°$이므로 한 각의 크기는 $1800°÷12=150°$입니다. 정십이각형의 한 각은 $㉠×2$와 같으므로 $㉠=150°÷2=75°$입니다.

다른 풀이 2

정십이각형의 외각의 크기의 합은 $360°$이므로 한 외각의 크기는 $360°÷12=30°$입니다. 한 내각의 크기와 한 외각의 크기의 합은 $180°$이므로 한 내각의 크기는 $180°-30°=150°$입니다. 정십이각형의 한 각은 $㉠×2$와 같으므로 $㉠=150°÷2=75°$입니다.

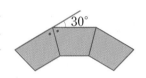

◆◆ HIGH LEVEL

148~150쪽

1 $48°$ **2** $56\,mm$ **3** $14°$ **4** 11개 **5** $1260°$ **6** 7개

7 3가지

1

146쪽 7번의 변형 심화 유형

접근 » 정오각형의 한 각의 크기를 구해 각 ㅅㄹㅁ의 크기를 알아봅니다.

정오각형은 삼각형 3개로 나눌 수 있으므로 정오각형의 한 각의 크기는 $180°×3÷5=108°$이고 (각 ㅅㄹㅁ)$=108°-90°=18°$입니다.

변 ㄹㅅ과 변 ㄹㅁ의 길이가 같으므로

(각 ㅁㅅㄹ)$=$(각 ㅅㅁㄹ)$=(180°-18°)÷2=81°$입니다.

(각 ㄱㅁㅅ)$=$(각 ㄱㅁㄹ)$-$(각 ㅅㅁㄹ)$=108°-81°=27°$

삼각형 ㄱㅅㅁ에서 (각 ㄱㅅㅁ)$=180°-12°-27°=141°$이므로

(각 ㄱㅅㅂ)$=360°-141°-81°-90°=48°$입니다.

해결 전략
(변 ㄹㅅ)$=$(변 ㄷㄹ),
(변 ㄹㅁ)$=$(변 ㄷㄹ)이므로
(변 ㄹㅅ)$=$(변 ㄹㅁ)이에요.

해결 전략
(각 ㄱㅅㅂ)
$=360°-$(각 ㄱㅅㅁ)
$-$(각 ㅁㅅㄹ)$-$(각 ㅂㅅㄹ)

주의

변 ㅂㅅ과 변 ㅅㅁ은 일직선이 아니에요.

2 145쪽 5번의 변형 심화 유형

접근 》 정육각형의 대각선을 그려 짧은 대각선 수와 긴 대각선 수를 알아봅니다.

그림과 같이 정육각형의 대각선은 9개이고 이 중 길이가 다른 대각선이 2종류 있습니다.

해결 전략
정육각형은 6개의 정삼각형으로 나누어지고 긴 대각선의 길이는 정삼각형의 한 변의 길이의 2배예요.

짧은 대각선이 6개, 긴 대각선이 3개 있으므로 긴 대각선의 길이를 □mm라 하면 □$\times 3 = 24$, □$= 8$입니다.

따라서 긴 대각선의 길이가 8 mm이고 이것은 정육각형의 한 변의 길이의 2배와 같으므로 정육각형의 한 변은 $8 \div 2 = 4$(mm)입니다.

그러므로 굵은 선의 길이는 정육각형의 한 변이 14개 모인 것이므로 $4 \times 14 = 56$(mm)입니다.

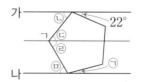
8 mm

3

접근 》 두 직선 가, 나와 서로 평행하면서 정오각형의 한 꼭짓점을 지나는 직선을 그어 봅니다.

정오각형의 다섯 각의 크기의 합은 540°이고 한 각의 크기는 $540° \div 5 = 108$°입니다. 일직선에 놓이는 각의 크기는 180°이므로 ㉡$= 180° - 108° - 22° = 50$°입니다.

점 ㉠을 지나고 직선 가와 평행한 직선을 그으면 평행한 두 직선이 한 직선과 만날 때 생기는 반대쪽 각의 크기는 같으므로 ㉡$=$㉢$= 50$°입니다.

㉢$+$㉣$= 108°$, $50° +$㉣$= 108°$, ㉣$= 108° - 50° = 58$°이고,

㉣$=$㉤이므로 ㉤$= 58$°입니다.

평행한 두 직선이 힌 직선과 만날 때 생기는 반대쪽의 각

㉤$+ 108° +$㉠$= 180°$이므로 ㉠$= 180° - 58° - 108° = 14$°입니다.

4

접근 》 ㉯ 모양의 각 변에 길이가 같은 ㉮ 모양을 붙여 봅니다.

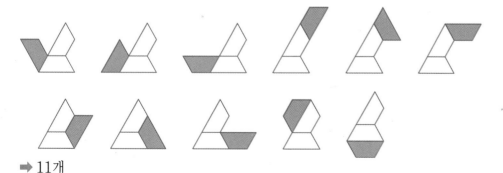

➡ 11개

5 147쪽 10번의 변형 심화 유형
접근 ≫ 보조선을 그려 삼각형을 만들어 봅니다.

오른쪽과 같이 보조선을 그려서 삼각형을 만듭니다. 삼각형의
세 각의 크기의 합은 180°이고 맞꼭지각의 크기는 서로 같으
므로 ①의 두 삼각형에서 맞꼭지각을 제외한 두 각의 크기의
합은 서로 같습니다.
같은 방법으로 ②, ③의 두 삼각형에서 맞꼭지각을 제외한 두
각의 크기의 합은 서로 같습니다.

➡ ●＋○＝★＋☆, ■＋□＝♥＋♡, ♠＋♤＝▲＋△

따라서 표시한 각의 크기의 합은 육각형(㉠)과 삼각형(㉡), 사각형(㉢)의 내각의 크기
의 합을 모두 더한 것과 같습니다.

➡ 720°＋360°＋180°＝1260°

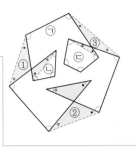
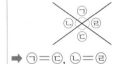

해결 전략
두 직선이 한 점에서 만날 때
서로 마주 보는 각이에요.

➡ ㉠＝㉢, ㉡＝㉣

6 접근 ≫ 4개의 선분으로 둘러싸인 사각형을 만들어 봅니다.

3조각을 이용하여 만들 수 있는 서로 다른 사각형은 다음과 같습니다.

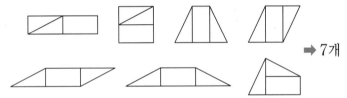

➡ 7개

해결 전략
  에서 같은
표시끼리 길이가 같아요.

7 접근 ≫ 조각을 오려 오각형을 만들어 봅니다.

조각에 쓰인 수의 합이 7인 경우는 다음과 같이 3가지입니다.

해결 전략
조각에 쓰인 수의 합으로 7이
되는 경우를 찾으면
(1, 1, 2, 3), (1, 3, 3),
(2, 2, 3)이에요.

해결 전략
다음 모양은 같은 조각들로 위치만 바꾼 모양으로 이외에도 다른 모양이 더 있을 수 있어요.

01 감나무 / $\dfrac{7}{9}$ m **02** 1, 2, 3 **03** $4\dfrac{16}{17}$ **04** 15 **05** 1, 4 / $\dfrac{2}{5}$ **06** $\dfrac{3}{13}$, $\dfrac{7}{13}$

07 $1\dfrac{2}{7}$ m **08** $8\dfrac{16}{17}$ km **09** $1\dfrac{3}{8}$ m **10** $2\dfrac{2}{13}$ **11** $1\dfrac{4}{5}$ m **12** 5개 / $\dfrac{3}{8}$ kg

13 $1\dfrac{5}{9}$ **14** 6 **15** $15\dfrac{2}{5}$ m **16** 오전 9시 48분 45초 **17** $51\dfrac{4}{6}$ km

18 $\dfrac{3}{8}$ m **19** $5\dfrac{1}{7}$ **20** $281\dfrac{1}{9}$ m

01 접근 ≫ 두 대분수의 크기를 비교하여 그 차를 구합니다.

사과나무의 높이와 감나무의 높이를 비교하면 $2\dfrac{5}{9} > 1\dfrac{7}{9}$입니다.

따라서 감나무가 $2\dfrac{5}{9} - 1\dfrac{7}{9} = 1\dfrac{14}{9} - 1\dfrac{7}{9} = \dfrac{7}{9}$(m) 더 높습니다.

해결 전략
자연수에서 1만큼을 가분수로 만들어 자연수는 자연수끼리, 분수는 분수끼리 빼요.

보충 개념
자연수가 다른 대분수는 자연수 부분이 클수록 큰 분수예요.
$$2\dfrac{5}{9} > 1\dfrac{7}{9}$$
$$2 > 1$$

02 접근 ≫ < 를 =로 생각하여 구해 봅니다.

$\dfrac{5}{9} + \dfrac{\square}{9} = \dfrac{5+\square}{9}$이고, $1 = \dfrac{9}{9}$입니다.

$\dfrac{5+\square}{9} < \dfrac{9}{9}$이므로 $5 + \square < 9$입니다.

따라서 $\square$ 안에 들어갈 수 있는 수는 1, 2, 3입니다.

해결 전략
• 부등호의 왼쪽과 오른쪽 부분을 분모가 같은 분수로 나타내요.
• 자연수 1은 분모와 분자의 수가 같은 분수로 나타낼 수 있어요.
$$1 = \dfrac{2}{2} = \dfrac{3}{3} = \dfrac{4}{4} = \cdots\cdots$$

03 접근 ≫ 분수의 덧셈과 뺄셈을 이용하여 □ 안에 알맞은 분수를 구합니다.

$2\dfrac{13}{17} + 5\dfrac{5}{17} = 7\dfrac{18}{17} = 8\dfrac{1}{17}$이므로 $3\dfrac{2}{17} + \square = 8\dfrac{1}{17}$입니다.

따라서 $\square = 8\dfrac{1}{17} - 3\dfrac{2}{17} = 7\dfrac{18}{17} - 3\dfrac{2}{17} = 4\dfrac{16}{17}$입니다.

해결 전략
$2\dfrac{13}{17} + 5\dfrac{5}{17}$를 먼저 계산한 다음 □ 안에 알맞은 분수를 구해요.

보충 개념
$3\dfrac{2}{17} + \square = 8\dfrac{1}{17}$에서 덧셈과 뺄셈의 관계를 이용하면 $\square = 8\dfrac{1}{17} - 3\dfrac{2}{17}$예요.

04 접근 ≫ 자연수 3을 분모가 5인 분수로 나타내어 봅니다.

$\dfrac{㉠}{5}+\dfrac{㉡}{5}=\dfrac{㉠+㉡}{5}$ 이고, $3=\dfrac{15}{5}$ 입니다.

따라서 $\dfrac{15}{5}=\dfrac{㉠+㉡}{5}$ 이므로 $㉠+㉡=15$ 입니다.

05 접근 ≫ 두 분수의 분자에 올 수 있는 수의 범위를 알아봅니다.

□ 안에 올 수 있는 수는 1에서 4까지입니다.

계산 결과가 가장 작으려면 $4\dfrac{㉠}{5}-3\dfrac{㉡}{5}$ 에서 ㉠에는 가장 작은 수, ㉡에는 가장 큰
수가 와야 합니다.

따라서 $㉠=1$, $㉡=4$가 와야 하므로 $4\dfrac{1}{5}-3\dfrac{4}{5}=3\dfrac{6}{5}-3\dfrac{4}{5}=\dfrac{2}{5}$ 입니다.

06 접근 ≫ 먼저 합이 10인 두 수를 알아봅니다.

합이 10인 두 수는 (1, 9), (2, 8), (3, 7), (4, 6), (5, 5)입니다.
이 중에서 차가 4인 두 수는 (3, 7)입니다.

따라서 합이 $\dfrac{10}{13}$ 이고, 차가 $\dfrac{4}{13}$ 인 두 진분수는 $\dfrac{3}{13}$, $\dfrac{7}{13}$ 입니다.

07 접근 ≫ 더 높이 튀어 오른 공의 높이에서 더 낮게 튀어 오른 공의 높이를 뺍니다.

$2>\dfrac{5}{7}$ 이므로 $2-\dfrac{5}{7}=1\dfrac{7}{7}-\dfrac{5}{7}=1\dfrac{2}{7}$ 입니다.

따라서 ㉠ 공은 ㉡ 공보다 $1\dfrac{2}{7}$ m 더 튀어 올랐습니다.

08 접근 ≫ 먼저 ㉠에서 ㉢까지의 거리와 ㉡에서 ㉣까지의 거리의 합을 구해 봅니다.

(㉠에서 ㉢까지의 거리)+(㉡에서 ㉣까지의 거리)
$=4\dfrac{12}{17}+5\dfrac{15}{17}=9\dfrac{27}{17}$ (km)입니다.
(㉠에서 ㉣까지의 거리)=(㉠에서 ㉢까지의 거리)+(㉡에서 ㉣까지의 거리)
$\qquad\qquad\qquad -$ (㉡에서 ㉢까지의 거리)이므로
(㉠에서 ㉣까지의 거리)$=9\dfrac{27}{17}-1\dfrac{11}{17}=8\dfrac{16}{17}$ (km)입니다.

09 접근 » 두 끈의 길이의 합과 두 끈을 이어 묶었을 때의 끈의 길이를 비교해 봅니다.

두 끈의 길이의 합은 $\frac{7}{8} + 3\frac{5}{8} = 3\frac{12}{8} = 4\frac{4}{8}$ (m)입니다.

따라서 끈을 묶는 데 매듭으로 사용된 길이는 $4\frac{4}{8} - 3\frac{1}{8} = 1\frac{3}{8}$ (m)입니다.

해결 전략
(매듭으로 사용된 길이)
=(두 끈의 길이의 합)−(두 끈을 이어 묶은 끈의 길이)

10 접근 » 어떤 수를 □라고 하여 잘못된 식을 만들어 봅니다.

어떤 수를 □라 하면 $\square + 4\frac{8}{13} = 11\frac{5}{13}$ 이므로

$\square = 11\frac{5}{13} - 4\frac{8}{13} = 10\frac{18}{13} - 4\frac{8}{13} = 6\frac{10}{13}$ 입니다.

따라서 바르게 계산하면 $6\frac{10}{13} - 4\frac{8}{13} = 2\frac{2}{13}$ 입니다.

해결 전략
어떤 수를 구한 다음 다시 바른 식을 세워 계산해요.

11 접근 » 먼저 세 변의 길이가 같은 삼각형의 둘레의 길이를 구합니다.

삼각형의 세 변의 길이의 합은 $2\frac{2}{5} + 2\frac{2}{5} + 2\frac{2}{5} = 7\frac{1}{5}$ (m)입니다.

따라서 남은 철사의 길이는 $9 - 7\frac{1}{5} = 8\frac{5}{5} - 7\frac{1}{5} = 1\frac{4}{5}$ (m)입니다.

보충 개념
삼각형의 세 변의 길이가 같으므로 세 변의 길이의 합은 한 변의 길이를 3번 더해요.

해결 전략
세 분수의 덧셈을 계산할 때에는 두 분수를 계산한 후 나머지 분수를 계산하는 것이 일반적이지만 자연수끼리, 분수끼리 한꺼번에 더하면 더 빠르게 계산할 수 있어요.

12 접근 » 전체 찰흙의 양에서 화분 1개를 만드는 데 필요한 찰흙의 양을 계속 빼어 봅니다.

$3\frac{4}{8} = \frac{28}{8}$ 이므로 $\frac{28}{8}$ 에서 $\frac{5}{8}$ 씩 빼면 5번 빼고 $\frac{3}{8}$ 이 남습니다.

따라서 만들 수 있는 화분은 5개이고, 남은 찰흙은 $\frac{3}{8}$ kg입니다.

해결 전략
전체 찰흙의 양에서 $\frac{5}{8}$ kg을 뺀 횟수는 만들 수 있는 화분의 개수가 되고, 전체 찰흙의 양에서 $\frac{5}{8}$ kg을 계속 빼어 남은 양이 $\frac{5}{8}$ kg보다 작을 때, 그 양이 남은 찰흙의 양이 돼요.

$$3\frac{4}{8} - \underbrace{\frac{5}{8} - \frac{5}{8} - \frac{5}{8} - \frac{5}{8} - \frac{5}{8}}_{5번} = \underbrace{\frac{3}{8}}_{\text{남은 찰흙의 양}}$$

13 접근 》 먼저 가장 작은 대분수와 가장 큰 진분수를 만들어 봅니다.

$2<4<8$이므로 가장 작은 대분수는 $2\frac{4}{9}$, 가장 큰 진분수는 $\frac{8}{9}$입니다.

따라서 두 분수의 차는 $2\frac{4}{9}-\frac{8}{9}=1\frac{13}{9}-\frac{8}{9}=1\frac{5}{9}$입니다.

해결 전략

분모가 9이므로 가장 작은 대분수의 형태는 (가장 작은 수)$\frac{(둘째로\ 작은\ 수)}{9}$이고, 가장 큰 진분수의 형태는 $\frac{(가장\ 큰\ 수)}{9}$입니다.

보충 개념
- 분모가 9인 가장 작은 대분수를 만들 때에는 가장 작은 수를 자연수 부분에, 그 다음으로 작은 수는 분자 부분에 놓아요.
- 분모가 9인 가장 큰 진분수를 만들 때에는 가장 큰 수를 분자 부분에 놓아요.

14 접근 》 $5\frac{3}{7}-3\frac{5}{7}$와 2를 분모가 7인 대분수 형태로 나타내어 크기를 비교합니다.

$5\frac{3}{7}-3\frac{5}{7}=4\frac{10}{7}-3\frac{5}{7}=1\frac{5}{7}$이고 $2=1\frac{7}{7}$입니다.

따라서 $1\frac{5}{7}<1\frac{\square}{7}<1\frac{7}{7}$이므로 $5<\square<7$을 만족하는 $\square$ 안에 알맞은 자연수는 6입니다.

해결 전략

분모는 7, 자연수 부분은 1로 같으므로 분자끼리 비교해서 $\square$ 안에 알맞은 자연수를 구해요.

15 접근 》 색 테이프 3개의 길이의 합에서 겹쳐진 부분의 길이의 합을 빼어 구합니다.

색 테이프 3개를 겹쳐서 이어 붙이면 겹쳐진 부분은 2군데입니다.
색 테이프 3개의 길이의 합은 $7+7+7=21$(m)이고 겹쳐진 부분의 길이의 합은
$2\frac{4}{5}+2\frac{4}{5}=4\frac{8}{5}$(m)입니다.

따라서 이어 붙인 색 테이프의 전체 길이는
$21-4\frac{8}{5}=20\frac{5}{5}-4\frac{8}{5}=19\frac{10}{5}-4\frac{8}{5}=15\frac{2}{5}$(m)입니다.

해결 전략

(겹쳐진 부분의 수)
＝(색 테이프의 수)－1

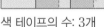

색 테이프의 수: 3개
겹쳐진 부분의 수: 2개

16 접근 》 5일 오전 10시부터 10일 오전 10시까지는 며칠인지 알아봅니다.

5일 오전 10시부터 10일 오전 10시까지는 5일입니다.
5일 동안 늦어지는 시간은 $2\frac{1}{4}+2\frac{1}{4}+2\frac{1}{4}+2\frac{1}{4}+2\frac{1}{4}=10\frac{5}{4}=11\frac{1}{4}$(분)입니다.

$\frac{1}{4}$분은 60초의 $\frac{1}{4}$인 15초이므로 10일 오전 10시에 이 시계가 가리키는 시각은
오전 10시－11분 15초＝오전 9시 48분 45초입니다.

해결 전략

$\frac{1}{4}$분$=\frac{15}{60}$분이므로 $\frac{1}{4}$분은 15초예요.

60초＝1분

15초 15초 15초 15초

17 접근 ≫ 먼저 자전거가 20분 동안 간 거리를 구합니다.

$15\frac{3}{6}=\frac{93}{6}=\frac{31}{6}+\frac{31}{6}+\frac{31}{6}$이므로 20분 동안 간 거리는 $\frac{31}{6}$ km$=5\frac{1}{6}$ km

입니다.

따라서 3시간 20분 동안 민주가 자전거로 간 거리는

$15\frac{3}{6}+15\frac{3}{6}+15\frac{3}{6}+5\frac{1}{6}=51\frac{4}{6}$(km)입니다.

보충 개념

· 1시간＝20분＋20분＋20분 ➡ (자전거가 20분 동안 간 거리)＝(한 시간에 간 거리)÷3

· $15\frac{3}{6}=\frac{93}{6}$에서

$93÷3＝31$이므로

$\frac{93}{6}=\frac{31}{6}+\frac{31}{6}+\frac{31}{6}$이에요.

18 접근 ≫ 먼저 철사를 똑같이 둘로 나눈 길이를 구합니다.

별 모양 6개를 만드는 데 사용한 철사의 길이는

$\frac{6}{8}+\frac{6}{8}+\frac{6}{8}+\frac{6}{8}+\frac{6}{8}+\frac{6}{8}=\frac{36}{8}$(m)입니다.

정사각형 모양 3개의 길이는 $\frac{36}{8}$ m와 같고, $\frac{36}{8}=\frac{12}{8}+\frac{12}{8}+\frac{12}{8}$입니다.

정사각형 모양 1개를 만드는 데 사용한 철사의 길이는 $\frac{12}{8}$ m이고,

$\frac{12}{8}=\frac{3}{8}+\frac{3}{8}+\frac{3}{8}+\frac{3}{8}$이므로 정사각형 모양의 한 변의 길이는 $\frac{3}{8}$ m입니다.

주의

정사각형 모양의 한 변의 길이를 구해야 하는 데 정사각형 모양 1개의 네 변의 길이의 합을 구하지 않도록 주의해요.

해결 전략

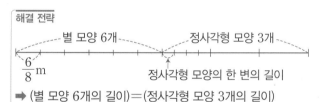

➡ (별 모양 6개의 길이)＝(정사각형 모양 3개의 길이)

19 접근 ≫ 먼저 몇씩 뛰어 센 것인지 찾아봅니다.

⑩ $6-2\frac{4}{7}=5\frac{7}{7}-2\frac{4}{7}=3\frac{3}{7}=\frac{24}{7}$이므로 두 번 뛰어 세어 $\frac{24}{7}$만큼의 차이가

난 것이고, $\frac{24}{7}=\frac{12}{7}+\frac{12}{7}$이므로 한 번에 $\frac{12}{7}=1\frac{5}{7}$씩 뛰어 세었습니다.

㉠$=2\frac{4}{7}-1\frac{5}{7}=\frac{6}{7}$, ㉡$=2\frac{4}{7}+1\frac{5}{7}=4\frac{2}{7}$입니다.

따라서 ㉠＋㉡$=\frac{6}{7}+4\frac{2}{7}=5\frac{1}{7}$입니다.

해결 전략

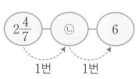

2번 뛰어 센 값은 $6-2\frac{4}{7}$예요.

채점 기준	배점
몇씩 뛰어 세었는지 구했나요?	2점
㉠과 ㉡에 알맞은 분수의 합을 구했나요?	3점

20
접근 》 먼저 터널 입구에서 터널 전체 길이의 $\frac{7}{10}$인 지점까지의 거리를 구해 봅니다.

예 터널 입구에서 기차 앞부분까지의 거리는 480의 $\frac{7}{10}$이므로 $48 \times 7 = 336\text{(m)}$
입니다.

따라서 터널 입구에서 기차의 끝부분까지의 거리는

$336 - 54\frac{8}{9} = 335\frac{9}{9} - 54\frac{8}{9} = 281\frac{1}{9}\text{(m)}$입니다.

주의
터널 입구에서 기차 앞부분까지의 거리를 구한 다음 기차의 길이만큼 빼야 하는 것을 잊지 말아요.

해결 전략
(터널 입구~기차 앞부분)에서 기차의 길이만큼 빼야 해요.

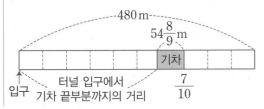

채점 기준	배점
터널 입구에서 기차 앞부분까지의 거리를 구했나요?	2점
터널 입구에서 기차 끝부분까지의 거리를 구했나요?	3점

교내 경시 2단원 삼각형

01 ㉡	**02** 26 cm	**03** 130	**04** 2개	**05** 28 cm	**06** ㉢
07 13개	**08** 5개	**09** 9개	**10** 63 cm	**11** 70°	**12** 5가지
13 7 cm	**14** 79°	**15** 27 cm	**16** 19°	**17** 26°	**18** 15°
19 6 cm	**20** 45°				

01
접근 》 삼각형의 나머지 한 각의 크기를 구합니다.

㉠ $180° - 30° - 55° = 95°$ ㉡ $180° - 40° - 70° = 70°$
㉢ $180° - 35° - 40° = 105°$ ㉣ $180° - 35° - 50° = 95°$
따라서 예각삼각형은 ㉡입니다.

보충 개념
삼각형의 세 각이 모두 90°보다 작으면 예각삼각형이에요.

02
접근 》 정삼각형은 세 변의 길이가 모두 같은 삼각형임을 이용합니다.

정삼각형은 세 변의 길이가 모두 같으므로 정삼각형의 한 변의 길이는
$78 \div 3 = 26\text{(cm)}$입니다.

해결 전략
정삼각형의 한 변의 길이를 □라고 하면 □+□+□=78, □×3=78이므로 □=78÷3이에요.

03 접근 ≫ 주어진 삼각형이 어떤 삼각형인지 알아봅니다.

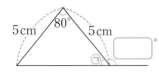

삼각형의 두 변의 길이가 같으므로 이등변삼각형입니다. ㉠$=(180°-80°)\div2=50°$이므로
$\square°=180°-50°=130°$입니다.
따라서 $\square=130$입니다.

> **보충 개념**
> 일직선에 놓이는 각의 크기는 $180°$예요.

04 접근 ≫ 예각삼각형과 둔각삼각형은 각각 몇 개인지 찾아 그 차를 구합니다.

예각삼각형: 다, 바, 사 ➡ 3개
둔각삼각형: 나, 라, 마, 아, 자 ➡ 5개
따라서 예각삼각형의 개수와 둔각삼각형의 개수의 차는 $5-3=2$(개)입니다.

> **보충 개념**
> • 예각삼각형: 세 각이 모두 $90°$보다 작은 삼각형
> • 둔각삼각형: 한 각이 $90°$보다 큰 삼각형

05 접근 ≫ 이등변삼각형과 정삼각형의 각 변의 길이를 알아봅니다.

이등변삼각형은 두 변의 길이가 같고 정삼각형은 세 변의 길이가 같습니다.
따라서 도형의 둘레의 길이는 $10+6+6+6=28$(cm)입니다.

> **주의**
> 모든 변의 길이를 더하지 않고, 만든 도형을 둘러싼 변의 길이의 합을 구해야 해요.

해결 전략

이어 붙인 변의 길이는 같으므로
(변 ㄱㄷ)=(변 ㄷㄹ)=(변 ㄹㄱ)=6 cm이고,
(변 ㄴㄷ)=(변 ㄱㄷ)=6 cm입니다.
➡ (도형의 둘레의 길이)
= (변 ㄱㄴ)+(변 ㄴㄷ)+(변 ㄷㄹ)+(변 ㄹㄱ)

06 접근 ≫ 각 삼각형의 성질을 알아봅니다.

㉠ 이등변삼각형은 둔각삼각형이 아닐 수도 있습니다.
㉡ 직각삼각형은 둔각삼각형이 아닙니다.
㉢ 정삼각형은 세 변의 길이가 같으므로 이등변삼각형이라고 할 수 있습니다.
㉣ 예각삼각형은 정삼각형이 아닐 수도 있습니다.

해결 전략
정삼각형은 세 변의 길이와 세 각의 크기가 같으므로 이등변삼각형이라고 할 수 있어요.
그러나 반대로 이등변삼각형은 정삼각형이라고 할 수 없어요.

07 접근 » 작은 정삼각형 몇 개로 크고 작은 정삼각형을 만들 수 있는지 찾아봅니다.

작은 정삼각형 1개로 된 삼각형은 9개, 작은 정삼각형 4개로 된 삼각형은 3개, 작은 정삼각형 9개로 된 삼각형은 1개입니다.

따라서 크고 작은 정삼각형은 모두 9+3+1=13(개)입니다.

주의

크고 작은 정삼각형을 모두 구해야 하는데 작은 정삼각형 1개로 된 삼각형만 구하지 않도록 주의해요.

해결 전략

정삼각형은 세 변의 길이가 모두 같아야 하므로 정삼각형이 되는 경우를 알아봐요.

작은 정삼각형 1개

작은 정삼각형 4개

작은 정삼각형 9개

08 접근 » 먼저 정삼각형 한 개를 만드는 데 필요한 색 테이프의 길이를 구합니다.

정삼각형 한 개를 만드는 데 5+5+5=15(cm)의 색 테이프가 필요합니다.

84÷15=5…9이므로 한 변의 길이가 5 cm인 정삼각형을 5개까지 만들 수 있습니다.

보충 개념

$$84-15-15-15-15-15$$
$$\underbrace{\qquad\qquad}_{5번}$$
$$=9$$
$$\leftrightarrow 84÷15=5…9$$

해결 전략

(전체 색 테이프의 길이)÷(정삼각형 한 개를 만드는 데 필요한 색 테이프의 길이)
=(만들 수 있는 정삼각형의 개수)…(남은 색 테이프의 길이)

09 접근 » 삼각형 1개, 2개, 3개로 만들 수 있는 둔각삼각형을 찾아봅니다.

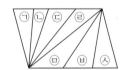

작은 삼각형 1개로 된 둔각삼각형: ㉡, ㉢, ㉣, ㉤, ㉥ ➡ 5개

작은 삼각형 2개로 된 둔각삼각형: ㉡+㉢, ㉢+㉣, ㉤+㉥

➡ 3개

작은 삼각형 3개로 된 둔각삼각형: ㉡+㉢+㉣ ➡ 1개

따라서 크고 작은 둔각삼각형은 모두 5+3+1=9(개)입니다.

10 접근 » 두 삼각형이 정삼각형임을 이용합니다.

정삼각형의 세 변의 길이는 모두 같으므로

(변 ㄱㄴ)=(변 ㄴㄷ)=(변 ㄷㄱ)=24 cm이고

(변 ㄹㄴ)=(변 ㄴㅁ)=(변 ㅁㄹ)=9 cm입니다.

(변 ㄱㄹ)=(변 ㄷㅁ)=24-9=15(cm)이므로

사각형 ㄱㄹㅁㄷ의 둘레의 길이는 15+9+15+24=63(cm)입니다.

해결 전략

삼각형 ㄱㄴㄷ은 정삼각형이고, 삼각형 ㄹㄴㅁ도 정삼각형이므로 사각형 ㄱㄹㅁㄷ의 변 중 길이를 모르는 변 ㄱㄹ, 변 ㅁㄹ, 변 ㄷㅁ의 길이를 구해요.

11 접근 ≫ 각 ㄷㄱㄴ의 크기를 구하여 각 ㄱㄴㄹ의 크기를 구합니다.

삼각형 ㄱㄷㄴ은 변 ㄱㄷ과 변 ㄴㄷ의 길이가 같으므로 이등변삼각형이고, 두 각의
크기가 같습니다.

(각 ㄷㄴㄱ)=(각 ㄷㄱㄴ)=$(180°-140°)÷2=20°$입니다.

삼각형 ㄱㄹㄴ은 한 각이 직각인 삼각형이므로

(각 ㄱㄴㄹ)=$180°-20°-90°=70°$입니다.

다른 풀이

일직선에 놓이는 각의 크기는 $180°$이므로 (각 ㄴㄷㄹ)=$180°-140°=40°$입니다.
삼각형 ㄴㄷㄹ에서 (각 ㄷㄴㄹ)=$180°-40°-90°=50°$입니다.
삼각형 ㄱㄷㄴ은 이등변삼각형이므로 (각 ㄱㄴㄷ)=$(180°-140°)÷2=20°$입니다.
따라서 (각 ㄱㄴㄹ)=(각 ㄱㄴㄷ)+(각 ㄷㄴㄹ)=$20°+50°=70°$입니다.

12 접근 ≫ 이등변삼각형이 될 수 있는 조건을 생각해 봅니다.

이등변삼각형은 두 변의 길이가 같고, 가장 긴 변의 길이가 나머지 두 변의 길이의 합
보다 짧아야 합니다.

$(6, 6, 9)$, $(7, 7, 7)$, $(8, 8, 5)$, $(9, 9, 3)$, $(10, 10, 1)$이므로 모두 5가지입니다.

해결 전략

• $(6, 6, 9)$의 경우: $6+6=12>9$ ⎤
• $(9, 9, 3)$의 경우: $9+3=12>9$ ⎦ 가장 긴 변
• $(7, 7, 7)$의 경우: $7+7=14>7$ ⎤
• $(10, 10, 1)$의 경우: $10+1=11>10$ ⎦ 가장 긴 변

13 접근 ≫ 삼각형 ㄱㄴㄷ과 삼각형 ㄱㄷㄹ의 둘레의 길이를 이용하여 식을 만듭니다.

(변 ㄱㄴ)=(변 ㄴㄷ)=(변 ㄷㄱ)=(변 ㄱㄹ)이므로

(두 삼각형의 둘레의 길이의 합)

=(삼각형 ㄱㄴㄷ의 둘레의 길이)+(삼각형 ㄱㄷㄹ의 둘레의 길이)

=(변 ㄱㄴ)$×5+5=40$(cm)입니다.

(변 ㄱㄴ)$×5=35$이므로 (변 ㄱㄴ)=$35÷5=7$(cm)입니다.

14 접근 ≫ 두 변의 길이가 같은 삼각형임을 이용하여 모르는 각의 크기를 구해 봅니다.

삼각형 ㄱㄴㄷ에서 (각 ㄱㄷㄴ)=$(180°-40°)÷2=70°$,

삼각형 ㄷㄹㅁ에서 (각 ㄹㄷㅁ)=$(180°-118°)÷2=31°$입니다.

(각 ㄱㄷㄴ)+(각 ㄱㄷㅁ)+(각 ㄹㄷㅁ)=$180°$이므로

(각 ㄱㄷㅁ)=$180°-70°-31°=79°$입니다.

해결 전략

삼각형 ㄱㄴㄷ, 삼각형 ㄷㄹㅁ은 이등변삼각형이므로 각 ㄱㄷㄴ, 각 ㄹㄷㅁ의 크기를 각각 찾
은 다음, 일직선에 놓이는 각의 크기는 $180°$임을 이용하여 각 ㄱㄷㅁ의 크기를 구해요.

15 접근 》 **먼저 도형의 둘레를 이용하여 도형의 한 변의 길이를 구해 봅니다.**

도형의 한 변의 길이는 $54 \div 6 = 9$(cm)입니다.

따라서 정삼각형의 세 변의 길이의 합은 $9 \times 3 = 27$(cm)입니다.

해결 전략
주어진 도형의 둘레는 길이가 같은 변 6개의 합과 같아요.
➡ (도형의 한 변의 길이)＝(도형의 둘레)÷6

주의
정삼각형 한 개의 세 변의 길이의 합을 구해야 하는데 정삼각형의 한 변의 길이를 구하지 않도록 주의해요.

16 접근 》 **먼저 직각삼각형의 세 각의 크기의 합은 $180°$임을 이용합니다.**

삼각형 ㄱㄴㄷ은 직각삼각형이므로 $48° + 90° + $(각 ㄴㄷㄱ)$ = 180°$,

(각 ㄴㄷㄱ)$ = 180° - 48° - 90° = 42°$이고,

삼각형 ㄴㄷㄹ에서 (각 ㄹㄴㄷ)$ + 42° + 86° = 180°$,

(각 ㄹㄴㄷ)$ = 180° - 42° - 86° = 52°$입니다.

따라서 $52° + ㉠ + ㉠ = 90°$, $㉠ = (90° - 52°) \div 2 = 19°$입니다.

해결 전략
접기 전 부분과 접힌 부분의 각의 크기는 같으므로 (각 ㄱㄴㅂ)＝㉠이에요.

보충 개념
삼각형 ㄱㄴㄷ은 한 각이 $90°$인 삼각형이므로
(각 ㄱㄴㄷ)$ = 90°$예요.

17 접근 》 **먼저 삼각형 ㄱㄹㄷ에서 각 ㄱㄹㄷ의 크기를 구해 봅니다.**

(각 ㄴㄹㄷ)$ = 180° - 56° - 56° = 68°$이고 (각 ㄱㄹㄴ)$ = 60°$이므로

삼각형 ㄱㄹㄷ에서 (각 ㄱㄹㄷ)$ = 68° + 60° = 128°$입니다.

삼각형 ㄱㄹㄷ은 이등변삼각형이므로 $㉠ = (180° - 128°) \div 2 = 26°$입니다.

해결 전략
(변 ㄱㄹ)＝(변 ㄴㄹ)＝(변 ㄹㄷ)이므로 삼각형 ㄱㄹㄷ은 이등변삼각형이에요.

18 접근 》 **삼각형 ㄱㄹㅇ이 어떤 삼각형인지 알아봅니다.**

(변 ㄱㄴ)＝(변 ㄱㅇ)＝(변 ㄹㅇ)＝(변 ㄹㄷ)＝(변 ㄱㄹ)이므로

삼각형 ㄱㅇㄹ은 정삼각형입니다.

(각 ㄱㄹㅇ)$ = 60°$이므로 (각 ㅇㄹㄷ)$ = 90° - 60° = 30°$입니다.

(각 ㄹㄷㅇ)$ = (180° - 30°) \div 2 = 75°$이고 (각 ㄹㄷㄴ)$ = 90°$이므로

(각 ㅇㄷㄴ)$ = 90° - 75° = 15°$입니다.

해결 전략
삼각형 ㄱㅇㄹ은 정삼각형이므로 한 각의 크기가 $60°$임을 이용하여 이등변삼각형 ㅇㄹㄷ에서
각 ㅇㄹㄷ → 각 ㄹㄷㅇ → 각 ㅇㄷㄴ의 순서로 각의 크기를 구해요.

보충 개념
정사각형은 네 변의 길이가 같고, 네 각의 크기가 같은 사각형이에요.

19 접근 ≫ 정삼각형이 만들어지는 규칙을 찾아봅니다.

예 (정삼각형 ㉠의 한 변의 길이)=16÷2=8(cm)

(정삼각형 ㉡의 한 변의 길이)=8÷2=4(cm)

(정삼각형 ㉢의 한 변의 길이)=4÷2=2(cm)

따라서 가장 작은 정삼각형 ㉢의 둘레의 길이는 2×3=6(cm)입니다.

채점 기준	배점
가장 작은 정삼각형의 한 변의 길이를 구했나요?	2점
가장 작은 정삼각형의 둘레의 길이를 구했나요?	3점

해결 전략

정삼각형의 각 변의 한가운데 점을 이어 정삼각형을 만들 때, 만들어진 정삼각형의 한 변의 길이는 처음 정삼각형의 한 변의 길이를 반으로 나눈 것과 같아요.

20 접근 ≫ 삼각형 ㄴㄱㅁ에서 각 ㄱㄴㅁ의 크기를 구한 다음 ㉮의 각도를 구합니다.

예 삼각형 ㄱㄴㄷ은 이등변삼각형이므로 (각 ㄱㄷㄴ)=(각 ㄱㄴㄷ)=71°이고 (각 ㄴㄱㄷ)=180°−71°−71°=38°입니다.

(각 ㄴㄱㅁ)=38°+90°=128°이고 삼각형 ㄴㄱㅁ도 이등변삼각형이므로 (각 ㄱㄴㅁ)=(180°−128°)÷2=26°입니다.

따라서 ㉮의 각도는 71°−26°=45°입니다.

채점 기준	배점
각 ㄴㄱㄷ, 각 ㄴㄱㅁ, 각 ㄱㄴㅁ의 크기를 구했나요?	3점
㉮의 각도를 구했나요?	2점

해결 전략

삼각형 ㄱㄴㄷ, 삼각형 ㄴㄱㅁ은 이등변삼각형, 사각형 ㄱㄷㄹㅁ은 정사각형임을 이용하여 각 ㄴㄱㄷ → 각 ㄴㄱㅁ → 각 ㄱㄴㅁ의 순서로 각의 크기를 구해요.

교내 경시 3단원 소수의 덧셈과 뺄셈

01 0.06 km	02 6.556	03 0.09	04 0.11 km	05 76.5 / 0.797	06 0.001
07 10.074	08 12.78 km	09 68.51 kg	10 2개	11 10.01 m	12 1.9 m
13 4	14 9, 9, 0	15 94.491	16 16	17 (위에서부터) 7, 5, 4, 6, 2	
18 8.462	19 19.512	20 3.8			

01 접근 ≫ 먼저 20층까지의 높이는 몇 m인지 구해 봅니다.

(20층까지의 높이)=3×20=60(m)입니다.

1 m=0.001 km이므로 60 m=0.06 km입니다.

보충 개념

1 km=1000 m이므로 1 m=0.001 km예요.

02 접근 ≫ 덧셈과 뺄셈의 관계로 □를 구합니다.

$10.17 - \square = 3.614$이므로 $\square = 10.17 - 3.614 = 6.556$입니다.

해결 전략

$$\begin{array}{r} 9 \ \ 10 \ 6 \ 10 \\ 1 \ 0 \ . \ 1 \ 7 \ 0 \\ - \ \ \ 3 \ . \ 6 \ 1 \ 4 \\ \hline 6 \ . \ 5 \ 5 \ 6 \end{array}$$

소수점 아래 자릿수가 다른 소수의 뺄셈을 할 때에는 끝자리 뒤에 0이 있는 것으로 생각하여 자릿수를 맞추어 빼요.

주의
받아내림에 주의하여 계산해요.

03 접근 ≫ 먼저 주어진 수를 소수로 나타내어 봅니다.

1이 7개이면 7, 0.1이 43개이면 4.3, 0.01이 59개이면 0.59이므로
$7 + 4.3 + 0.59 = 11.89$입니다.
따라서 11.89의 소수 둘째 자리 숫자 9가 나타내는 수는 0.09입니다.

해결 전략
0.1이 10개이면 1, 0.01이 10개이면 0.1이에요.

04 접근 ≫ 먼저 집에서 문구점을 거쳐 학교로 가는 거리를 구해 봅니다.

집에서 문구점을 거쳐 학교로 가는 거리는
$0.53 + 0.2 = 0.73(\text{km})$입니다.
$620\,\text{m} = 0.62\,\text{km}$이므로 집에서 문구점을 거쳐 학교로 가는 것은 집에서 학교로 바로 가는 것보다 $0.73 - 0.62 = 0.11(\text{km})$ 더 멉니다.

주의
같은 단위로 통일해서 비교해야 돼요.

05 접근 ≫ 먼저 수직선의 작은 눈금 한 칸의 크기를 구해 봅니다.

작은 눈금 한 칸의 크기는 0.01입니다.
㉠은 7.65이므로 7.65의 10배는 76.5입니다.
㉡은 7.97이므로 7.97의 $\frac{1}{10}$은 0.797입니다.

해결 전략
소수를 10배 하면 소수점의 위치가 오른쪽으로 한 자리 옮겨지고, 소수를 $\frac{1}{10}$ 하면 소수점의 위치가 왼쪽으로 한 자리 옮겨져요.

06 접근 ≫ 만들 수 있는 소수 세 자리 수 중 큰 수부터 차례로 만들어 봅니다.

만들 수 있는 소수 세 자리 수를 큰 수부터 차례로 쓰면 8.531, 8.513, 8.351⋯⋯ 입니다.
따라서 셋째로 큰 소수 세 자리 수는 8.351이고, 이 수에서 숫자 1은 소수 셋째 자리 숫자이므로 0.001을 나타냅니다.

해결 전략
가장 큰 소수 세 자리 수를 만들 때 가장 큰 수는 자연수 부분에, 둘째로 큰 수는 소수 첫째 자리에, 셋째로 큰 수는 소수 둘째 자리에, 넷째로 큰 수는 소수 셋째 자리에 놓아요.

07

접근 》 ㉠ → ㉡ → ㉢ → ㉣의 순서로 조건을 만족하는 소수 세 자리 수를 구해 봅니다.

㉠ 10보다 크고 11보다 작으므로 10.□□□

㉡ 소수 첫째 자리 수가 0이므로 10.0□□

㉢ (소수 둘째 자리 수)=(소수 첫째 자리 수)+7=0+7=7 ➡ 10.07□

㉣ (소수 셋째 자리 수)=(소수 둘째 자리 수)-3=7-3=4 ➡ 10.074

따라서 조건을 모두 만족하는 소수 세 자리 수는 10.074입니다.

해결 전략

구하고자 하는 소수 세 자리 수를 □.□□□로 놓고 조건을 만족하는 부분부터 차례로 구해요.

08

접근 》 먼저 ㉠에서 ㉢까지의 거리와 ㉡에서 ㉣까지의 거리의 합을 구해 봅니다.

(㉠에서 ㉢까지의 거리)+(㉡에서 ㉣까지의 거리)=8.47+6.25=14.72(km)

(㉠에서 ㉣까지의 거리)=(㉠에서 ㉢까지의 거리)+(㉡에서 ㉣까지의 거리)
            -(㉡에서 ㉢까지의 거리)

이므로 (㉠에서 ㉣까지의 거리)=14.72-1.94=12.78(km)입니다.

해결 전략

㉠에서 ㉢까지의 거리와 ㉡에서 ㉣까지의 거리의 합에서 두 번 더해진 ㉡에서 ㉢까지의 거리를 빼요.

09

접근 》 먼저 경주의 몸무게를 구하는 식을 세워 봅니다.

(경주의 몸무게)=(선희의 몸무게)-4.63
       =36.57-4.63
       =31.94(kg)

따라서 (두 사람의 몸무게의 합)=(선희의 몸무게)+(경주의 몸무게)
           =36.57+31.94=68.51(kg)입니다.

보충 개념

더 가볍다. ➡ 뺄셈 이용

10

접근 》 문제에서 주어진 조건으로 소수 한 자리 수를 만든 다음 식을 세워 봅니다.

천의 자리 수가 4, 백의 자리 수가 9, 십의 자리 수가 0, 일의 자리 수가 1인 소수 한 자리 수는 4901.□입니다.

따라서 4901.□>4901.7을 만족하는 소수 한 자리 수는 4901.8, 4901.9로 모두 2개입니다.

해결 전략

□ 안에는 1부터 9까지의 수가 올 수 있고, 소수 첫째 자리 수끼리만 비교하면 되므로 □>7인 소수 한 자리 수를 찾으면 4901.8, 4901.9예요.

11 접근 » 먼저 변의 길이가 같은 변을 찾아 봅니다.

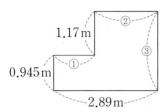

①＋②＝2.89 m

③＝1.17＋0.945＝2.115(m)

따라서 도형의 둘레의 길이는

2.89＋2.115＋2.89＋2.115＝10.01(m)입니다.

주의
모든 변의 길이를 각각 따로 구하려고 하면 안 돼요.

해결 전략

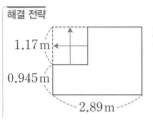

도형의 둘레의 길이는 가로가 2.89 m, 세로가 (1.17＋0.945) m 인 직사각형의 둘레의 길이와 같아요.

12 접근 » 먼저 모양이 변한 밭의 가로와 세로 길이를 각각 구해 봅니다.

(직사각형 모양의 밭의 가로)＝4.5＋0.75＝5.25(m)

(직사각형 모양의 밭의 세로)＝4.5－1.15＝3.35(m)

따라서 직사각형 모양의 밭의 가로와 세로 길이의 차는

5.25－3.35＝1.9(m)입니다.

다른 풀이
가로는 0.75 m 늘이고, 세로는 1.15 m 줄였으므로 가로와 세로의 길이의 차는
0.75＋1.15＝1.9(m)입니다.

13 접근 » 어떤 수를 구한 다음 어떤 수를 $\frac{1}{10}$ 한 수를 구해 봅니다.

어떤 수의 10배가 43.7이므로 어떤 수는 4.37이고 4.37을 $\frac{1}{10}$ 한 수는 0.437입니다.

따라서 0.437의 소수 첫째 자리 수는 4입니다.

해결 전략
어떤 수의 10배가 ●이면 어떤 수는 ●를 $\frac{1}{10}$ 한 수예요.

14 접근 » 먼저 □.398＞8.40□를 비교한 다음 8.40□＞8.4□8을 비교합니다.

㉠.398＞8.40㉡에서 소수 첫째 자리 수가 3＜4이므로 ㉠＞8입니다.

따라서 ㉠＝9입니다.

8.40㉡＞8.4㉢8에서 ㉢＝0이고, ㉡＞8이므로 ㉡＝9입니다.

따라서 ⑨.398＞8.40⑨＞8.4⓪8입니다.

해결 전략
소수의 크기 비교를 할 때에는 자연수 부분 → 소수 첫째 자리 → 소수 둘째 자리 → ……의 순서로 비교해요.

15

접근 >> 먼저 둘째로 큰 소수 두 자리 수와 셋째로 작은 소수 세 자리 수를 만들어 봅니다.

가장 큰 소수 두 자리 수: 97.52

둘째로 큰 소수 두 자리 수: 97.25

가장 작은 소수 세 자리 수: 2.579

둘째로 작은 소수 세 자리 수: 2.597

셋째로 작은 소수 세 자리 수: 2.759

따라서 둘째로 큰 소수 두 자리 수와 셋째로 작은 소수 세 자리 수의 차는

$97.25 - 2.759 = 94.491$입니다.

해결 전략

가장 큰 소수 두 자리 수를 만든 다음 둘째로 큰 소수 두 자리 수를 만들고, 가장 작은 소수 세 자리 수를 만든 다음 셋째로 작은 소수 세 자리 수를 만들어요.

16

접근 >> 주어진 조건을 만족하는 식을 세워 봅니다.

10이 8개이면 80, 1이 4개이면 4, 0.1이 ☐개이면 ▲, 0.01이 37개이면 0.37, 0.001이 5개이면 0.005이므로

$80 + 4 + ▲ + 0.37 + 0.005 = 84.375 + ▲$입니다.

$84.375 + ▲ = 85.975$, $▲ = 85.975 - 84.375$,

$▲ = 1.6$이고 1.6은 0.1이 16개이므로 ☐$= 16$입니다.

해결 전략

☐를 먼저 구하려 하지 말고 0.1이 ☐개인 수를 ▲라 두고 ▲를 먼저 구한 뒤 ☐를 구해요.

해결 전략

0.1이 ☐개이면 1.6이므로 ☐$= 16$이에요.

17

접근 >> 먼저 소수 둘째 자리가 될 수 있는 경우를 구해 봅니다.

$$
\begin{array}{r}
㉠ . ㉡ ㉢ \\
- 1 . ㉣ ㉤ \\
\hline
5 . 9 2
\end{array}
$$

- 소수 둘째 자리: $㉢ - ㉤ = 2$가 되는 $(㉢, ㉤)$은 $(4, 2), (6, 4), (7, 5)$ 중의 하나입니다.

- 소수 첫째 자리: $㉡ - ㉣ = 9$가 되는 두 수는 없으므로 받아내림하여 $10 + ㉡ - ㉣ = 9$, $㉣ - ㉡ = 1$이 되는 $(㉡, ㉣)$은 $(4, 5), (5, 6), (6, 7)$ 중 하나입니다.

- 일의 자리: $㉠ - 1 - 1 = 5$이므로 $㉠ = 7$입니다.

- $㉡, ㉢, ㉣, ㉤$이 모두 다른 수가 되어야 하므로 $(㉢, ㉤)$은 $(4, 2)$, $(㉡, ㉣)$은 $(5, 6)$입니다.

따라서 뺄셈식을 완성하면
$$
\begin{array}{r}
7 . 5 4 \\
- 1 . 6 2 \\
\hline
5 . 9 2
\end{array}
$$
입니다.

해결 전략

소수 둘째 자리 → 소수 첫째 자리 → 일의 자리의 순서로 각각의 조건을 만족하는 수를 찾은 다음, 이 중 모든 조건을 만족하는 수를 구해요.

18 접근 ≫ 어떤 소수를 ㉠.㉡㉢㉣이라고 하여 뺄셈식을 세워 봅니다.

어떤 소수와 어떤 소수를 10배 한 수의 차가 76.158이므로 어떤 소수는 소수 세 자리 수입니다.

어떤 소수를 ㉠.㉡㉢㉣이라고 하면 어떤 수를 10배 한 수는 ㉠㉡.㉢㉣입니다.

<table>
<tr><td>　　㉠ ㉡.㉢ ㉣</td><td>· 소수 셋째 자리 수: $10-㉣=8$, $㉣=2$</td></tr>
<tr><td>$-$　　㉠.㉡ ㉢ ㉣</td><td>· 소수 둘째 자리 수: $2-1+10-㉢=5$, $㉢=6$</td></tr>
<tr><td>　7 6 . 1 5 8</td><td>· 소수 첫째 자리 수: $6-1-㉡=1$, $㉡=4$</td></tr>
</table>

· 일의 자리 수: $4+10-㉠=6$, $㉠=8$

따라서 어떤 소수는 8.462입니다.

해결 전략
어떤 소수와 어떤 소수를 10배 한 수의 차가 소수 세 자리 수이므로 어떤 소수는 소수 세 자리 수여야 해요.

19 접근 ≫ 먼저 주어진 조건을 모두 만족하는 소수 세 자리 수를 모두 구합니다.

㉐ 4.86보다 크고 4.9보다 작은 소수 세 자리 수 중 소수 셋째 자리 수가 3인 수는 4.8□3 형태입니다.

$4.86 < 4.8□3 < 4.9$에서 □ 안에 들어갈 수 있는 수는 6, 7, 8, 9이므로 조건을 만족하는 소수 세 자리 수는 4.863, 4.873, 4.883, 4.893입니다.

따라서 이 소수들의 합은 $4.863+4.873+4.883+4.893=19.512$입니다.

채점 기준	배점
조건을 만족하는 소수 세 자리 수를 구했나요?	3점
구한 소수 세 자리 수들의 합을 구했나요?	2점

해결 전략
소수 세 자리 수는 □.□□□ 형태인데 소수 셋째 자리 수가 3이므로 □.□□3이고 4.86보다 크고 4.9보다 작아야 하므로 4.8□3 형태가 돼요.

20 접근 ≫ 먼저 어떤 수를 □라 하여 잘못 계산한 식을 세워 봅니다.

㉐ 어떤 수를 □라고 하면 $□+3.15-5.05=9.5$,

$□=9.5+5.05-3.15=14.55-3.15=11.4$입니다.

바르게 계산하면 $11.4-3.15+5.05=8.25+5.05=13.3$입니다.

따라서 바르게 계산한 값과 잘못 계산한 값의 차는

$13.3-9.5=3.8$입니다.

채점 기준	배점
어떤 수를 구했나요?	2점
바르게 계산한 값을 구했나요?	2점
바르게 계산한 값과 잘못 계산한 값의 차를 구했나요?	1점

해결 전략
어떤 수 → 바르게 계산한 값 → 바르게 계산한 값과 잘못 계산한 값의 차의 순서로 구해요.

주의
바르게 계산한 값을 구하는 것이 아니라 바르게 계산한 값과 잘못 계산한 값의 차를 구해야 해요.

01 3개	**02** 8쌍	**03** ㉠ 정사각형 / ㉡ 마름모 / ㉢ 평행사변형 / ㉣ 사다리꼴		**04** 25°	
05 6 cm	**06** 32 cm	**07** 55°	**08** 3 cm	**09** 105°	**10** ㉣
11 33개	**12** 70°	**13** 6 cm	**14** 26°	**15** 20°	**16** 25°
17 32 cm	**18** 25°	**19** ㉠ 50° / ㉡ 40° **20** 124°			

01 접근 ≫ 두 직선이 서로 수직인 글자와 두 직선이 서로 평행한 글자를 찾아 봅니다.

수선이 있는 글자: ㄷ, ㄴ, ㅂ, ㅋ

평행선이 있는 글자: ㄷ, ㅊ, ㅂ, ㅋ

따라서 수선과 평행선이 모두 있는 글자는 ㄷ, ㅂ, ㅋ이므로 모두 3개입니다.

해결 전략

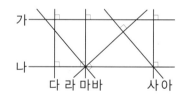

ㅇ	ㄷ	ㅊ	ㄴ	ㅂ	ㅋ
수선도 없고 평행선도 없어요.	수선도 있고 평행선도 있어요.	평행선만 있어요.	수선만 있어요.	수선도 있고 평행선도 있어요.	수선도 있고 평행선도 있어요.

> **해결 전략**
> 수선이 있고 평행선이 있는 글자를 각각 찾은 다음 두 군데 모두 속한 글자를 찾아요.

02 접근 ≫ 두 직선이 서로 수직인 부분을 표시해 봅니다.

두 직선이 만나서 이루는 각이 90°인 두 직선을 모두 찾습니다.

직선 가와 직선 다, 직선 가와 직선 마, 직선 가와 직선 사, 직선 나와 직선 다, 직선 나와 직선 마, 직선 나와 직선 사, 직선 라와 직선 바, 직선 라와 직선 아이므로 모두 8쌍 있습니다.

가

나

다 라 마바   사 아

> **주의**
> 세 직선이나 네 직선이 만나는 부분에서 두 직선끼리 만나는 부분을 잘 찾아 수직인 부분을 놓치지 않도록 주의해요.

03 접근 ≫ 보기 의 사각형들의 성질을 잘 생각해 봅니다.

사각형 ⟶ 사다리꼴 ⟶ 평행사변형 ⟶ 마름모 ⟶ 정사각형
                                        ⟶ 직사각형 ⟶

따라서 ㉠에는 정사각형, ㉡에는 마름모, ㉢에는 평행사변형, ㉣에는 사다리꼴입니다.

> **해결 전략**
> 두 종류의 사각형끼리 비교하여 포함 관계를 알아봐요.

04 접근 ≫ 마름모를 반으로 나눈 삼각형은 어떤 삼각형인지 알아봅니다.

마름모는 마주 보는 두 각의 크기가 같으므로 (각 ㄴㄱㄹ)=130°입니다.
마름모는 네 변의 길이가 같으므로 (변 ㄱㄴ)=(변 ㄱㄹ)입니다.
그러므로 삼각형 ㄱㄴㄹ은 이등변삼각형입니다.
따라서 ㉠=(180°−130°)÷2=25°입니다.

해결 전략
각 ㄴㄱㄹ의 크기를 구한 다음 삼각형 ㄱㄴㄹ은 이등변삼각형임을 이용하여 ㉠의 각도를 구해요.

05 접근 ≫ 사각형 ㄱㄴㅁㄹ의 성질을 이용하여 구합니다.

사각형 ㄱㄴㅁㄹ은 마주 보는 두 쌍의 변이 평행하므로 평행사변형입니다.
평행사변형은 마주 보는 두 변의 길이가 같으므로
(선분 ㄴㅁ)=(선분 ㄱㄹ)=8 cm입니다.
따라서 (선분 ㅁㄷ)=14−8=6(cm)입니다.

해결 전략
사각형 ㄱㄴㅁㄹ은 평행사변형이므로 마주 보는 변의 길이가 같아요.

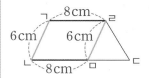

06 접근 ≫ 사각형 ㄱㄴㄷㄹ이 어떤 사각형이 되는지 알아봅니다.

마주 보는 두 쌍의 변이 서로 평행하고, 마주 보는 꼭짓점끼리 이은 선분이 수직으로 만나므로 마름모입니다.
네 각의 크기가 같지 않고 네 변의 길이가 같은 사각형 ㄱㄴㄷㄹ은 마름모입니다.
따라서 마름모는 네 변의 길이가 같으므로 (네 변의 길이의 합)=8×4=32(cm)입니다.

해결 전략
사각형 ㄱㄴㄷㄹ이 평행사변형 외에 어떤 사각형이 되는지 찾은 다음 네 변의 길이를 구해 그 합을 구해요.

07 접근 ≫ 직선 가와 직선 나가 서로 평행할 때의 성질을 이용하여 ㉠의 각도를 구해 봅니다.

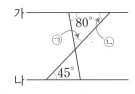

평행선과 한 직선이 만날 때 생기는 반대쪽의 각의 크기는 같으므로 ㉡=45°입니다.
따라서 삼각형의 세 각의 크기의 합은 180°이므로
㉠=180°−80°−㉡=180°−80°−45°=55°입니다.

해결 전략
㉡의 각도를 구한 다음 삼각형의 세 각의 크기의 합은 180°임을 이용하여 ㉠의 각도를 구해요.

08 접근 ≫ 평행선 사이의 거리는 어떤 변들의 합인지 알아봅니다.

(변 ㄱㅇ과 변 ㄴㄷ의 평행선 사이의 거리)=(변 ㅇㅅ)+(변 ㅂㅁ)+(변 ㄹㄷ)이므로
11=4+(변 ㅂㅁ)+4입니다.
따라서 (변 ㅂㅁ)=11−8=3(cm)입니다.

해결 전략
평행선 사이의 거리는 평행선 사이의 수선의 길이예요.

09
접근 ≫ **먼저 변 ㄴㄷ과 변 ㅁㅂ이 평행함을 이용하여 각 ㄱㄴㄷ의 크기를 구해 봅니다.**

변 ㄴㄷ과 변 ㅁㅂ이 평행하므로 (각 ㄱㄴㄷ)＝(각 ㄴㅁㅂ)＝75°입니다.
평행사변형에서 이웃하는 두 각의 크기의 합은 180°이므로
(각 ㄴㄷㄹ)＝180°－75°＝105°입니다.

다른 풀이
변 ㄴㄷ과 변 ㅁㅂ이 평행하므로 (각 ㄱㄴㄷ)＝(각 ㄴㅁㅂ)＝75°입니다.
평행사변형에서 마주 보는 두 각의 크기는 같으므로 (각 ㄱㄴㄷ)＝(각 ㄱㄹㄷ)＝75°,
(각 ㄴㄷㄹ)＝(각 ㄴㄱㄹ)입니다.
따라서 75°＋75°＋(각 ㄴㄷㄹ)＋(각 ㄴㄷㄹ)＝360°,
(각 ㄴㄷㄹ)＋(각 ㄴㄷㄹ)＝360°－150°＝210°, (각 ㄴㄷㄹ)＝105°입니다.

해결 전략
각 ㄱㄴㄷ의 크기를 구한 다음 평행사변형의 각의 성질을 이용하여 각 ㄴㄷㄹ의 크기를 구해요.

10
접근 ≫ **사각형 ㅁㅂㅅㄹ은 어떤 사각형인지 알아봅니다.**

사각형 ㅁㅂㅅㄹ에서 마주 보는 두 변이 서로 평행하므로 평행사변형입니다.
마름모의 마주 보는 꼭짓점끼리 이은 선분은 서로 수직으로 만나므로
(각 ㄷㅁㄹ)＝90°입니다.
사각형 ㅁㅂㅅㄹ은 네 각이 모두 직각인 평행사변형이므로 직사각형입니다.
ㄹ 직사각형에서 네 변의 길이는 모두 같지 않습니다.

보충 개념
직사각형은 네 각이 모두 직각인 사각형으로 마주 보는 두 쌍의 변이 서로 평행하고, 마주 보는 두 변의 길이가 같으며 마주 보는 각의 크기가 같아요.

11
접근 ≫ **크고 작은 사다리꼴을 만들 수 있는 경우를 모두 찾아봅니다.**

작은 삼각형 2개로 된 사다리꼴은 9개, 작은 삼각형 3개로 된 사다리꼴은 12개, 작은 삼각형 4개로 된 사다리꼴은 6개, 작은 삼각형 5개로 된 사다리꼴은 3개, 작은 삼각형 8개로 된 사다리꼴은 3개입니다.
따라서 크고 작은 사다리꼴은 9＋12＋6＋3＋3＝33(개)입니다.

해결 전략
마주 보는 한 쌍의 변이 평행한 크고 작은 사각형을 찾아요.

작은 삼각형 2개 　 작은 삼각형 3개 　 작은 삼각형 4개 　 작은 삼각형 5개 　 작은 삼각형 8개

주의
작은 삼각형 8개로 된 사다리꼴을 빠뜨리지 않고 세어요.

12
접근 ≫ **접기 전 부분과 접힌 부분의 모양과 크기가 같음을 이용합니다.**

평행사변형에서 마주 보는 두 각의 크기가 같으므로
(각 ㄱㄴㄷ)＝(각 ㄱㄹㄷ)＝65°이고, 접은 각의 크기는 같으므로
(각 ㄴㅂㅁ)＝(각 ㅁㅂㅅ)＝(180°－90°)÷2＝45°입니다.
삼각형의 세 각의 크기의 합은 180°이므로
㉠＝(각 ㄴㅁㅂ)＝180°－65°－45°＝70°입니다.

해결 전략
접힌 부분에서 각도가 같은 곳을 표시한 다음 삼각형의 세 각의 크기의 합을 이용해서 구해요.

13 접근 》 평행사변형과 마름모를 이어 붙인 변의 길이가 같음을 이용합니다.

(변 ㄱㅂ)=(변 ㄴㄷ)=9 cm이고

(변 ㄱㄴ)=(변 ㅂㅁ)=(변 ㅁㄹ)=(변 ㄹㄷ)입니다.

(도형의 둘레)=9×2+(변 ㄱㄴ)×4=42이므로 (변 ㄱㄴ)×4=42−18=24

입니다.

따라서 (변 ㄱㄴ)=24÷4=6(cm)입니다.

> **해결 전략**
> 평행사변형에서 변의 성질과 마름모에서 변의 성질을 이용해서 구해요.

14 접근 》 선분 ㅁㅇ은 직선 ㄷㄹ에 대한 수선임을 이용합니다.

선분 ㅁㅇ이 직선 ㄷㄹ에 대한 수선이므로

(각 ㄷㅇㅁ)=(각 ㅁㅇㄹ)=90°입니다.

㉠=90°−32°=58°이고 ㉡=180°−58°−90°=32°입니다.

따라서 ㉠−㉡=58°−32°=26°입니다.

> **다른 풀이**
> 일직선에 놓이는 각의 크기는 180°이므로
> ㉠=180°−32°−90°=58°, ㉡=180°−58°−90°=32°입니다.
> 따라서 ㉠−㉡=58°−32°=26°입니다.

> **해결 전략**
> 각 ㄷㅇㅁ의 크기가 90°임을 이용하여 ㉠의 각도를 구하고, 일직선에 놓이는 각의 크기를 이용하여 ㉡의 각도를 구한 다음 ㉠과 ㉡의 각도의 차를 구해요.

15 접근 》 삼각형 ㄷㄹㅁ이 어떤 삼각형인지 알아봅니다.

마름모에서 이웃하는 두 각의 크기의 합은 180°이므로

(각 ㄱㄹㄷ)=180°−100°=80°이고,

삼각형 ㄱㄹㅁ은 정삼각형이므로 (각 ㄱㄹㅁ)=60°입니다.

그러므로 (각 ㄷㄹㅁ)=80°+60°=140°입니다.

따라서 삼각형 ㄷㄹㅁ은 이등변삼각형이므로 ㉠=(180°−140°)÷2=20°입니다.

> **해결 전략**
> 삼각형 ㄷㄹㅁ이 이등변삼각형이므로 각 ㄷㄹㅁ의 크기를 구한 다음 ㉠의 각도를 구해요.

16 접근 》 각 ㄱㅇㄴ과 각 ㄴㅇㄹ이 각각 90°임을 이용합니다.

선분 ㅇㄱ과 선분 ㅇㄷ, 선분 ㅇㄴ과 선분 ㅇㄹ이 수직이므로

각 ㄱㅇㄷ과 각 ㄴㅇㄹ의 크기는 90°입니다.

(각 ㄱㅇㄷ)+(각 ㄴㅇㄹ)−(각 ㄴㅇㄷ)=155°이므로

90°+90°−(각 ㄴㅇㄷ)=155°입니다.

따라서 (각 ㄴㅇㄷ)=180°−155°=25°입니다.

> **다른 풀이**
> 선분 ㅇㄱ과 선분 ㅇㄷ, 선분 ㅇㄴ과 선분 ㅇㄹ이 수직이므로 각 ㄱㅇㄷ과 각 ㄴㅇㄹ의 크기는 90°입니다.
> (각 ㄱㅇㄴ)=155°−90°=65°, (각 ㄷㅇㄹ)=155°−90°=65°입니다.
> 따라서 (각 ㄴㅇㄷ)=155°−65°−65°=25°입니다.

17

접근 ≫ 평행사변형의 짧은 변의 길이를 ☐cm라고 하여 식을 세워 봅니다.

평행사변형의 짧은 변의 길이를 ☐cm라고 하면 긴 변의 길이는 (☐×4)cm이므로

☐+☐×4=20÷2, ☐×5=10, ☐=2입니다.

따라서 마름모의 한 변의 길이는 2×4=8(cm)이고 네 변의 길이의 합은

8×4=32(cm)입니다.

해결 전략

평행사변형의 짧은 변 1개와 긴 변 1개의 길이의 합은 둘레의 반임을 이용해서 구해요.

18

접근 ≫ 보조선을 그어 생각해 봅니다.

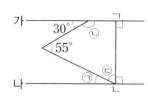

가

30°

55°

ⓒ=180°−30°=150°입니다.

점 ㄴ에서 직선 가에 수선을 그으면

ⓓ=360°−90°−150°−55°=65°입니다.

따라서 ⓐ=90°−ⓓ=90°−65°=25°입니다.

해결 전략

점 ㄴ에서 직선 가에 수선을 그은 다음 사각형의 네 각의 크기의 합을 이용하여 구해요.

19

접근 ≫ ⓐ과 ⓑ의 합과 ⓐ과 ⓑ의 차를 이용하여 구해 봅니다.

㈀ ⓐ+ⓑ=90°이고 ⓐ−ⓑ=10°이므로

ⓐ=(90°+10°)÷2=50°, ⓑ=90°−50°=40°입니다.

채점 기준	배점
ⓐ의 각도를 구했나요?	3점
ⓑ의 각도를 구했나요?	2점

주의

ⓐ>ⓑ는 조건을 잘 보고 ⓐ과 ⓑ의 차를 구하는 식을 세워요.

20

접근 ≫ 먼저 삼각형 ㅂㄹㄷ이 어떤 삼각형인지 찾아 각 ㄹㅂㄷ의 크기를 구해 봅니다.

㈀ 삼각형 ㅂㄹㄷ은 이등변삼각형이므로

(각 ㄹㅂㄷ)=(각 ㄹㄷㅂ)=(180°−24°)÷2=78°입니다.

각 ㅁㅂㄹ의 크기가 각 ㄴㅂㅁ의 크기의 2배이므로

(각 ㄴㅂㅁ)=(180°−78°)÷3=34°입니다.

(각 ㄴㅁㅂ)=180°−90°−34°=56°이므로

(각 ㄱㅁㅂ)=180°−56°=124°입니다.

해결 전략

각 ㄹㅂㄷ → 각 ㄴㅂㅁ → 각 ㄴㅁㅂ의 순서로 구한 다음 일직선에 놓이는 각의 크기를 이용하여 각 ㄱㅁㅂ의 크기를 구해요.

채점 기준	배점
각 ㄹㅂㄷ의 크기를 구했나요?	2점
각 ㄴㅂㅁ, 각 ㄴㅁㅂ의 크기를 구했나요?	2점
각 ㄱㅁㅂ의 크기를 구했나요?	1점

교내 경시 5단원 꺾은선그래프

01 약 17℃   **02** 약 오전 10시 20분   **03** 8℃ / 9℃

04   **05** 기온   **06** 144명

07 31200원   **08** 20명

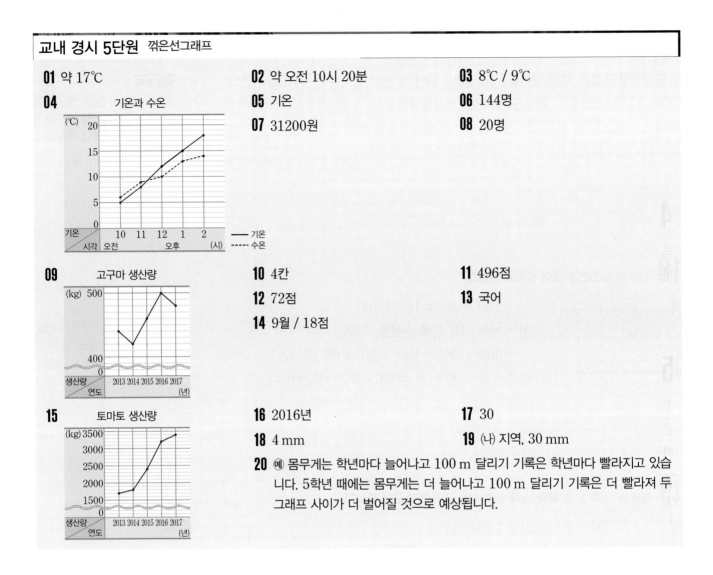

09 고구마 생산량   **10** 4칸   **11** 496점

12 72점   **13** 국어

14 9월 / 18점

15 토마토 생산량   **16** 2016년   **17** 30

18 4 mm   **19** (나) 지역, 30 mm

20 예 몸무게는 학년마다 늘어나고 100 m 달리기 기록은 학년마다 빨라지고 있습니다. 5학년 때에는 몸무게는 더 늘어나고 100 m 달리기 기록은 더 빨라져 두 그래프 사이가 더 벌어질 것으로 예상됩니다.

01 접근 » 먼저 오전 11시 30분의 기온을 알아봅니다.

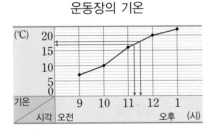

그래프에서 세로 눈금 한 칸의 크기는 1℃입니다. 오전 11시의 기온은 16℃이고, 낮 12시의 기온은 20℃이므로 오전 11시 30분의 기온은 그 중간값인 약 18℃쯤 됩니다.

따라서 11시 15분의 기온은 16℃와 18℃의 중간값인 약 17℃쯤 됩니다.

해결 전략

오전 11시와 낮 12시의 중간은 오전 11시 30분이고, 오전 11시와 오전 11시 30분의 중간은 오전 11시 15분이에요.

02 접근 » 세로 눈금에서 12℃를 찾아 12℃와 만나는 곳의 시각을 찾아봅니다.

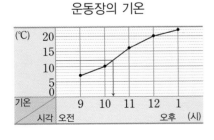

12℃는 오전 10시와 11시 사이를 3등분한 곳과 만나므로 운동장의 기온이 약 12℃인 시각은 약 오전 10시 20분쯤 됩니다.

보충 개념

20분＋20분＋20분＝1시간이므로 1시간을 3등분하면 20분이에요.

03 접근 ≫ 꺾은선그래프를 보고 낮 12시의 기온을 구해 봅니다.

낮 12시의 기온이 12℃입니다.

따라서 11시의 기온은 12−4＝8(℃)이고, 수온은 8+1＝9(℃)입니다.

해결 전략
낮 12시의 기온 → 오전 11시의 기온 → 오전 11시의 수온의 순서로 구해요.

04 접근 ≫ 먼저 시각에 알맞은 기온과 수온을 찾아 각각 점으로 찍어 봅니다.

세로 눈금 한 칸의 크기가 1℃이므로 시각에 알맞게 기온은 ──으로, 수온은 ┅┅으로 나타냅니다.

주의
기온과 수온을 헷갈리지 않도록 주의해요.

05 접근 ≫ 오전 10시와 오후 2시의 기온과 수온을 각각 구해 봅니다.

오전 10시와 오후 2시의 변화의 차를 구하면

기온은 18−5＝13(℃), 수온은 14−6＝8(℃)입니다.

따라서 변화의 차가 더 큰 것은 기온입니다.

다른 풀이

오전 10시와 오후 2시의 세로 눈금의 칸 수의 차를 구하면 기온은 18−5＝13(칸), 수온은 14−6＝8(칸)입니다.

따라서 변화의 차가 더 큰 것은 기온입니다.

해결 전략
기온과 수온은 모두 오전 10시에 가장 낮고 오후 2시에 가장 높으므로 매시간마다 기온과 수온을 구하지 않고 오전 10시와 오후 2시의 기온과 수온을 구하여 그 차를 비교하면 돼요.

06 접근 ≫ 먼저 세로 눈금 한 칸의 크기를 구합니다.

세로 눈금 5칸이 20명을 나타내므로 세로 눈금 한 칸은 20÷5＝4(명)을 나타냅니다.

따라서 오전 11시부터 오후 3시까지 입장한 사람은

40＋48＋16＋16＋24＝144(명)입니다.
오전　낮　오후　오후　오후
11시　12시　1시　2시　3시

해결 전략
오전 11시부터 오후 3시까지 매시간마다 입장한 사람 수를 각각 구해서 더해요.

07 접근 ≫ 먼저 오전 11시부터 오후 1시까지 입장한 사람 수를 구해 봅니다.

오전 11시부터 오후 1시까지 입장한 사람은 40＋48＋16＝104(명)입니다.

따라서 (오전 11시부터 오후 1시까지의 입장료)＝300×104＝31200(원)입니다.

다른 풀이

오전 11시부터 오후 1시까지 입장료는 300×40＋300×48＋300×16＝31200(원)입니다.

해결 전략
오전 11시부터 오후 1시까지 입장한 사람 수를 구한 다음 (한 사람당 입장료)×(입장한 사람 수)를 구해요.

08 접근 ≫ 오전 11시에 입장한 사람 수를 먼저 구해 봅니다.

(오후 4시에 입장한 사람 수)=(11시에 입장한 사람 수)÷2입니다.
따라서 오후 4시에 입장한 사람은 40÷2=20(명)입니다.

09 접근 ≫ 왼쪽 꺾은선그래프의 각 연도별 고구마 생산량을 알아봅니다.

왼쪽 꺾은선그래프의 세로 눈금 한 칸의 크기는 100÷5=20(kg)입니다.
각 연도별 고구마 생산량을 알아보면 2013년에는 440 kg, 2014년에는 420 kg, 2015년에는 460 kg, 2016년에는 500 kg, 2017년에는 480 kg입니다.
오른쪽 꺾은선그래프의 세로 눈금 한 칸의 크기는 100÷10=10(kg)이므로 연도별 생산량에 알맞게 물결선을 사용한 꺾은선그래프로 나타냅니다.

> **해결 전략**
> 왼쪽 꺾은선그래프에서 각 연도별 고구마 생산량을 구한 다음 오른쪽 물결선을 사용한 꺾은선그래프에 나타내요.

10 접근 ≫ 2016년과 2017년의 생산량의 차는 세로 눈금 몇 칸인지 알아봅니다.

왼쪽 꺾은선그래프의 세로 눈금 한 칸의 크기는 20 kg이고, 2016년과 2017년의 생산량의 차는 세로 눈금 1칸입니다.
세로 눈금 한 칸의 크기를 5 kg으로 하면 2016년과 2017년의 생산량의 차는 세로 눈금 20÷5=4(칸)입니다.

> **해결 전략**
> 세로 눈금 한 칸의 크기: 20 kg ➡ 2016년과 2017년의 생산량의 차: 세로 눈금 1칸
> 세로 눈금 한 칸의 크기: 5 kg ➡ 2016년과 2017년의 생산량의 차: 세로 눈금 ?칸

11 접근 ≫ 먼저 세로 눈금 한 칸의 크기를 구해 봅니다.

세로 눈금 한 칸의 크기는 2점입니다.
5월은 76점, 6월은 80점, 7월은 78점, 8월은 82점, 9월은 90점, 10월은 90점입니다.
따라서 수학 점수의 합은 76+80+78+82+90+90=496(점)입니다.

12 접근 ≫ 9월을 제외한 국어 점수를 찾아 국어 점수의 합을 이용해 식을 세워 봅니다.

5월은 92점, 6월은 84점, 7월은 80점, 8월은 82점, 10월은 86점입니다.
국어 점수의 합이 496점이므로
92+84+80+82+(9월의 국어 점수)+86=496입니다.
따라서 (9월의 국어 점수)=496-(92+84+80+82+86)=72(점)입니다.

> **해결 전략**
> 5월부터 10월까지의 국어 점수의 합에서 5월, 6월, 7월, 8월, 10월의 국어 점수를 빼면 돼요.

13 접근 》 국어와 수학의 최고 점수와 최저 점수를 각각 구해 봅니다.

국어의 최고 점수는 92점, 최저 점수는 72점이므로 차는 $92-72=20$(점)입니다.
수학의 최고 점수는 90점, 최저 점수는 76점이므로 차는 $90-76=14$(점)입니다.
따라서 점수의 변화가 더 큰 과목은 국어입니다.

14 접근 》 두 꺾은선그래프의 세로 눈금의 차가 가장 큰 때를 찾아봅니다.

두 꺾은선이 가장 많이 벌어진 때는 9월이고 그때의 세로 눈금의 차는 9칸이므로
$9\times2=18$(점) 차이가 납니다.

해결 전략
각 달마다 국어와 수학 점수의 세로 눈금 수의 차가 가장 큰 때를 찾은 다음 (세로 눈금의 차)×(세로 눈금 한 칸의 크기)를 구해요.

다른 풀이
두 꺾은선이 가장 많이 벌어진 때는 9월이고, 9월의 국어 점수는 72점, 수학 점수는 90점입니다.
따라서 $90-72=18$(점) 차이가 납니다.

15 접근 》 먼저 ⓒ이 ㉠의 2배임을 이용하여 식을 세워 봅니다.

2013년부터 2017년까지 토마토 생산량이 12500 kg, ⓒ이 ㉠의 2배이므로
$㉠+1800+2400+3200+㉠\times2=12500$입니다.   — ⓒ=㉠×2
따라서 $㉠\times3=12500-7400$, $㉠\times3=5100$, $㉠=1700$이고,
$ⓒ=㉠\times2=1700\times2=3400$입니다.
세로 눈금 한 칸의 크기는 $500\div5=100$(kg)이므로 연도별 생산량에 알맞게 왼쪽에 꺾은선그래프로 나타냅니다.

해결 전략
ⓒ=㉠×2이므로 ⓒ 대신 ㉠×2를 사용하여 ㉠을 먼저 구해요.

16 접근 》 각 연도별 생산량과 판매량을 구해 봅니다.

연도(년)	2013	2014	2015	2016	2017
생산량(kg)	1700	1800	2400	3200	3400
판매량(kg)	1600	1800	2200	2900	3200
남은 양(kg)	100	0	200	300	200

따라서 팔리지 않고 남은 토마토가 가장 많았던 때는 2016년입니다.

해결 전략
팔리지 않고 남은 토마토의 양은 생산량과 판매량의 차를 말해요.

17 접근 》 8월부터 12월까지 세로 눈금의 칸 수의 합을 구해 봅니다.

세로 눈금의 칸 수를 세어 보면 8월은 7칸, 9월은 5칸, 10월은 3칸, 11월은 1칸, 12월은 3칸이므로 $7+5+3+1+3=19$(칸)이 57 mm를 나타냅니다.
세로 눈금 한 칸이 $57\div19=3$(mm)를 나타내므로 ⓒ의 값은 $3\times10=30$입니다.

주의
누적 강우량이므로 9월, 10월, 11월, 12월의 세로 눈금 칸 수는 8월, 9월, 10월, 11월의 세로 눈금을 기준으로 구해야 해요.

해결 전략
세로 눈금 한 칸의 크기가 3 mm이고, ⓒ은 세로 눈금 10칸이므로 ⓒ=$3\times10=30$이에요.

18 접근 ≫ 월별 강우량을 구하여 식을 세워 봅니다.

월별 강우량을 알아보면 8월은 34 mm, 9월은 12 mm, 10월은 16 mm, 11월은 8 mm이므로 34＋12＋16＋8＋(12월의 강우량)＝74입니다.

따라서 (12월의 강우량)＝74－(34＋12＋16＋8)＝4(mm)입니다.

> **해결 전략**
> (9월의 강우량)＝(9월까지의 누적 강우량)－(8월의 강우량)
> (10월의 강우량)＝(10월까지의 누적 강우량)－(9월까지의 누적 강우량)
> (11월의 강우량)＝(11월까지의 누적 강우량)－(10월까지의 누적 강우량)
> (12월의 강우량)＝(12월까지의 누적 강우량)－(11월까지의 누적 강우량)

19 접근 ≫ ㈎, ㈏ 그래프에서 강우량이 가장 많았던 달과 가장 적었던 달을 찾아봅니다.

예 ㈎ 지역에서 강우량이 가장 많았던 달은 8월로 21 mm이고, 가장 적었던 달은 11월로 3 mm입니다. ➡ 차: 21－3＝18(mm)

㈏ 지역에서 강우량이 가장 많았던 달은 8월로 34 mm이고, 가장 적었던 달은 12월로 4 mm입니다. ➡ 차: 34－4＝30(mm)

따라서 강우량의 차가 더 큰 지역은 ㈏ 지역이고, 그 차는 30 mm입니다.

> **주의**
> 강우량이 가장 많았던 달은 12월, 가장 적었던 달은 8월이라고 생각하지 않도록 주의해요.

채점 기준	배점
㈎ 지역의 강우량의 차를 구했나요?	2점
㈏ 지역의 강우량의 차를 구했나요?	2점
강우량의 차가 더 큰 지역과 그 차를 구했나요?	1점

20 접근 ≫ 먼저 두 그래프가 어떻게 변하고 있는지 알아봅니다.

예 몸무게는 학년마다 늘어나고 100 m 달리기 기록은 학년마다 빨라지고 있습니다. 5학년 때에는 몸무게는 더 늘어나고 100 m 달리기 기록은 더 빨라져 두 그래프 사이가 더 벌어질 것으로 예상됩니다.

> **해결 전략**
> 알 수 있는 사실은 주어진 두 그래프를 보고 정확히 나타나는 사실을 써야 하고, 예상하여 설명하는 것은 두 그래프가 변화하는 추이를 보고 앞으로 어떻게 변화할지 예측하여 써야 해요.

채점 기준	배점
그래프를 보고 알 수 있는 사실을 썼나요?	2점
5학년 때의 그래프의 변화를 예상하여 설명했나요?	3점

01 33 cm	**02** 예	**03** 10 cm	**04** 228°	
05 24개	**06** 29개	**07** 95 cm	**08** 57°	**09** ㉠	**10** 30 cm
11 45°	**12** 9개	**13** 36°	**14** 1000개	**15** 60°	**16** 322개
17 90°	**18** 2	**19** 124°	**20** 48 mm	

01

접근 ≫ **직사각형에서 대각선의 성질을 이용하여 변 ㄴㅁ, 변 ㄷㅁ의 길이를 구해 봅니다.**

직사각형은 마주 보는 두 변의 길이가 같으므로
(변 ㄴㄷ)＝(변 ㄱㄹ)＝15 cm입니다.
직사각형의 두 대각선의 길이는 같고 한 대각선은 다른 대각선을 똑같이 둘로 나누므로 (변 ㄴㅁ)＝(변 ㄷㅁ)＝(선분 ㄱㅁ)＝9 cm입니다.
따라서 삼각형 ㄴㅁㄷ의 세 변의 길이의 합은 15＋9＋9＝33(cm)입니다.
(변 ㄴㄷ) (변 ㄴㅁ) (변 ㄷㅁ)

02

접근 ≫ **어떤 모양 조각을 사용해야 하는지 정확히 드러나는 부분부터 채워 나갑니다.**

주어진 모양 조각을 여러 번 사용할 수 있으므로 도형을 여러 가지 방법으로 만들 수 있습니다.

해결 전략
지느러미나 꼬리 부분부터 채워요.

03

접근 ≫ **처음 철사의 길이에서 정팔각형을 만든 철사의 길이를 빼서 구해 봅니다.**

정팔각형은 8개의 변의 길이가 모두 같으므로 정팔각형을 만든 철사의 길이는
5×8＝40(cm)입니다.
따라서 (남은 철사)＝(처음 철사)－(정팔각형을 만든 철사)
＝50－40＝10(cm)입니다.

해결 전략
(정팔각형을 만들 때 사용한 철사)＝(한 변의 길이)×8

04

접근 ≫ **정오각형의 한 각의 크기와 정육각형의 한 각의 크기를 구해 봅니다.**

(정오각형의 한 각의 크기)＝(180°×3)÷5＝108°이고,
(정육각형의 한 각의 크기)＝(180°×4)÷6＝120°입니다.
따라서 ㉠＝108°＋120°＝228°입니다.

해결 전략
(정●각형의 한 각의 크기)
＝{180°×(●－2)}÷●

05

접근 ≫ **사다리꼴 모양 조각은 삼각형 모양 조각 몇 개로 만들 수 있는지 알아봅니다.**

삼각형 모양 조각 3개로 사다리꼴 모양 조각 1개를 만들 수 있습니다.
따라서 삼각형 모양 조각은 모두 8×3＝24(개) 필요합니다.

해결 전략
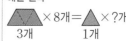

06 접근 ≫ 세 도형에 각각 그을 수 있는 대각선의 수를 차례로 구해 봅니다.

정삼각형: 0개, 사다리꼴: 2개, 정구각형: $6 \times 9 \div 2 = 27$(개)
따라서 세 도형에 그을 수 있는 대각선은 모두 $0 + 2 + 27 = 29$(개)입니다.

해결 전략
(■각형의 대각선의 수)
$= (■ - 3) \times ■ \div 2$

주의
다각형 중 삼각형은 대각선을 그을 수 없어요.

07 접근 ≫ 먼저 평행사변형에서 모르는 변의 길이를 구해 봅니다.

평행사변형은 마주 보는 변의 길이가 같으므로 (변 ㄱㄴ)=(변 ㅅㅂ)=20 cm이고,
(변 ㄴㅂ)=$(62 - 20 - 20) \div 2 = 11$(cm)입니다.
정오각형은 다섯 변의 길이가 모두 같으므로 한 변의 길이는 11 cm입니다.
따라서 (도형의 둘레의 길이)=$(20 \times 2) + (11 \times 5) = 40 + 55 = 95$(cm)입니다.

해결 전략
변 ㄴㅂ을 이어 붙였으므로 (변 ㄱㅅ)=(변 ㄴㅂ)=(정오각형의 한 변의 길이)예요.

08 접근 ≫ 먼저 각 ㅁㄴㄷ의 크기를 구해 봅니다.

직사각형은 두 대각선의 길이가 같고 한 대각선은 다른 대각선을 똑같이 반으로 나누므로 삼각형 ㄴㅁㄷ은 (선분 ㄴㅁ)=(선분 ㄷㅁ)인 이등변삼각형입니다.
따라서 (각 ㅁㄴㄷ)=$(180° - 114°) \div 2 = 33°$이므로 삼각형 ㄴㄷㄹ에서
㉠$= 180° - (90° + 33°) = 57°$입니다.

해결 전략
삼각형 ㄴㄷㄹ은 직각삼각형이므로 (각 ㄴㄷㄹ)=$90°$예요.

09 접근 ≫ 먼저 각 정다각형의 한 각의 크기를 구해 봅니다.

각 정다각형의 한 각의 크기는 다음과 같습니다.
㉠ 정육각형: $(180° \times 4) \div 6 = 120°$, ㉡ 정팔각형: $(180° \times 6) \div 8 = 135°$
㉢ 정십각형: $(180° \times 8) \div 10 = 144°$, ㉣ 정십이각형: $(180° \times 10) \div 12 = 150°$
평면을 빈틈없이 채우려면 한 점에서 모이는 도형들의 각의 크기의 합이 $360°$가 되어야 합니다.
따라서 가능한 도형은 ㉠입니다.

해결 전략
㉠ 120° 120° 120°
㉡ 135° 90° 135°
㉢ 144° 72° 144°
㉣ 150° 30° 150°

10 접근 ≫ 정육각형을 이루는 삼각형이 어떤 삼각형인지 알아 봅니다.

삼각형 ㄱㄴㅇ에서 (변 ㄱㅇ)=(변 ㄴㅇ), (각 ㄴㅇㄱ)=$360° \div 6 = 60°$이므로
(각 ㅇㄴㄱ)=(각 ㅇㄱㄴ)=$(180° - 60°) \div 2 = 60°$입니다.
삼각형 ㄱㄴㅇ은 정삼각형이므로 (변 ㄱㄴ)=(변 ㄱㅇ)=(변 ㄴㅇ)=5 cm입니다.
따라서 정육각형의 모든 변의 길이의 합은 $5 \times 6 = 30$(cm)입니다.

해결 전략
정육각형을 이루는 삼각형 6개는 두 변이 5 cm이고 두 변 사이의 각이 60°이므로 나머지 두 각도 60°가 되어 정삼각형이에요.

11 접근 ≫ 먼저 정팔각형의 한 각의 크기를 구해 봅니다.

정팔각형의 한 각의 크기는 $(180° \times 6) \div 8 = 135°$이므로
(각 ㄱㅇㅅ)=(각 ㄱㅈㅅ)=135°입니다.
(각 ㅈㄱㅅ)=(각 ㅅㄱㅇ)이고 삼각형 ㄱㅈㅅ은 이등변삼각형이므로
(각 ㅈㄱㅅ)=(각 ㅈㅅㄱ)입니다.
따라서 ㉠=180°−135°=45°입니다.

해결 전략
㉠=(각 ㄱㅈㅅ)+(각 ㅅㄱㅈ)
과 같으므로
㉠+(각 ㄱㅈㅅ)=180°예요.

다른 풀이
정팔각형의 한 각의 크기는 $(180° \times 6) \div 8 = 135°$이므로 (각 ㄱㅈㅅ)=(각 ㄱㅇㅅ)=135°입니다. 사각형 ㄱㅈㅅㅇ은 네 변의 길이가 같으므로 마름모이고 (각 ㅇㅅㅈ)=㉠입니다.
㉠+135°+㉠+135°=360°이므로 ㉠+㉠=360°−135°−135°입니다.
따라서 ㉠+㉠=90°, ㉠=45°입니다.

12 접근 ≫ 다각형의 꼭짓점의 수를 □개라고 하여 식을 세워 봅니다.

대각선의 개수가 27개인 다각형의 꼭짓점의 개수를 □개라고 하면 한 꼭짓점에서 그을 수 있는 대각선의 개수는 (□−3)개이므로
(□−3)×□÷2=27, (□−3)×□=54입니다.
곱이 54이고, 차가 3인 두 수는 6, 9이므로 □=9입니다.
따라서 대각선의 개수가 27개인 다각형은 구각형이므로 변은 모두 9개입니다.

해결 전략
(□−3)과 □의 곱은 54이고,
(□−3)과 □의 차는 3이에요.

13 접근 ≫ 각 ㄷㅈㅁ의 크기를 구한 다음 ㉠의 각도를 구해 봅니다.

정오각형의 한 각의 크기는 $(180° \times 3) \div 5 = 108°$이므로
(각 ㄷㅈㅁ)=360°−(각 ㄷㅈㅇ)−(각 ㅁㅈㅇ)
$\qquad\qquad$ =360°−108°−108°=144°입니다.
사각형 ㄷㄹㅁㅈ은 마름모이므로 ㉠=180°−144°=36°입니다.

해결 전략
마름모에서 이웃하는 두 각의 크기의 합은 180°예요.

14 접근 ≫ 모양 조각의 세로가 소수가 아닌 자연수가 될 수 있는 방법을 생각해 봅니다.

직사각형 모양 조각 2개를 붙이면 가로가 4 cm, 세로가 5 cm인 직사각형을 만들 수 있습니다.
1 m=100 cm이므로 만든 직사각형 모양 조각을 가로에
100÷4=25(개), 세로에 100÷5=20(개) 놓을 수 있으므로
필요한 모양 조각은 모두 25×20×2=1000(개)입니다.

해결 전략
(20×25)개는 가로가 4 cm, 세로가 5 cm인 직사각형 모양 조각의 개수이므로 가로가 4 cm, 세로가 2.5 cm인 직사각형 모양 조각의 개수는 (20×25×2)개예요.

15

접근 ≫ 먼저 정육각형의 한 각의 크기를 구해 봅니다.

정육각형의 한 각의 크기는 $(180°×4)÷6=120°$입니다.

(각 ㄱㅂㅅ)$=120°-$㉠이고 선분 ㄱㅂ과 선분 ㄴㅁ이 평행하므로

(각 ㄱㅂㅅ)$=$(각 ㅂㅅㅁ)$=120°-$㉠입니다.

선분 ㄴㅁ과 선분 ㄷㄹ이 평행하므로 (각 ㅂㅅㅁ)$=$(각 ㅅㅇㄹ)$=120°-$㉠입니다.

일직선에 놓이는 각의 크기는 $180°$이므로 ㉡$+120°-$㉠$=180°$입니다.

따라서 ㉡$-$㉠$=180°-120°=60°$입니다.

다른 풀이

정육각형의 한 각의 크기는 $(180°×4)÷6=120°$입니다.

(각 ㄱㅂㅅ)$=120°-$㉠이고 선분 ㄴㅁ과 선분 ㄷㄹ이 평행하므로 ㉡$=$(각 ㅂㅅㄴ)입니다.

(각 ㄱㄴㅁ)$=$(정육각형의 한 각의 크기)$÷2=120°÷2=60°$입니다.

사각형 ㄱㄴㅅㅂ에서 $120°+60°+$㉡$+120°-$㉠$=360°$, $300°+$㉡$-$㉠$=360°$입니다.

따라서 ㉡$-$㉠$=360°-300°=60°$입니다.

16

접근 ≫ 주어진 모양 조각으로 만들 수 있는 가장 작은 정사각형 모양을 찾아봅니다.

직각삼각형 모양 조각 2개로 한 변이 $3\,cm$인 정사각형을 만들 수 있습니다.

한 변이 $45\,cm$인 정사각형을 만들려면 한 변에 한 변이 $3\,cm$인 정사각형을 가로, 세로에 $45÷3=15$(개)씩 놓아야 하므로 직각삼각형 모양 조각은 모두 $15×15×2=450$(개) 필요합니다.

한 변이 $24\,cm$인 정사각형을 만들려면 한 변에 한 변이 $3\,cm$인 정사각형을 가로, 세로에 $24÷3=8$(개)씩 놓아야 하므로 직각삼각형 모양 조각은 모두 $8×8×2=128$(개) 필요합니다.

따라서 $450-128=322$(개) 더 많습니다.

17

접근 ≫ 사각형 ㄴㄷㄹㅁ과 사각형 ㅅㅂㅁㄹ은 모양과 크기가 같음을 이용합니다.

정팔각형의 한 각의 크기는 $(180°×6)÷8=135°$입니다.

사각형 ㄴㄷㄹㅁ에서 (각 ㄹㅁㄴ)$=360°-135°-135°-45°=45°$입니다.

(선분 ㅈㅁ)$=$(선분 ㅈㄹ)이 되어 삼각형 ㄹㅈㅁ은 이등변삼각형입니다.

(각 ㄹㅁㄴ)$=$(각 ㅈㄹㅁ)$=45°$이므로

삼각형 ㄹㅈㅁ에서 (각 ㄹㅈㅁ)$=180°-45°-45°=90°$입니다.

따라서 (각 ㄴㅈㅅ)$=$(각 ㄹㅈㅁ)$=90°$입니다.

18

접근 >> 사다리꼴 모양 조각으로 만들 수 있는 가장 작은 직사각형 모양을 찾아봅니다.

아랫변이 ㉠cm, 윗변이 $1\,cm$, 높이가 $4\,cm$인 사다리꼴 모양 2개로 가로가 (㉠$+1$)cm, 세로가 $4\,cm$인 직사각형을 만들 수 있습니다.

이 직사각형은 세로로 $48\div4=12$(개) 놓을 수 있으므로

가로로 $120\div12=10$(개) 놓아야 합니다.

따라서 ㉠$+1=30\div10=3$, ㉠$=2$입니다.

해결 전략

위와 같은 직사각형 모양 조각을 만들어 가로로 몇 개 놓아야 하는지 구한 다음 ㉠을 구해요.

19

접근 >> 삼각형 ㄴㄱㅅ을 이용하여 각 ㄴㅇㄱ의 크기를 구해 봅니다.

(예) 정오각형의 한 각의 크기는 $(180°\times3)\div5=108°$이므로

(각 ㄱㄹㄷ)$=248°-108°=140°$이고,

(각 ㄴㄱㄹ)$=180°-140°=40°$입니다.

삼각형 ㄴㄱㅅ은 이등변삼각형이고 (각 ㄴㄱㅅ)$=40°+108°=148°$이므로

(각 ㄱㄴㅅ)$=(180°-148°)\div2=16°$입니다.

따라서 (각 ㄴㅇㄱ)$=180°-40°-16°=124°$입니다.

해결 전략

각 ㄱㄹㄷ, 각 ㄴㄱㄹ의 크기를 구한 다음 삼각형 ㄴㄱㅅ이 이등변삼각형임을 이용하여 각 ㄱㄴㅅ의 크기를 구하여 각 ㄴㅇㄱ의 크기를 구해요.

채점 기준	배점
정오각형의 한 각의 크기를 구해 각 ㄴㄱㅅ과 각 ㄱㄴㅅ의 크기를 구했나요?	3점
각 ㄴㅇㄱ의 크기를 구했나요?	2점

20

접근 >> 먼저 정육각형에 긴 대각선이 몇 개 있는지 알아봅니다.

(예) 정육각형에 긴 대각선이 3개 있고 긴 대각선의 길이의 합이 $24\,mm$이므로 긴 대각선 하나의 길이는 $24\div3=8$(mm)입니다.

긴 대각선의 길이는 정육각형의 한 변의 길이의 2배와 같으므로

(정육각형의 한 변의 길이)$=8\div2=4$(mm)입니다.

따라서 오른쪽 도형의 둘레는 $4\times12=48$(mm)입니다.

해결 전략

정육각형 안의 삼각형 6개는 모두 정삼각형이므로 긴 대각선의 길이는 정육각형의 한 변의 길이의 2배예요.

채점 기준	배점
긴 대각선의 길이를 구했나요?	2점
정육각형의 한 변의 길이를 구했나요?	2점
도형의 둘레를 구했나요?	1점

수능형 사고력을 기르는 **2학기 TEST** — 1회

01 4	**02** 9개	**03** $4\frac{4}{11}$	**04** 17 cm	**05** 30개	**06** $8\frac{4}{9}$
07 36.2 cm	**08** $4\frac{8}{13}$ cm	**09** 137°	**10** 0.43 m	**11** 39.2 cm	
12 2015년 / 1500000원		**13** $\frac{5}{8}$	**14** 60°	**15** 74°	**16** 129°
17 36 cm / 144개	**18** 0.66 kg	**19** 은정, 8점	**20** 47°		

01 3단원

접근 ≫ 먼저 주어진 수를 소수로 나타내어 봅니다.

1이 7개, 0.1이 13개, 0.01이 15개인 수는
7＋1.3＋0.15＝8.3＋0.15＝8.45입니다.

따라서 8.45의 $\frac{1}{10}$인 수는 0.845이므로 소수 둘째 자리 숫자는 4입니다.

해결 전략
소수를 $\frac{1}{10}$하면 소수점의 위치가 왼쪽으로 한 자리 옮겨져요.

02 2단원

접근 ≫ 크고 작은 예각삼각형과 둔각삼각형을 각각 찾아 봅니다.

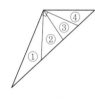

예각삼각형: ③, ②＋③, ③＋④ ➡ 3개
둔각삼각형: ①, ②, ④, ①＋②, ②＋③＋④, ①＋②＋③＋④
➡ 6개

따라서 크고 작은 예각삼각형과 둔각삼각형의 개수의 합은
3＋6＝9(개)입니다.

해결 전략
· 예각삼각형: 세 각이 모두 예각인 삼각형
· 둔각삼각형: 한 각이 둔각인 삼각형

03 1단원

접근 ≫ ㉮ 대신 $5\frac{8}{11}$을, ㉯ 대신 $2\frac{9}{11}$를 넣어 계산해 봅니다.

$$5\frac{8}{11}◎2\frac{9}{11}=1\frac{5}{11}+5\frac{8}{11}-2\frac{9}{11}=6\frac{13}{11}-2\frac{9}{11}=4\frac{4}{11}$$

해결 전략
자연수의 덧셈과 뺄셈 방법과 같이 앞에서부터 차례로 계산해요.

04 4단원

접근 ≫ 평행선 사이의 거리를 모두 찾아 봅니다.

선분 ㄱㅈ, 선분 ㄹㅁ이 서로 평행하고 선분 ㄱㄴ, 선분 ㅅㅂ이 서로 평행합니다.
선분 ㄱㅈ과 선분 ㄹㅁ의 평행선 사이의 거리는
(선분 ㄱㄴ)＋(선분 ㄷㄹ)＝8＋9＝17(cm)이고, 선분 ㄱㄴ과 선분 ㅅㅂ의 평행선
사이의 거리는 (선분 ㄱㅈ)＋(선분 ㅇㅅ)＝11＋4＝15(cm)입니다.
따라서 가장 긴 평행선 사이의 거리는 17 cm입니다.

해결 전략
평행선 사이의 거리는 평행선 사이의 수선의 길이예요.

05 [6단원] 접근 ≫ 칠각형과 십일각형의 대각선의 개수를 각각 찾아 그 차를 구해 봅니다.

(칠각형의 대각선의 개수)$=(7-3)\times 7\div 2=14$(개)

(십일각형의 대각선의 개수)$=(11-3)\times 11\div 2=44$(개)

따라서 칠각형의 대각선의 개수와 십일각형의 대각선의 개수의 차는

$44-14=30$(개)입니다.

해결 전략
다각형의 꼭짓점의 개수만 알면 대각선의 개수를 구할 수 있어요.
(■각형의 대각선의 수)
$=(■-3)\times ■\div 2$

06 [1단원] 접근 ≫ 어떤 수를 □라고 하여 잘못 계산한 식을 세워 봅니다.

잘못하여 뺀 분수는 $7\frac{3}{9}$이므로 어떤 수를 □라 하면

$□-7\frac{3}{9}=4\frac{8}{9}$, $□=4\frac{8}{9}+7\frac{3}{9}=11\frac{11}{9}=12\frac{2}{9}$입니다.

따라서 바르게 계산하면 $12\frac{2}{9}-3\frac{7}{9}=11\frac{11}{9}-3\frac{7}{9}=8\frac{4}{9}$입니다.

해결 전략
$3\frac{7}{9}$에서 자연수 부분은 3, 분자는 7이므로 두 수의 자리를 바꾸면 $7\frac{3}{9}$이에요.

07 [3단원] + [5단원] 접근 ≫ 먼저 세로 눈금 한 칸의 크기를 구해 봅니다.

세로 눈금 한 칸의 크기가 $0.2\,\mathrm{cm}$이므로 ㈏ 식물의 키가 ㈎ 식물의 키보다 3칸만큼 작을 때는 11월입니다.

11월에 ㈎ 식물의 키는 $18.4\,\mathrm{cm}$이고, ㈏ 식물의 키는 $17.8\,\mathrm{cm}$이므로 두 식물의 키의 합은 $18.4+17.8=36.2(\mathrm{cm})$입니다.

주의
㈎ 식물의 키가 ㈏ 식물의 키보다 3칸만큼 작을 때를 구하지 않도록 주의해요.

08 [1단원] + [2단원] 접근 ≫ 정삼각형의 세 변의 길이의 합을 구해 한 변의 길이를 구해 봅니다.

직사각형의 네 변의 길이의 합이 $4\frac{7}{13}+2\frac{5}{13}+4\frac{7}{13}+2\frac{5}{13}=12\frac{24}{13}(\mathrm{cm})$이므로 정삼각형의 세 변의 길이의 합도 $12\frac{24}{13}\,\mathrm{cm}$입니다.

$12\frac{24}{13}=4\frac{8}{13}+4\frac{8}{13}+4\frac{8}{13}$이므로 정삼각형의 한 변의 길이는 $4\frac{8}{13}\,\mathrm{cm}$입니다.

해결 전략
(직사각형의 네 변의 길이의 합)=(정삼각형의 세 변의 길이의 합)

해결 전략

$12\frac{24}{13}$를 12와 $\frac{24}{13}$로 분리해서 생각하면 정삼각형의 한 변의 길이를 구하기 쉬워요.

$12=4+4+4$

$\frac{24}{13}=\frac{8}{13}+\frac{8}{13}+\frac{8}{13}$

➡ $12\frac{24}{13}=4\frac{8}{13}+4\frac{8}{13}+4\frac{8}{13}$

09 [4단원] 접근 ≫ 먼저 두 변이 평행한 성질을 이용하여 각 ㄱㄴㅂ의 크기를 구해 봅니다.

변 ㄴㅂ과 변 ㄷㄹ이 평행하므로 (각 ㄱㄴㅂ)=(각 ㄴㄷㄹ)=72°입니다.
평행사변형에서 이웃하는 두 각의 크기의 합은 180°이므로
(각 ㄴㅂㅁ)=180°−72°=108°입니다.
따라서 (각 ㅁㅂㄹ)=360°−115°−108°=137°입니다.

10 [3단원] 접근 ≫ 먼저 색 테이프 3개를 겹치지 않고 이어 붙인 길이를 구해 봅니다.

(색 테이프 3개의 길이)=2.83+2.83+2.83=8.49(m)이므로
(겹쳐진 2곳의 길이)=8.49−7.63=0.86(m)입니다.
0.86=0.43+0.43이므로 겹쳐진 한 곳의 길이는 0.43 m입니다.

11 [3단원] + [4단원] 접근 ≫ 마름모의 성질을 이용하여 도형의 각 변의 길이를 구해 봅니다.

마름모는 네 변의 길이가 모두 같으므로
(변 ㄱㄴ)=(변 ㄴㄷ)=(변 ㄷㅁ)=(변 ㄱㅁ)=7.84 cm입니다.
삼각형 ㅁㄷㄹ에서 (변 ㄷㅁ)=(변 ㄷㄹ)일 때 (각 ㄷㅁㄹ)=(각 ㄷㄹㅁ)=60°가 되고 (변 ㅁㄷ)=(변 ㅁㄹ)일 때 (각 ㅁㄷㄹ)=(각 ㅁㄹㄷ)=60°가 되므로
삼각형 ㅁㄷㄹ은 세 각의 크기가 모두 60°인 정삼각형입니다.
(변 ㄷㄹ)=(변 ㄹㅁ)=7.84 cm이므로
(도형의 둘레의 길이)=7.84+7.84+7.84+7.84+7.84=39.2(cm)입니다.

12 [5단원] 접근 ≫ 그래프가 오른쪽 위로 가장 많이 올라간 때를 찾아 봅니다.

포도 판매량이 지난 해보다 가장 많이 늘어난 해는 그래프가 오른쪽 위로 가장 많이 올라간 때이므로 2015년입니다.
세로 눈금 한 칸의 크기는 100÷5=20(상자)이므로 포도 판매량은 2014년에 260상자에서 2015년에 320상자로 60상자가 늘었습니다.
따라서 포도를 팔아서 받은 돈은 25000×60=1500000(원) 늘었습니다.

다른 풀이
지난 해보다 늘어난 세로 눈금의 칸 수를 구하면 2014년은 2칸, 2015년은 3칸, 2017년은 2칸입니다. 그러므로 포도 판매량이 지난 해보다 가장 많이 늘어난 해는 2015년입니다.
세로 눈금 한 칸의 크기는 100÷5=20(상자)이므로 2015년의 포도 판매량은 2014년에 비해 20×3=60(상자) 늘었습니다.
따라서 포도를 팔아서 받은 돈은 25000×60=1500000(원) 늘었습니다.

13 [1단원]
접근 ≫ 먼저 차가 가장 작은 대분수의 뺄셈식을 세워 봅니다.

같은 수 2개가 있는 8을 분모로 놓고, 나머지 수들 중 차가 가장 작은 6과 7을 자연수 부분에 놓고, 나머지 1과 4를 분자에 놓습니다.
따라서 차가 가장 작은 대분수의 뺄셈식은
$7\frac{1}{8} - 6\frac{4}{8} = 6\frac{9}{8} - 6\frac{4}{8} = \frac{5}{8}$입니다.

해결 전략
두 대분수의 자연수 부분이 각각 6과 7이므로 자연수 부분이 7인 대분수의 분자에 1을 놓고 자연수 부분이 6인 대분수의 분자에 4를 놓아야 차가 가장 작게 돼요.

14 [6단원]
접근 ≫ 먼저 정육각형의 한 각의 크기를 구해 봅니다.

정육각형의 한 각의 크기는 $(180° \times 4) \div 6 = 120°$입니다.
삼각형 ㄱㄴㅂ과 삼각형 ㅂㄱㅁ은 이등변삼각형이므로
(각 ㄱㄴㅂ)=(각 ㅂㄱㅁ)=$(180° - 120°) \div 2 = 30°$입니다.
(각 ㄴㄱㅅ)=$120° - 30° = 90°$이므로 (각 ㄱㅅㄴ)=$180° - 90° - 30° = 60°$입니다.

해결 전략
삼각형 ㄱㄴㅂ, 삼각형 ㅂㄱㅁ, 삼각형 ㄱㅅㅂ, 삼각형 ㄴㅅㅁ은 모두 이등변삼각형이에요.

15 [2단원]
접근 ≫ 접기 전 부분과 접힌 부분의 모양과 크기가 같음을 이용합니다.

이등변삼각형 ㄱㄴㄷ에서 (각 ㄱㄴㄷ)=$71°$이므로
(각 ㄹㅁㅂ)=$180° - 71° - 71° = 38°$입니다.
접기 전 부분과 접힌 부분의 각의 크기는 같으므로
(각 ㄹㅂㅁ)=(각 ㄱㅂㄹ)=$(180° - 44°) \div 2 = 68°$입니다.
따라서 ㉠=$180° - 38° - 68° = 74°$입니다.

해결 전략
접힌 부분에서 각도가 같은 곳을 표시한 다음 일직선에 놓이는 각의 크기와 삼각형의 세 각의 크기의 합을 이용해서 구해요.

16 [2단원]+[6단원]
접근 ≫ 먼저 정오각형의 한 각의 크기를 구해 봅니다.

정오각형의 한 각의 크기는 $(180° \times 3) \div 5 = 108°$이고 삼각형 ㄱㅁㅂ은 이등변삼각형이므로 (각 ㄱㅁㅂ)=(각 ㄱㅂㅁ)=$183° - 108° = 75°$입니다.
(각 ㅁㄱㅂ)=$180° - 75° - 75° = 30°$이므로 (각 ㄴㄱㅂ)=$108° + 30° = 138°$입니다.
따라서 (각 ㄱㅂㄴ)=$(180° - 138°) \div 2 = 21°$이므로
(각 ㄱㅅㅂ)=$180° - 30° - 21° = 129°$입니다.

해결 전략
삼각형 ㄱㅁㅂ, 삼각형 ㄱㄴㅂ이 이등변삼각형임을 이용하여 각 ㅁㄱㅂ, 각 ㄱㄴㅂ의 크기를 구한 다음 각 ㄱㅅㅂ의 크기를 구해요.

17 4단원 + 6단원
접근 》 주어진 모양 조각으로 만들 수 있는 가장 작은 정사각형을 만들어 봅니다.

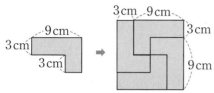

주어진 모양 조각 4개를 이어 붙이면 한 변이 12 cm인 가장 작은 정사각형을 만들 수 있습니다.

둘째로 작은 정사각형은 한 변이 12 cm인 정사각형을 가로로 2개, 세로로 2개 놓으면 되고 셋째로 작은 정사각형은 한 변이 12 cm인 정사각형을 가로로 3개, 세로로 3개 놓으면 됩니다.

따라서 한 변의 길이는 $12 \times 3 = 36$(cm)이고, 필요한 정사각형은
$4 \times 3 \times 3 \times 4 = 144$(개)입니다.

> **주의**
> 필요한 정사각형의 개수를 구해야 하는데 필요한 모양(⬛⬛)의 개수만 구하지 않도록 주의해요.

18 3단원
접근 》 먼저 호박과 배추와 무의 무게의 합을 구해 봅니다.

(호박)+(배추)=5.81, (배추)+(무)=5.14, (무)+(호박)=6.47이므로
(호박)+(배추)+(배추)+(무)+(무)+(호박)
=5.81+5.14+6.47=17.42(kg)입니다.
(호박)+(배추)+(무)+(호박)+(배추)+(무)=17.42이고, 17.42=8.71+8.71
이므로 (호박)+(배추)+(무)=8.71 kg입니다.
그러므로 (무)=(호박+배추+무)−(호박+배추)=8.71−5.81=2.9(kg),
(배추)=(호박+배추+무)−(무+호박)=8.71−6.47=2.24(kg)입니다.
따라서 (무)−(배추)=2.9−2.24=0.66(kg)이므로 무의 무게는 배추의 무게보다 0.66 kg 더 무겁습니다.

> **해결 전략**
> 호박과 배추와 무의 무게의 합에서 호박과 배추의 무게의 합을 빼어 무의 무게를 구하고, 호박과 배추와 무의 무게의 합에서 무와 호박의 무게의 합을 빼어 배추의 무게를 구해요.

서술형 19 5단원
접근 》 먼저 6월부터 12월까지 창윤이의 수학 성적의 합을 구해 봅니다.

㉠ (창윤)= $\underset{6월}{52}$ + $\underset{7월}{72}$ + $\underset{8월}{84}$ + $\underset{9월}{76}$ + $\underset{10월}{76}$ + $\underset{11월}{92}$ + $\underset{12월}{84}$ =536(점)

이므로 (은정)=1076−536=540(점)입니다.
(은정)= $\underset{6월}{76}$ + $\underset{7월}{64}$ + $\underset{8월}{72}$ +(9월)+ $\underset{10월}{84}$ + $\underset{11월}{68}$ + $\underset{12월}{92}$ =540(점)이므로
(9월)=540−456=84(점)입니다.
따라서 9월의 수학 성적은 은정이가 창윤이보다 84−76=8(점) 더 높습니다.

채점 기준	배점
9월의 은정이의 수학 성적을 구했나요?	3점
누가 몇 점 더 높은지 구했나요?	2점

> **해결 전략**
> 6월부터 12월까지 은정이의 수학 성적의 합을 구한 다음 9월 은정이의 수학 성적을 구해 창윤이의 수학 성적과의 차를 구해요.

접근 》 보조선을 그어 생각해 봅니다.

㉠ 점 ㄹ을 지나고 직선 ㄱㄴ에 평행한 직선을 긋습니다.

(각 ㅇㄹㅁ)=90°이므로

(각 ㄷㄹㅅ)=128°−90°=38°입니다.

(각 ㄷㅅㅇ)=85°이므로

(각 ㄷㅅㄹ)=180°−85°=95°입니다.

따라서 삼각형 ㄷㅅㄹ에서 ㉠=180°−95°−38°=47°입니다.

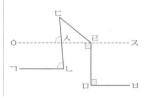

채점 기준	배점
보조선을 그어 각 ㄷㄹㅅ, 각 ㄷㅅㅇ의 크기를 구했나요?	3점
㉠의 각도를 구했나요?	2점

해결 전략

㉠의 각도를 구하기 위해서 ㉠을 포함한 삼각형이 되도록 보조선을 그어요.

해결 전략

평행한 두 직선이 한 직선과 만날 때 생기는 같은 쪽과 반대쪽의 각의 크기는 같아요.

다른 풀이

점 ㄷ을 지나고 직선 ㄱㄴ에 평행한 직선과 점 ㄹ을 지나고 직선 ㄱㄴ에 평행한 직선을 각각 긋습니다.

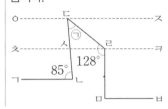

(각 ㅊㄹㅁ)=90°이므로 (각 ㄷㄹㅅ)=128°−90°=38°입니다. 평행한 두 직선이 한 직선과 만날 때 생기는 반대쪽의 각의 크기는 같으므로 (각 ㄷㄹㅅ)=(각 ㅈㄷㄹ)=38°이고, (각 ㅈㄷㄹ)+㉠=85°, ㉠=85°−38°=47°입니다.

수능형 사고력을 기르는 **2학기 TEST** ─ 2회

01 1, 2, 3, 4	**02** 11.11	**03** 110°	**04** 11 cm	**05** 40 cm	**06** 10칸
07 0.03	**08** 4.54 cm	**09** 114°	**10** 30000개	**11** 216000000원	**12** $31\frac{1}{5}$ cm
13 70°	**14** 46°	**15** ㈎ 지역 / 1.2 cm		**16** 108°	**17** 6일
18 8 cm	**19** 16 cm	**20** 23°			

01 1단원 **접근 》** 자연수 부분을 같게 한 다음 분자끼리 비교하여 구합니다.

$4\frac{5}{7}+5\frac{\square}{7}<10\frac{3}{7}$에서 $4\frac{5}{7}+5\frac{\square}{7}=9\frac{5+\square}{7}$이고, $10\frac{3}{7}=9\frac{10}{7}$이므로 $9\frac{5+\square}{7}<9\frac{10}{7}$입니다.

따라서 $5+\square<10$, $\square<10-5$, $\square<5$이므로 □ 안에 들어갈 수 있는 수는 1, 2, 3, 4입니다.

해결 전략

분모와 자연수 부분이 같으므로 분자끼리 비교해요.

02 3단원
접근 ≫ 먼저 가장 큰 소수 세 자리 수와 가장 작은 소수 세 자리 수를 구해 봅니다.

가장 큰 소수 세 자리 수: 8.642
가장 작은 소수 세 자리 수: 2.468
따라서 만들 수 있는 가장 큰 소수 세 자리 수와 가장 작은 소수 세 자리 수의 합은
$8.642 + 2.468 = 11.11$입니다.

> **해결 전략**
> 수 카드를 한 번씩 모두 사용하여 만들 수 있는 소수 세 자리 수는 □.□□□예요.

03 2단원
접근 ≫ 이등변삼각형과 정삼각형의 각의 성질을 이용합니다.

삼각형 ㄴㄹㄷ은 정삼각형이므로 (각 ㄴㄹㄷ)$=60°$입니다.
(각 ㄱㄹㄴ)$=95°-60°=35°$이고 삼각형 ㄴㄱㄹ은 이등변삼각형이므로
(각 ㄱㄴㄹ)$=$(각 ㄱㄹㄴ)$=35°$입니다.
따라서 (각 ㄴㄱㄹ)$=180°-35°-35°=110°$입니다.

> **해결 전략**
> 정삼각형은 세 각의 크기가 모두 같고, 이등변삼각형은 두 각의 크기가 같아요.

04 4단원
접근 ≫ 주어진 평행선 사이의 거리를 이용하여 구해 봅니다.

직선 가와 직선 라의 평행선 사이의 거리는 30 cm, 직선 가와 직선 다의 평행선 사이의 거리는 19 cm, 직선 나와 직선 라의 평행선 사이의 거리는 22 cm입니다.
➡ (직선 나와 직선 다의 평행선 사이의 거리)
   $=$(직선 가~직선 다)$+$(직선 나~직선 라)$-$(직선 가~직선 라)
   $=19+22-30=11$(cm)

> **주의**
> 직선 가와 직선 다의 평행선 사이의 거리와 직선 나와 직선 라의 평행선 사이의 거리의 차를 구하지 않도록 주의해요.

05 4단원 + 6단원
접근 ≫ 마름모 ㅁㅂㅅㅇ의 대각선을 모두 그어 봅니다.

마름모의 대각선은 2개이고, 마름모 ㅁㅂㅅㅇ의 두 대각선의 길이의 합은
직사각형 ㄱㄴㄷㄹ의 가로와 세로의 길이의 합과 같습니다.
따라서 두 대각선의 길이의 합은 $22+18=40$(cm)입니다.

> **해결 전략**
> 마름모의 두 대각선의 길이는 각각 직사각형의 가로, 세로의 길이와 같아요.

06 5단원
접근 ≫ 먼저 9월과 10월의 몸무게의 차를 구해 봅니다.

건우의 몸무게는 9월에 32 kg, 10월에 34 kg이고 차는 $34-32=2$(kg)입니다.
세로 눈금 한 칸의 크기가 1 kg일 때 눈금 수의 차는 2칸이고
$1=0.2+0.2+0.2+0.2+0.2$이므로 세로 눈금 한 칸의 크기를 0.2 kg으로 하면 눈금 수의 차는 $2×5=10$(칸)이 됩니다.

> **해결 전략**
> 세로 눈금 한 칸을 0.2 kg이라고 하면 1 kg이 되기 위해서는 5칸, 2 kg이 되기 위해서는 $5+5=10$(칸)이 돼요.

07 [3단원]

접근 ≫ 어떤 수의 $\frac{1}{10}$ 인 수를 구한 다음 어떤 수를 구해 봅니다.

(어떤 수의 $\frac{1}{10}$ 인 수)$=4.32-1.357=2.963$

어떤 수의 $\frac{1}{10}$ 인 수가 2.963이므로 어떤 수는 2.963의 10배인 29.63입니다.

따라서 29.63의 소수 둘째 자리 숫자 3은 0.03을 나타냅니다.

해결 전략
소수를 10배 하면 소수점의 위치가 오른쪽으로 한 자리 옮겨져요.

08 [2단원] + [3단원]

접근 ≫ 주어진 도형의 둘레의 길이를 구하는 식을 세워 봅니다.

사각형 ㄱㄴㄷㅁ은 정사각형이므로
(변 ㄱㄴ)$=$(변 ㄴㄷ)$=$(변 ㄷㅁ)$=$(변 ㄱㅁ)$=6.93\,\text{cm}$이고, 삼각형 ㅁㄷㄹ은
이등변삼각형이므로 (변 ㄷㅁ)$=$(변 ㄹㅁ)$=6.93\,\text{cm}$입니다.
(오른쪽 도형의 둘레의 길이)$=6.93+6.93+6.93+6.93+$(변 ㄷㄹ)$=32.26$
이므로 $27.72+$(변 ㄷㄹ)$=32.26$입니다.
따라서 (변 ㄷㄹ)$=4.54\,\text{cm}$입니다.

해결 전략
주어진 도형의 둘레에서 변 ㄷㄹ을 제외한 나머지 변의 길이는 같아요.

09 [4단원]

접근 ≫ 먼저 평행사변형의 각의 성질을 이용하여 각 ㄴㄷㄹ의 크기를 구해 봅니다.

평행사변형에서 이웃하는 두 각의 크기의 합은 $180°$이므로
(각 ㄴㄱㄹ)$=$(각 ㄴㄷㄹ)$=180°-48°=132°$입니다.
(각 ㄴㄷㅁ)$=132°÷2=66°$이므로 사각형 ㄱㄴㄷㅁ에서
(각 ㄱㅁㄷ)$=360°-48°-66°-132°=114°$입니다.

해결 전략
평행사변형의 각의 성질과 사각형의 네 각의 크기의 합을 이용해서 구해요.

10 [6단원]

접근 ≫ 주어진 모양 조각으로 만들 수 있는 가장 작은 사각형을 만들어 봅니다.

직각삼각형 모양 조각 2개로 가로가 $3\,\text{cm}$, 세로가 $2\,\text{cm}$인 직사각형을 만들 수 있습니다.
$3\,\text{m}=300\,\text{cm}$이므로 직사각형 모양 조각을 가로에
$300÷3=100$(개), 세로에 $300÷2=150$(개) 놓을 수 있습니다.
따라서 필요한 모양 조각은 모두 $100×150×2=30000$(개)입니다.

주의
단위를 똑같이 통일해서 구해야 하므로 m를 cm로 바꿔서 구해요.

11 [5단원]

접근 ≫ 먼저 2015년의 판매량을 구해 봅니다.

(2013년부터 2017년까지 초콜릿 판매량의 합)
$=3400+4200+$(2015년의 판매량)$+5800+5000=23800$이므로
(2015년의 판매량)$=23800-18400=5400$(상자)입니다.
(2014년과 2015년의 판매량의 차)$=5400-4200=1200$(상자)이므로
(초콜릿을 판매한 값의 차)$=1200×18000=21600000$(원)입니다.

해결 전략
(초콜릿을 판매한 값의 차)
$=$(판매량의 차)
$×$(초콜릿 한 상자의 값)

12 1단원 + 2단원

접근 ≫ 변 ㄴㄷ의 길이를 구한 다음 변 ㄱㄴ과 변 ㄱㄷ의 길이의 합을 알아봅니다.

삼각형 ㄹㄴㄷ에서

(변 ㄴㄷ)$=14\frac{1}{5}-4\frac{1}{5}-4\frac{1}{5}=10-4\frac{1}{5}=9\frac{5}{5}-4\frac{1}{5}=5\frac{4}{5}$(cm)입니다.

삼각형 ㄱㄴㄷ에서

(변 ㄱㄴ)$+$(변 ㄱㄷ)$=28\frac{3}{5}-5\frac{4}{5}=27\frac{8}{5}-5\frac{4}{5}=22\frac{4}{5}$(cm)입니다.

따라서 색칠한 도형의 둘레의 길이는

(변 ㄱㄴ)$+$(변 ㄱㄷ)$+$(변 ㄴㄹ)$+$(변 ㄷㄹ)

$=22\frac{4}{5}+4\frac{1}{5}+4\frac{1}{5}=30\frac{6}{5}=31\frac{1}{5}$(cm)입니다.

13 2단원

접근 ≫ 정삼각형과 이등변삼각형의 각의 성질을 이용하여 구해 봅니다.

(각 ㄴㄹㄷ)$=60°$이므로 (각 ㄴㄹㅁ)$=180°-60°=120°$이고

(각 ㄹㄴㅁ)$=(180°-120°)\div2=30°$입니다.

(각 ㄴㅅㅁ)$=180°-40°=140°$이므로 (각 ㅁㄴㅅ)$=(180°-140°)\div2=20°$입니다.

따라서 (각 ㄷㄴㄹ)$=60°$이므로 (각 ㄱㄴㄷ)$=180°-60°-30°-20°=70°$입니다.

해결 전략
일직선에 놓이는 각의 크기와 삼각형의 세 각의 크기의 합을 이용하여 구해요.

14 2단원 + 6단원

접근 ≫ 먼저 정육각형 한 각의 크기를 구해 봅니다.

정육각형 한 각의 크기는 $(180°\times4)\div6=120°$이므로 (각 ㄷㄴㅅ)$=120°$입니다.

삼각형 ㄴㄷㅈ에서 (각 ㄴㅈㄷ)$=180°-120°-16°=44°$이므로

(각 ㅇㅈㅅ)$=44°$입니다.

사각형 ㄱㄴㅅㅇ은 직사각형이므로 (각 ㅇㅅㅈ)$=90°$입니다.

따라서 삼각형 ㅇㅅㅈ에서 (각 ㅅㅇㅈ)$=180°-90°-44°=46°$입니다.

해결 전략
삼각형의 세 각의 크기의 합과 마주 보는 각은 서로 같음을 이용해서 구해요.

15 3단원 + 5단원

접근 ≫ 먼저 세로 눈금 한 칸의 크기를 구해 봅니다.

㈎ 지역에서 강수량이 가장 많았던 달은 5월로 $3.2-1.6=1.6$(cm)이고 가장 적었던 달은 3월로 0.4 cm입니다. ➡ 차: $1.6-0.4=1.2$(cm)

㈏ 지역에서 강수량이 가장 많았던 달은 6월로 $4.8-2.8=2$(cm)이고 가장 적었던 달은 5월로 $2.8-2.4=0.4$(cm)입니다. ➡ 차: $2-0.4=1.6$(cm)

따라서 강수량의 차가 더 적은 지역은 ㈎ 지역이고, 그 차는 1.2 cm입니다.

해결 전략
(■월의 강수량)=(■월의 누적 강수량)−{(■−1)월의 누적 강수량}

주의
3월의 강수량은 꺾은선그래프에서 3월의 강수량을 그대로 읽으면 돼요.

16 `4단원` + `6단원` **접근 >> 접기 전 부분과 접힌 부분의 모양과 크기가 같음을 이용합니다.**

정오각형의 한 각의 크기는 $(180° \times 3) \div 5 = 108°$이고 접기 전 부분과 접힌 부분의
각의 크기는 같으므로 (각 ㄱㅂㄹ)=(각 ㄱㅅㄷ)=$108°$입니다.
삼각형 ㄱㅂㄹ은 이등변삼각형이므로 (각 ㅂㄱㄹ)=$(180° - 108°) \div 2 = 36°$입니다.
사각형 ㄱㅂㅇㅅ에서 (각 ㅂㅇㅅ)=$360° - 108° - 108° - 36° = 108°$입니다.
따라서 ㉮=(각 ㅂㅇㅅ)=$108°$입니다.

해결 전략
사각형의 네 각의 크기의 합을 이용하여 각 ㅂㅇㅅ의 크기를 구한 다음 마주 보는 두 각의 크기는 같음을 이용하여 구해요.

17 `1단원` **접근 >> 먼저 가, 나, 다가 함께 하루 동안 하는 일의 양을 구해 봅니다.**

(가, 나, 다가 함께 하루에 하는 일의 양)=$\dfrac{3}{40} + \dfrac{4}{40} + \dfrac{5}{40} = \dfrac{12}{40}$

(가, 다가 하루에 하는 일의 양)=$\dfrac{3}{40} + \dfrac{5}{40} = \dfrac{8}{40}$

(가, 다가 2일 동안 하는 일의 양)=$\dfrac{8}{40} + \dfrac{8}{40} = \dfrac{16}{40}$

전체를 1이라 할 때 나가 혼자 해야 하는 일의 양은 $1 - \dfrac{12}{40} - \dfrac{16}{40} = \dfrac{12}{40}$입니다.

$\dfrac{12}{40} = \dfrac{4}{40} + \dfrac{4}{40} + \dfrac{4}{40}$이므로 나머지 일은 나가 혼자 3일 동안 하면 끝낼 수 있습
니다.
따라서 일을 시작한 지 $1 + 2 + 3 = 6$(일) 만에 일을 끝낼 수 있습니다.

해결 전략
(전체)-(가, 나, 다가 함께 하루에 하는 일의 양)-(가, 다가 2일 동안 하는 일의 양)
=(나가 혼자 해야 히는 일의 양)

해결 전략
전체를 1이라 하고 나가 혼자 해야 하는 일의 양을 구해요.

18 `6단원` **접근 >> 긴 대각선의 길이를 □mm라 하여 식을 세워 봅니다.**

정육각형의 대각선은 $3 \times 6 \div 2 = 9$(개)이고 이 중 짧은 대각선이 6개, 긴 대각선이
3개 있으므로 긴 대각선의 길이를 □mm라 하면 $14 \times 6 + \square \times 3 = 132$,
$\square \times 3 = 48$, $\square = 16$입니다.
긴 대각선의 길이는 정육각형의 한 변의 길이의 2배와 같으므로
(정육각형의 한 변의 길이)=$16 \div 2 = 8$(mm)입니다.
따라서 오른쪽 도형의 둘레의 길이는 $8 \times 10 = 80$(mm)이므로 80 mm=8 cm입니다.

해결 전략

정육각형 안의 삼각형 6개는 모두 정삼각형이므로 긴 대각선의 길이는 정육각형의
한 변의 길이의 2배에요.

해결 전략
(■각형의 대각선의 수)
=(■-3)×■÷2
주의
주어진 도형의 둘레의 길이를 mm가 아닌 cm로 나타내야 함을 주의해요.

서술형 19 3단원 **접근 ≫ 전체 끈의 길이를 구하는 식을 세워 봅니다.**

예 (매듭을 묶는 데 사용한 끈의 길이)$=13.8+13.8=27.6$(cm)이고
(상자를 묶는 데 사용한 전체 끈의 길이)$=㉠\times4+(21.4+21.4)+(15.6+15.6$
$+15.6+15.6+15.6+15.6)+27.6=㉠\times4+164$입니다.
$2.28\,m=228\,cm$이므로 $㉠\times4+164=228$, $㉠\times4=64$, $㉠=16$입니다.
따라서 ㉠의 길이는 $16\,cm$입니다.

채점 기준	배점
상자를 묶는 데 사용한 전체 끈의 길이를 구하는 식을 세웠나요?	3점
㉠의 길이를 구했나요?	2점

해결 전략
(전체 끈의 길이)$=$(가로)$\times4+$(세로)$\times2+$(높이)$\times6+$(매듭의 길이)

주의
선물 상자를 둘러싼 끈이 가로, 세로, 높이를 몇 번씩 지나는지 빠뜨리지 않고 세어요.

서술형 20 4단원 **접근 ≫ 접기 전 부분과 접힌 부분의 모양과 크기가 같음을 이용합니다.**

예 (각 ㄴㄱㄹ)$=180°-65°=115°$이고, (각 ㄹㄱㅅ)$=115°÷5=23°$이므로
삼각형 ㄱㅇㄹ에서 (각 ㄱㅇㄹ)$=180°-65°-23°=92°$입니다.
(각 ㅂㅇㅅ)$=$(각 ㄱㅇㄹ)$=92°$이고, (각 ㄱㅅㅁ)$=65°$이므로
삼각형 ㅇㅂㅅ에서 (각 ㅇㅂㅅ)$=180°-92°-65°=23°$입니다.
따라서 (각 ㄷㅂㅁ)$=$(각 ㅇㅂㅅ)$=23°$입니다.

채점 기준	배점
각 ㄹㄱㅅ, 각 ㄱㅇㄹ, 각 ㄱㅅㅁ의 크기를 구했나요?	3점
각 ㄷㅂㅁ의 크기를 구했나요?	2점

해결 전략
각 ㅅㄱㅁ의 크기가 각 ㄹㄱ ㅅ의 2배이므로 각 ㄴㄱㄹ의 크기는 각 ㄹㄱㅅ의 5배와 같아요.

해결 전략
서로 마주 보는 각의 크기는 같아요.

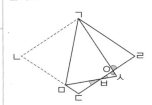

다른 풀이
(각 ㄱㄱㄷ)$=$(각 ㄱㄴㄷ)$=65°$이므로 (각 ㄱㅅㅁ)$=$(각 ㄱㄴㄷ)$=65°$입니다.
(각 ㄴㄱㄹ)$=180°-65°=115°$이고, (각 ㄹㄱㅅ)$=115°÷5=23°$이므로
(각 ㅁㄱㅅ)$=23°\times2=46°$입니다.
삼각형 ㄱㅁㅅ에서 (각 ㄱㅁㅅ)$=180°-65°-46°=69°$이므로
(각 ㄷㅁㅂ)$=180°-69°-69°=42°$입니다.
(각 ㄴㄷㄹ)$=115°$이므로 삼각형 ㄷㅁㅂ에서 (각 ㄷㅂㅁ)$=180°-115°-42°=23°$입니다.

수능국어 실전대비 독해 학습의 완성!
디딤돌 수능독해 Ⅰ~Ⅲ

·글쓴이의 작문 과정을 추론하며 생각을 읽어내는 구조 학습
·출제자의 의도를 파악하고 예측하는 기출 속 이슈 및 특별 부록

고등 입학 전 완성하는 독해 과정 전반의 심화 학습!
디딤돌 생각독해 Ⅰ~Ⅴ

·생각의 확장과 통합을 위한 '빅 아이디어(대주제)' 선정 및 수록
·대주제 별 다양한 영역의 생각 읽기 및 생각의 구조화 학습

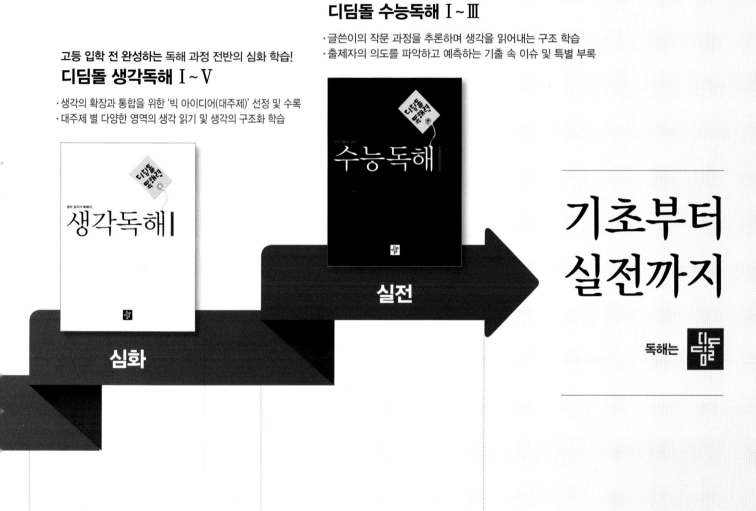

기초부터
실전까지

독해는 디딤돌

중등   고등(예비고~고2)

한걸음 한걸음 디딤돌을 걷다 보면
수학이 완성됩니다.

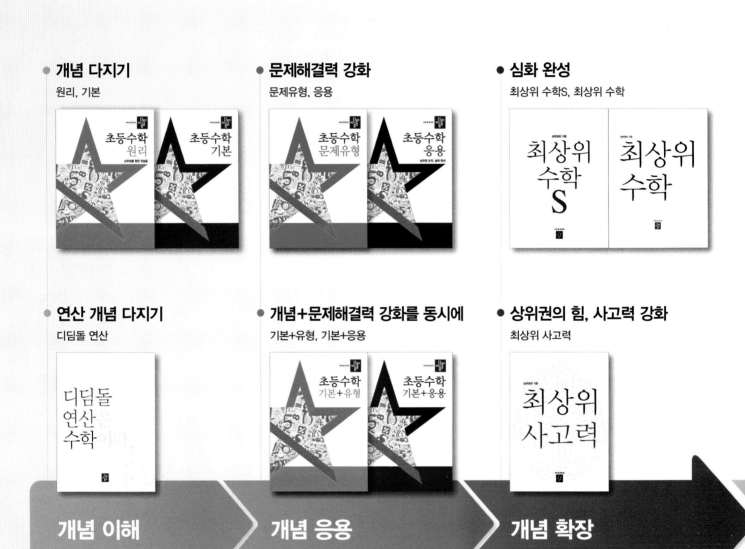

- **개념 다지기**
  원리, 기본

  초등수학 원리 · 초등수학 기본

- **문제해결력 강화**
  문제유형, 응용

  초등수학 문제유형 · 초등수학 응용

- **심화 완성**
  최상위 수학S, 최상위 수학

  최상위 수학 S · 최상위 수학

- **연산 개념 다지기**
  디딤돌 연산

  디딤돌 연산은 수학이다

- **개념+문제해결력 강화를 동시에**
  기본+유형, 기본+응용

  초등수학 기본+유형 · 초등수학 기본+응용

- **상위권의 힘, 사고력 강화**
  최상위 사고력

  최상위 사고력

개념 이해 → **개념 응용** → **개념 확장**

학습 능력과 목표에 따라
맞춤형이 가능한 디딤돌 초등 수학